园林景观精品课系列教材

# 园林植物栽植与养护

傅海英 主编

YUANLIN
ZHIWU
ZAIZHI
YU
YANGHU

U0194837

化学工业出版社

·北京·

## 内容简介

本书是依据园林绿化和养护岗位的典型工作任务需要，参照国家标准，与企业合作开发的专业课程教材。全书分为园林植物栽植、园林植物养护管理两个项目，系统阐述了各类园林植物栽植和养护必备的知识和技能。其中，园林植物栽植包括园林树木栽植、园林大树移植、设施空间绿化植物栽植、水生植物栽植、草本花卉栽植、草坪建植 6 项任务；园林植物养护管理包括园林树木养护管理、设施空间绿化植物养护管理、水生植物养护管理、草本花卉养护管理、草坪养护管理 5 项任务。每个任务都包含了知识概述、技术操作、质量验收等内容。本书充分体现以就业为导向的编写思想，注重教、学、做一体化，图文并茂、图表结合，可操作性强。

本书可作为高等院校园林工程技术、园林技术等相关专业的教材，也可作为园林绿化养护工作者的参考用书。

**图书在版编目（CIP）数据**

园林植物栽植与养护/傅海英主编．-- 北京：化学工业出版社，2024.12. -- ISBN 978-7-122-46799-7

Ⅰ．S688

中国国家版本馆 CIP 数据核字第 2024TB7080 号

---

责任编辑：毕小山　　　　　文字编辑：李　雪
责任校对：宋　夏　　　　　装帧设计：刘丽华

---

出版发行：化学工业出版社
　　　　　（北京市东城区青年湖南街 13 号　邮政编码 100011）
印　　装：三河市航远印刷有限公司
787mm×1092mm　1/16　印张 11½　彩插 3　字数 256 千字
2025 年 3 月北京第 1 版第 1 次印刷

---

购书咨询：010-64518888　　　售后服务：010-64518899
网　　址：http://www.cip.com.cn
凡购买本书，如有缺损质量问题，本社销售中心负责调换。

---

定　　价：**49.00 元**

## 编写人员名单

主　　编：傅海英（辽宁生态工程职业学院）

副主编：陈丽媛（辽宁生态工程职业学院）

　　　　　朱志民（辽宁生态工程职业学院）

参　　编：张娇美（辽宁生态工程职业学院）

　　　　　沈　楠（辽宁生态工程职业学院）

　　　　　王宏林（沈阳市苏家屯区农业农村服务中心）

　　　　　徐　楠（沈阳龙宜物业服务有限公司）

# 前言

　　园林植物栽植与养护是园林工程技术专业的核心课程，其目标是培养学生具备从事园林植物栽植、园林植物养护管理等职业岗位所必需的专业知识、专业技能和职业素质。

　　本书依据园林工程技术专业职业岗位教育的需要，以职业能力为目标导向，以学生为主体，以岗位任务和工作过程为主线，注重实践和理论相结合，将绿化养护实践操作过程与栽植养护理论知识学习相融合，重视课程思政教育，关注学生职业素养养成，从而让学生满足企业实际岗位的需求。

　　本书在形式和内容上充分体现职业教育特点，依据园林绿化技术员、园林养护技术员职业岗位典型工作任务确定课程内容，构建了基于园林植物栽植、养护管理过程的2个项目，11项典型工作任务，对每项典型工作任务的理论知识、技术操作、质量验收等进行详细阐述。每项工作任务参照企业实际岗位，让学生在实践工作中锻炼自己的栽植和养护能力，为日后就业打下坚实基础。

　　本书内容充实，图文并茂，引入了国家职业标准或地方行业标准，突出了职业性、实践性、应用性。

　　本书由傅海英担任主编，陈丽媛、朱志民担任副主编。具体编写分工如下：傅海英负责编写提纲，完成课程概述、任务1.1、任务1.2、任务2.1.4、任务2.5的编写，以及最终的统稿工作；陈丽媛负责编写任务2.1.1、任务2.1.2、任务2.3；朱志民负责编写任务1.4、任务2.1.5、任务2.2，并协助审定提纲；张娇美负责编写任务1.3、任务1.6；沈楠负责编写任务1.5、任务2.1.3、任务2.4；王宏林和徐楠负责编写拓展阅读。

　　在本书出版之际，特别感谢辽宁生态工程职业学院各级领导的支持与帮助，感谢沈阳龙宜物业服务有限公司提出的宝贵建议和意见，感谢山西林业职业技术学院赵立曦教授对书稿进行审阅和精心指导。本书在编写过程中参考了其他文献资料和著作，在此向相关作者一并表示诚挚的谢意。

　　由于时间仓促和编者水平有限，不足之处在所难免，敬请各位专家、同行和读者批评指正。

编者

2024 年 10 月

# 目录

# 园林植物栽植与养护课程概述

## 一、课程内涵

园林植物栽植与养护是介绍各类园林植物的栽植、养护与管理的一门课程。园林植物栽植与养护管理的对象包括乔木、灌木以及草本植物。

## 二、课程性质、地位

园林植物栽植与养护是园林工程技术专业的核心课程，内容涉及园林植物绿化施工、园林植物养护管理的重要职业岗位所必需的知识与技能等，注重培养学生园林植物栽植能力、园林植物养护管理能力、良好的职业素质和持续学习的能力。本课程以园林植物、园林植物生长发育与环境的学习为基础，同时与园林工程施工技术相衔接。

## 三、课程内容

### （一）园林植物栽植

园林植物的栽植程序包括从起苗、运输、定植到栽后管理这四大环节中的所有工序，一般的工序和环节包括栽植前的准备、放线、定点、挖穴、换土、起苗、包装、运苗、假植、修剪、栽植、栽后管理与现场清理等。

**1. 园林植物栽植工程前的准备**

绿化施工单位在接受施工任务后、工程开工之前，必须做好绿化施工的一切准备工作，以确保工程高质量按期完成。

（1）了解设计意图与工程概况

施工单位应了解设计意图，向设计人员了解设计思想、所要达到的预期目的或意境，以及施工完成后近期所要达到的效果，并通过设计单位和工程主管部门了解工程概况。

① 了解设计意图。施工单位拿到设计单位全部设计资料后应仔细阅读，明确图纸上的所有内容，并听取设计技术交底和主管部门对绿化效果的要求。

② 了解植物栽植与其他有关工程的范围、工程量和进度。包括了解乔灌木栽植、铺

种草坪、建花坛，以及土方、道路、给排水等工程的范围、工程量和工程进度。

③ 了解施工期限。包括了解工程总体进度、开始和竣工日期。应特别强调植物栽植工程进度的安排必须以不同植物的最适栽植日期为前提，其他工程项目应围绕植物栽植工程来进行。

④ 了解工程投资及设计概算。包括了解主管部门批准的工程投资额和设计预算的定额依据，以备编制施工预算和计划。

⑤ 施工现场地上与地下情况。向有关部门了解地上构筑物处理要求、地下管线分布现状，以及设计单位与管线管理部门的配合情况等。

⑥ 定点放线的依据。了解施工现场及附近水准点，以及测量平面位置的导线点，将其作为定点放线的依据。如不具备上述条件，则需要和设计单位协商，确定一些永久性的构筑物，作为定点放线的依据。

⑦ 工程材料的来源。了解各项工程材料的来源渠道，其中主要是苗木的出圃地点、时间及质量。

⑧ 机械和车辆的条件。了解施工所需用的机械和车辆的来源。

（2）踏勘现场

在了解设计意图和工程概况之后，负责施工的主要人员必须亲自到现场进行细致的踏勘与调查。主要了解以下内容。

① 各种地上物（如房屋、原有树木、市政或农田设施等）的去留及需要保护的地物（如古树名木等），拆迁地上物的有关手续办理与处理办法。

② 现场内外的交通、水源、电源情况，现场内外能否通行机械车辆。如果交通不便，则需确定开通道路的具体方案。

③ 施工期间生活设施的安排。

④ 施工地段的土壤调查，以确定是否换土；估算客土量及其来源等。

（3）制订施工方案

施工方案是根据工程规划设计所制订的施工计划，又叫"施工组织设计"或"组织施工计划"。

① 施工方案的主要内容。根据植物栽植工程的规模和施工项目的复杂程度制订的施工方案，在计划的内容上尽量考虑得全面而细致，在施工的措施上要有针对性和预见性，文字上要简明扼要，抓住关键。其主要内容包括工程概况、施工的组织机构、施工进度、劳动力计划、材料和工具供应计划、机械运输计划、施工预算、技术和质量管理措施、施工现场平面图、安全生产制度等。

② 编制施工方案的方法。施工方案由施工单位的领导部门负责制订，也可以委托生产业务部门负责制订。由负责制订的部门召集有关单位，对施工现场进行详细的调查了解。根据工程任务和现场情况，研究出一个基本的方案，然后由经验丰富的专人执笔，负责编写初稿。编制完成后，应广泛征求群众意见，反复修改，定稿、报批后执行。

③ 主要技术项目的确定。为确保工程质量，在制订施工方案的时候，应确定植物栽植工程主要项目（定点和放线、挖坑、换土、起苗、运苗、修剪、种植、树木支撑、灌

水、清理等）的具体技术措施和质量要求。

（4）施工现场的准备

施工现场的准备是植物栽植工程准备工作的重要内容。这项工作的进度和质量对完成绿化施工任务影响较大，必须加以重视，但现场准备的工作量随施工场地的不同而有很大差别，应因地制宜，区别对待。

（5）技术培训

开工之前，应该安排一定的时间，对参加施工的全体人员（或骨干）进行一次技术培训，学习本地区植物栽植工程的有关技术规程和规范，贯彻落实施工方案，并结合重点项目进行技术练兵。

**2. 栽植地的整理与改良**

栽植地的整理与改良包括地形、地势的整理和土壤改良，是栽植过程中的重要环节。

**3. 苗木的选择**

苗木的质量好坏直接影响栽植成活和绿化效果，所以在施工中必须十分重视对苗木的选择。在确保树种符合设计要求的前提下，还应注意对苗木质量的要求以及对苗木冠形和规格的要求。

**4. 苗木的处理和运输**

苗木的处理包括苗木的起掘、修剪、包装、保护等环节；运输时应确保苗木不被损坏。

**5. 栽植穴的确定**

栽植穴的确定需要定点、放线，按照要求的规格进行挖穴。

**6. 栽植修剪**

园林树木的栽植修剪包含种植前和种植后两个阶段。种植前的修剪可以从苗圃地开始，有些树过高或树冠过大，在挖掘之前就要进行适当的修剪，减少树体的重量，以利于挖掘、搬运和装车。有些树应在挖掘放倒后、装车前进行适当的修剪，有些树则在运到施工现场卸车后种植前再进行修剪。

**7. 定植**

定植是指按设计要求将苗木栽植到位不再移动，其操作程序分为配苗和栽苗。

**8. 栽后养护管理**

栽后养护管理主要包括树木支撑、浇水、封堰、复剪、清理施工现场等。

## （二）园林植物养护管理

园林植物养护管理的任务就是要通过细致的培育措施，给植物生长发育创造一个适宜的条件，避免或减轻各种不利因素对植物生长的伤害，确保园林植物各种有益效能的稳定发挥。对于一个绿化工程来说，营造在短时间内就可以完成，而管理却是一个长期的任务。应该说，养护管理工作比营造更艰巨，任务更持久。俗话说"三分造，七分管"，就是这个道理。园林植物的养护管理包括土、肥、水的管理，自然灾害防治，病虫害防治，整形修剪和树体养护等。这些管理措施的采用是相辅相成的，其综合结果对植物的生长发育有着较大的影响。

### 1. 养护工作月历

园林植物的养护是一项季节性很强的工作，要根据植物的生长规律、生物学特性及当地的气候条件有条不紊地进行。要有计划性、针对性，不误时机地建立本地区的养护工作月历。

### 2. 土、肥、水的管理

植物土、肥、水管理的根本任务就是要创造优越的环境条件，满足植物生长发育对水、肥、气、热的需求，充分发挥植物的功能。土、肥、水管理的关键是从土壤管理入手，通过松土、除草、施肥、灌溉和排水等措施，改良土壤的理化性质，创造水、肥、气、热协调共存环境，提高土壤的肥力水平。

### 3. 整形修剪

整形修剪是园林植物养护管理的重要措施之一。通过修剪，能够调节和均衡树势，且使植物的生长健壮、树形整齐、树姿美观，还能提高新移植树木的成活率。

### 4. 病虫害防治

在园林绿化中，要达到绿化和美化环境的效果，只注重种植和造景是远远不够的，还要注重园林植物的有效管理，进行园林植物病虫害的有效防治。要求能掌握园林植物病虫害防治的基本理论知识，能识别当地园林植物主要害虫种类，诊断园林植物常见病害，掌握当地园林植物主要病虫害的发生规律，会选用适宜的防治方法控制园林植物病虫害。

### 5. 自然灾害的预防

对于各种自然灾害的防治，都要贯彻"预防为主，综合防治"的方针，在规划设计中考虑各种可能的自然灾害，合理地选择树种并进行科学的配置。在植物栽培养护的过程中，要采取综合措施促进植物的健康生长，增强抗灾能力。

→》 **项目 1**

# 园林植物栽植

园林植物栽植是园林绿化的重要组成部分，包括乔木、灌木、草本植物的栽植。栽植程序包括从起苗、运输、定植到栽后管理这四大环节中的所有工序。

本项目根据园林绿化实际工作任务要求，构建了园林树木栽植、园林大树移植、设施空间绿化植物栽植、水生植物栽植、草本花卉栽植、草坪建植6项典型学习任务。

### 📖 项目目标

① 掌握本地区常见园林树木栽植、园林大树移植、设施空间绿化植物栽植、水生植物栽植、草本花卉栽植、草坪建植的基本知识。

② 会编制本地区常见园林树木栽植、园林大树移植、设施空间绿化植物栽植、水生植物栽植、草本花卉栽植、草坪建植的技术方案。

③ 能根据施工技术方案完成园林树木栽植、园林大树移植、设施空间绿化植物栽植、水生植物栽植、草本花卉栽植、草坪建植的施工任务。

④ 通过技术方案的制订和组织施工，培养学生独立获取知识、信息处理、组织管理及分析、解决问题的能力。

## 任务 1.1

## 园林树木栽植

### 🔘 知识点

① 了解园林树木栽植成活原理和成活关键。

② 熟悉园林树木栽植技术标准及相关规范。

③ 掌握园林树木栽植前土壤准备的基本知识。

④ 掌握园林树木栽植前苗木选择的基本知识。

## 技能点

① 能编制本地区常见园林树木栽植技术方案。

② 能根据技术方案完成本地区常见园林树木栽植施工。

③ 能根据技术要求进行本地区常见园林树木的反季节栽植施工。

④ 能按照相关的标准操作，进行园林树木栽植质量验收。

### 1.1.1 园林树木栽植概述

园林树木是园林绿化工程的立体骨架材料，其生长状况直接影响园林绿化的效果。园林树木主要是通过人为选择进行栽植的，要保证园林树木生长健壮、持久且具有最佳的园林观赏效果，就必须掌握园林树木栽植成活的原理，科学合理地栽植树木，提高栽植的质量。

#### 1.1.1.1 栽植原理

一株正常生长的园林树木，在一定的环境条件下，其地上部与地下部存在着一定比例的平衡关系。尤其是根系与土壤的密切结合，使树体养分和水分代谢的平衡得以维持。植株一经挖掘，大量的吸收根因此而损失，并且（裸根苗）全部或（带土球苗）部分脱离了原有协调的土壤环境，易受风吹日晒和搬运损伤等影响；根系与地上部以水分代谢为主的平衡关系，或多或少地遭到了破坏。植株本身虽有关闭气孔等减少蒸腾的自动调节能力，但作用有限。根损伤后，在适宜的条件下，都具有一定的再生能力，但发生多量的新根需经一定的时间，才能真正恢复新的平衡。可见，使树木在移植过程中少伤根系和少受风干失水，并促使其迅速发生新根与新的环境建立起良好的联系是最重要的。只有减少树冠的枝叶量，并提供充足的水分供应或较高的空气湿度条件，才能暂时维持较低水平的平衡。总之，在栽植过程中，如何维持和恢复树体以水分代谢为主的平衡是栽植成活的关键，否则可能导致树体死亡。

这种新的平衡关系建立的快慢除了与起苗、运苗、栽植、栽后管理这四个主要环节的技术直接有关之外，还与树种习性、苗木质量、苗木年龄、栽植时期、物候状况等有密切的关系，同时也不可忽视栽植人员的技术和责任心。

#### 1.1.1.2 栽植季节

园林树木栽植原则上应在其适宜的时期，即适合根系再生和枝叶蒸腾量最小的时期。在四季分明的温带地区，一般以秋冬落叶后至春季萌芽前的休眠时期最为适宜。对多数地区和大部分树种来说，以晚秋和早春为最好。晚秋是树木地上部进入休眠、根系仍能生长的时期；早春是气温回升土壤解冻、根系已能开始生长而枝芽尚未萌发之时。树木在这两个时期内，因树体贮藏营养丰富，适合根系生长，而气温较低，地上部还未生长，蒸腾较少，容易保持和恢复以水分代谢为主的平衡。大致上，冬季寒冷地区和在当地不甚耐寒的树种，宜春栽；冬季较温暖地区和在当地耐寒的树种，宜秋栽。冬季，从植物地上部蒸腾量少这一点来说，也是可以移栽的，但要看树种（尤其是根系）的抗寒能力，只有在当地抗寒性很强的树种才行。在土壤冻结较深的地区，可用"冻土球移植法"。夏季由于气温高，植株生命活动旺盛，一般是不适合移植的。但如果夏季正值雨季的地区，由于供水充足，土温较高，有利于根系再生；空气湿度大，地上蒸腾少，在这种条件下也可以移植。但必须选择春梢停长的树木，抓紧连续阴雨的时期进行，或配合其他减少蒸腾的措施才能保证成活。具体地区的栽植季节应根据本地区的特定气候条件和园林树木的不同生长特性及任务大小、技术力量而定。

### 1.1.1.3　苗木的准备

在园林树木栽植前，应根据苗木施工种植图，对苗木的来源、繁殖方法和质量状况进行认真调查。以图纸上的苗木清单和规格要求，就近选择苗木供应商，使树木随起苗、随运苗、随栽植。

（1）苗木质量

苗木质量的好坏直接影响栽植的质量、成活率、养护成本及绿化效果。在选购苗木时应就近选择，这样植物能够适应当地环境，很快成活。

① 树形优美，主侧枝分布均匀，树冠丰满。苗干粗壮通直（藤木除外），有一定的适合高度，不徒长。常绿针叶树下部枝叶不枯落成裸干状。干性强并无潜伏芽的针叶树（如某些松类、冷杉等），中央领导枝要有较强优势，侧芽发育饱满，顶芽占有优势。

② 根系发达，苗木根系完整，接近根颈范围内要有较多的侧根和须根，起苗后根系应无劈裂。

③ 植株健壮，无病虫害和机械损伤。

（2）苗木来源

园林中栽植的苗木一般有三种来源，即苗圃培育苗、野外搜集或山地苗、容器苗。

① 苗圃培育苗。这类苗木一般质量高，来源广，园林应用最多，但在应用中要特别注意树种或品种的真伪。当地苗圃培育的苗木种源及历史清楚，不论什么树种，一般对栽植地气候与土壤条件都有较强的适应能力，可随起苗随栽植。这不仅可以避免长途运输对苗木的损害和降低运输费用，而且可以避免病虫害的传播。当本地培育的苗木供不应求时，需要从外地苗圃购进苗木。要对欲购树木的种源、起源、年龄、移植次数、生长及健康状况等进行详细的调查。要把好起苗、包装的质量关，按照规定进行苗木检疫，防止将严重病虫害带入当地；在运输装卸时，要注意洒水保湿，防止机械损伤和尽可能地缩短运输时间。

② 野外搜集或山地苗。此类苗木应经苗圃养护培育 3 年以上，适应当地环境和生长发育正常后才能应用。在移植到新的地点后，可以很快地发挥景观和生态功能，但这些苗木根系长而稀，须根少而杂乱，对于这类苗木应根据具体情况采取有力措施，做好移栽前的准备工作和移栽后的养护工作。

③ 容器苗。容器苗是在销售或露地定植之前的一定时期，将苗木栽植在各类容器内培育而成的（图 1.1-1）。经容器栽培的苗木，可带容器运输到现场后从容器中脱出，也可先从容器中脱出后运输。只要进行适当的水分管理，不另行包装就可以获得良好的移栽效果。

（3）苗龄与规格

树木的年龄对栽植成活率有很大影响，并与成活后植株的适应性和抗逆性有关。

幼龄苗木，植株较小，根系分布范围小，起挖时根系损伤率低，栽植过程也较简便，成活率高，可节约施工费用。但由于植株小，在城市环境中，易受人为活动的损伤，甚至造成死亡而缺株，影响日后的景观，绿化效果也较差。

图 1.1-1　容器苗（见彩图）

壮老龄树木，根系分布深广，吸收根远离树干，起挖时伤根率较高，若措施不当则会导致栽植成活率低。为提高栽植成活率，对起、运、栽及养护技术要求较高，必须带土球移植，施工养护费用也高。但壮老龄树木，树体高大，姿形优美，栽植成活后能很快发挥绿化效益，在重点工程特殊需要时，可以适当选用，但必须采取特殊措施。

#### 1.1.1.4　栽植地的准备

（1）地形地势的整理

地形整理指从土地的平面上，将绿化区域与其他用地划分开，根据绿化设计图纸的要求整理出一定的地形。此项工作可与清除地上障碍物相结合。对于混凝土地面一定要刨除，否则影响树木的成活和生长。地形整理应做好土方调度，先挖后垫，以节省投资。

地势整理主要解决绿地的排水问题。绿地的排水是依靠地面坡度，从地面自行径流排到道路旁的下水道或排水明沟。所以将绿地界限划清后，要根据本地区排水的大趋向，将绿化地块适当填高，再整理成一定坡度，使其与本地区排水趋向一致。

（2）地面土壤的整理（整地）

地形地势整理完毕之后，为了给植物创造良好的生长基地，必须在种植植物的范围内对土壤进行整理。整地分为全面整地和局部整地，栽植灌木特别是用灌木栽植成一定模纹的地段，应实施全面整地。全面整地应清除土壤中的建筑垃圾、石块等，进行全面翻耕。栽植灌木要求土层厚度 50～60cm，栽植乔木要求土层厚度达 90cm 以上。翻耕土壤时先将土块敲碎，而后平整。

（3）地面土壤改良

土壤改良是采用物理、化学和生物措施，改善土壤物理性质，提高土壤肥力的方法。对不适合园林植物生长的灰土、渣土、没有结构和肥力的生土，应尽量清除，换成适合植物生长的园田土。过黏、过分沙性的土壤应用客土法进行改良。

### 1.1.2　园林树木栽植技术操作

园林树木栽植技术操作流程大致如下，在不同季节，操作流程略有区别。

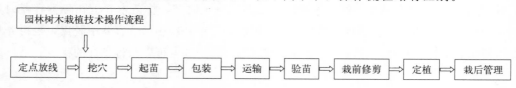

### 1.1.2.1　园林树木正常季节栽植技术操作流程

（1）定点放线

① 独植树木栽植定点放线。放线时首先以一些已知基线或基点为依据，用交会法确定独植树中心点，作为独植树种植点。

② 丛植树木栽植定点放线。根据树木配置的疏密程度，先按一定比例相应地在设计图及现场画出方格，作为控制点和线，定点时先在设计图上量好树木与对应方格的纵横坐标距离，再按比例写出现场相应方格位置，然后钉桩或用白灰标明。

③ 行道树栽植定点放线。行道树定点放线时，在有路牙的道路上以路牙为依据，没有路牙的则应找出准确的道路中心线，并以之为定点的依据，然后用钢尺定出行位，大约每 10 株钉一木桩，作为行位控制标记，然后用白灰点标出单株位置。

定点放线后，请设计人员及有关单位派人根据绿化种植设计图和施工图仔细核对，检查验点。

（2）挖穴

栽植穴位置确定之后，即可根据树种根系特点（或土球大小）、土壤情况来决定挖穴的规格。栽植穴一般应比规定根幅范围或土球大，应加宽放大 40~100cm，加深 20~40cm。栽植穴挖的好坏，对栽植质量和日后树木的生长发育有很大影响。因此，对挖穴规格必须严格要求。以规定的穴径画圆，沿圆边向下挖掘，把表土

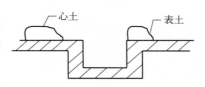

图 1.1-2　栽植穴示意图

与心土按统一规定分别放置，并不断修直穴壁达到规定深度。使栽植穴保持上口沿与底边垂直，大小一致（图 1.1-2）。切忌挖成上大下小的锥形或锅底形，否则栽植踩实时会使根系劈裂、拳曲或上翘，造成不舒展而影响树木生长。

（3）起苗

① 起苗前的准备工作。具体内容如下。

a.号苗：号苗时，除了根据绿化设计规定的规格、数量选定苗木外，苗木健壮、枝叶繁茂、根系发达、无病虫害、无机械损伤、无冻害是基本质量要求。

b.灌水：若苗木生长处的土壤过于干燥，应先浇水；反之，若土质过湿，则应设法排水，以利操作。

c.拢冠：对于冠丛庞大的灌木，特别是带刺的灌木（如花椒、玫瑰、黄刺玫等），以及侧枝低矮的常绿树（雪松、桧柏、油松等），为方便操作应先用草绳将树冠捆拢起来，注意松紧适度，不要损伤枝条（图 1.1-3）。

② 裸根苗起挖。裸根苗适用于休眠状态的落叶乔、灌木以及易成活的乡土树种。由于根部裸露，容易失水干燥，且易损伤弱小的须根，其树根恢复生长需较长时间。最好的掘苗时期是春季根系刚刚活动、枝条萌芽之前。

a.裸根苗的根系幅度：落叶乔木应为胸径的 8~10 倍，落叶灌木可按苗木高度的 1/3 左右。注意尽量保留护心土。

b. 起挖：挖苗工具要锋利，从四周垂直挖掘，侧根全部挖断后再向内掏底，将下部根系铲断，轻轻放倒，留适量护心土。遇粗大树根，用锯锯断，要保护大根不劈不裂，尽量多保留须根（图 1.1-4）。

图 1.1-3　树木拢冠（见彩图）　　　　　图 1.1-4　裸根苗起挖（见彩图）

③ 带土球苗起挖。带土球苗适用于常绿树、名贵树和生长期的落叶乔、灌木。

a. 土球规格：乔木土球苗，土球直径为苗木胸径的 8～10 倍，土球厚度应为土球直径的 2/3 以上，形似苹果状；灌木、绿篱土球苗，土球直径为其苗高的 1/3，土球厚度为土球直径的 4/5 左右。

b. 起挖：挖掘土球时，首先以树干为中心画一个圆圈，标明土球直径的尺寸，一般应较规定稍大一些，作为掘苗的根据。然后将圈内表土挖去一层，深度以不伤地表的苗根为度。再沿所画圆圈外缘向下垂直挖沟，沟宽以便于操作为宜，一般为 60～80cm。随挖、随修整土球表面，操作时千万不可踩土球，一直挖掘到规定的深度（图 1.1-5）。球面修整完好以后，再慢慢从底部向内挖，进行掏底。

（4）包装

① 裸根苗包装。起苗后若长途运输，根系应进行保湿处理，如蘸泥浆、蘸保水剂等，也可用湿麻袋、塑料膜等进行保湿外包装。

② 土球苗包装。当苗木起挖到要求的土球高度时，用预先湿润过的草绳、麻袋片等软材包扎。一般采用草绳直接包扎，只有当土质松软时才加用蒲包、麻袋片包裹。土球包裹完毕将树木推倒，切断土球底部的根系。为了确保苗木在吊装和卸苗时减少树体损伤，对苗木可进行裹干（图 1.1-6）。

（5）运输

苗木的运输也是影响植树成活的重要环节，实践证明"随掘、随运、随栽、随灌水"，可以减少土球在空气中暴露的时间，对树木成活大有益处。

① 装车前的检验。运苗装车前须仔细核对苗木的品种、规格、数量、质量等。

② 苗木装运。具体内容如下。

图 1.1-5　带土球起苗（见彩图）

图 1.1-6　土球包装（见彩图）

a. 装运裸根苗技术要求：装运乔木时，树根应在车厢前部，树梢朝后，顺序排列。车后厢板和枝干接触部位应铺垫蒲包等物，以防碰伤树皮。树梢不得拖地，必要时要用绳子围拢吊起来，捆绳子的地方需用蒲包垫上。装车不要超高，压得不要太紧。如超高装苗，应设明显标志，并与交通管理部门进行协调。装完后用苫布将树根部位盖严并捆好，以防树根失水。

b. 带土球苗的装车技术要求：苗高 1.5m 以下的带土球苗木可以立装，高大的苗木必须放倒，土球靠车厢前部，树梢向后并用木架将树头架稳，支架和树干接合部加垫蒲包。土球直径大于 60cm 的苗木只装一层，土球小于 60cm 的土球苗可以码放 2~3 层，土球之间必须排码紧密以防摇摆。土球上不准站人和放置重物。较大的土球，为了防止滚动，两侧应加以固定。

③ 卸车。苗木运输到现场要及时卸车。裸根苗卸车时要轻拿轻放，从上向下顺序拿取，不应抽取，更不许整车推下。带土球苗卸车时，要保证土球安全，不得提拉土球苗树干。小土球苗应双手抱起，轻轻放下。较大的土球苗卸车时，可借用长木板从车厢上将土球顺势慢慢滑下，土球搬运只准抬起，不准滚动。

（6）验苗

苗木进场后，项目经理应组织监理人员进行现场验苗，主要核对苗木检疫合格证，校验苗木的品种、规格是否符合图纸要求，苗木的土球是否松散，苗木裹干是否均匀。

乔木主要检查土球是否完好，树皮是否完好，苗木干茎、高度、冠幅、树型是否符合图纸要求；灌木主要检查高度、分枝和冠幅，同时品种要正确。

（7）栽前修剪

园林树木栽前修剪的目的，主要是为了提高成活率和注意培养树形，同时减少自然伤害。因此应对树冠在不影响树形美观的前提下按设计要求进行适当修剪。一般剪除病虫枝、枯死枝、细弱枝、徒长枝、衰老枝等。栽植前应对根系进行适当修剪，主要剪去断根、劈裂根、病虫根、过长的根（图 1.1-7）。

（8）定植

① 散苗。根据种植施工图上的苗木品种和规格要求，将苗木运到指定的树穴或划定

的种植范围附近。散苗速度与栽苗速度相适应，边散边栽，散毕栽完。

② 准备坑穴，放入苗木。先检查坑的大小是否与树木根深和根幅相适应。坑过浅要加深，并在坑底垫 10~20cm 的疏松土壤，踩实。对坑穴做适当填挖调整后，将树木按原生长方向放入坑穴内。同时尽量保证邻近苗木规格基本一致。

③ 调整树体正直和观赏面。苗木入坑后，应将树干立直，同时把树冠丰满完好的一面朝向主要的观赏方向，如入口处或主行道。若树冠高低不匀，应将低冠面朝向主面，高冠面置于后方，使之有层次感。

图 1.1-7　栽前修剪（见彩图）

④ 栽苗。具体内容如下。

a. 裸根苗定植：先将苗放入坑中扶直，将坑边的好土填入，填土到坑的一半时，用手将苗木轻轻往上提起，使根颈部分与地面相平，让根系自然向下舒展开来，然后用脚踏实土壤，继续填入好土，直到填满后再用力踏实或夯实一次，最后用土在坑的外缘做好浇水堰。裸根栽植深度，乔木应比原土痕深 5~6cm（图 1.1-8），灌木应与原土痕齐平。

b. 带土球苗定植：树木入穴后，先在土球底部四周垫少量土，稍加固定土球。尽量拆除草绳、蒲包等包扎材料，填土时每填 20~30cm 要压实，再填土再压实。黏土切不可用铁锤或棍子捣实，以免造成根部土壤空隙和损伤土球。带土球苗栽植深度，应略低于地面 3~5cm；松类土球苗应高出地面 3~5cm，避免栽植过深影响根系生长发育（图 1.1-9）。

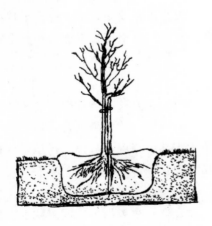

图 1.1-8　裸根苗栽植深度示意图

图 1.1-9　带土球苗栽植深度示意图

（9）栽后管理

① 树木支撑。栽植胸径 5cm 以上树木时，特别是在栽植季节有大风的地区，植后应立支架固定，以防冠动根摇，影响根系恢复生长。常用通直的木杆、竹竿、镀锌钢管等做

支撑，以麻布、无纺布、包装棉等做垫衬物，用扎篾、12～14 号铁丝、麻绳、新型支撑配套简易绑扎带等进行绑扎。树木支撑的形式因树木规格、栽植时间、栽植环境等而有所不同，目前常采用的有三角支撑、四柱支撑、联排支撑等（图 1.1-10）。三角支撑或四柱支撑的固定作用最好，且有良好的装饰效果，在人流量较大的市区绿地中多用。支撑高度以能支撑树的 1/3～1/2 处即可，但要注意支架不能打在土球或骨干根系上。

(a) 四柱支撑　　　　　　　　(b) 联排支撑　　　　　　　　(c) 三角支撑

图 1.1-10　树木支撑（见彩图）

② 围堰灌水。具体内容如下。

a. 围堰：树木定植后，在树穴周围用土筑成高 15～20cm 的土埂，其内径要大于树穴直径。围堰要筑实，围底要平，以防浇水时跑水、漏水等。

b. 灌水：新植树木应在当日浇透第一遍水，水量不宜过大，主要目的是通过灌水使土壤缝隙填实，保证树根与土壤紧密结合。然后再浇第二次水，水量仍以压土填缝为主要目的。第二次水距头次水时间为 3～5d。第三次水距第二次水时间为 7～10d，此次水一定要灌透、灌足，即水分渗透到全坑土壤和坑周围土壤内（图 1.1-11）。以后视天气情况、土壤质地、检查分析，谨慎浇水，做到干透浇透。

③ 扶直封堰。在每一次灌水后应检查一次，发现树身倒歪应及时扶正，树堰被冲刷损坏处及时

图 1.1-11　围堰灌水（见彩图）

修整。三遍水浇完，待水分渗透后，用细土将灌水堰填平。封堰土堆应稍高于地面，这样可以保持土壤水分，并保护树根，防止风吹摇动，以利成活。

### 1.1.2.2　园林树木反季节栽植技术操作与应对措施

反季节栽植是指在园林树木正常生长阶段进行的栽植，一般情况指的是夏季栽植。很多重大的市政建设项目、房地产开发项目等的配套绿化工程由于特殊时限的需要，往往要打破季节的限制，克服高温、干旱、湿热等不利条件，进行反季节栽植。为了提高反季节绿化植物栽植成活率，确保经济效益和生态效益，需要在施工中不断研究和总结反季节栽植施工工艺和应对措施。

（1）园林树木反季节栽植技术操作

园林树木反季节栽植技术操作同1.1.2.1园林树木正常季节栽植技术操作。

（2）园林树木反季节栽植应对措施

① 土壤的预处理。要求种植土湿润、疏松、透气性和排水性良好。采取相应的客土改良等措施。

② 苗木选择。必须挑选长势旺盛、植株健壮、根系发达、无病虫害且经过两年以上断根处理的苗木；应优先选用容器苗、假植苗。

③ 起苗。反季节树木栽植，必须采用带土球移植或箱板移植。在正常季节移植的规范基础上，再放大一个规格，原则上根系保留得越多越好。

④ 栽前修剪。反季节栽植前应加大修剪量，落叶树可对侧枝进行截干处理，留部分营养枝和萌生力强的枝条，修剪量可达树冠生物量的1/2以上。常绿阔叶树可采取收缩树冠的方法，截去外围的枝条，适当疏剪树冠内部不必要的弱枝和交叉枝，多留强壮的萌生枝，修剪量可达1/3以上。针叶树以疏枝为主，如松类可对轮生枝进行疏除，但必须尽量保持树形。柏类最好不进行移植修剪。容器苗可不必修剪，全冠栽植。

⑤ 摘叶。对于枝条再生萌发能力较弱的阔叶树种及针叶类树种可进行摘叶。为减少叶面水分蒸腾量，可在修剪病枝、枯枝、伤枝及徒长枝的同时，采取摘除部分（针叶树）或大部分（阔叶树）叶子的方法来抑制水分的蒸发。摘全叶时应留下叶柄，保护腋芽。

⑥ 喷洒药剂。用稀释500～600倍的抑制蒸腾剂对移栽树木的叶面实施喷雾，可有效抑制移栽树木在运输途中和移栽初期叶面水分的过度蒸发，提高树木移栽成活率。

⑦ 利用生长素刺激生根。可采用在种植后的苗木土球周围打洞灌药的方法。洞深为土球的1/3，施浓度1000mg/kg的ABT3号生根粉或浓度500mg/kg的萘乙酸（NAA）。也可在移植苗栽植前剥除包装，在土球立面喷浓度1000mg/kg的ABT3号生根粉，使其渗入土球中。

⑧ 遮阴。在搭设的井字架上盖上遮阴度为60%～70%的遮阳网，在夕阳（西北）方向置立向遮阳网，荫棚遮阳网应与树冠有50cm以上的距离，以利于棚内的空气流通。

⑨ 喷雾。控制蒸腾作用也可采取喷淋方式，增加树冠局部湿度。喷淋可采用高压水枪、手动或机动喷雾器，为避免造成根际积水烂根，要求雾化程度要高，或在移植树冠下临时以薄膜覆盖。

⑩ 树干保湿。对移栽树木的树干进行保湿是必要的。用草绳将树干包扎好，将草绳喷湿，然后用塑料薄膜包于草绳之外捆扎在树干上。为防止夏季薄膜内温度和湿度过高引起树皮霉变受损，可在薄膜上适当扎些小孔透气。

最后还要加强后期养护管理，三分种七分养，苗木成活后，及时进行根外施肥、抹芽、支撑加固、病虫害防治及地表松土等一系列复壮养护措施，促进新根和新枝的萌发，后期养护应包括进入冬季的防寒措施，使得移栽苗木安全过冬。

### 1.1.2.3　园林树木栽植过程中需注意的事项

① 自外省市及国外引进的植物材料应有植物检疫证。

② 栽植前必须仔细核对设计图纸，看树种、规格是否正确，若发现问题立即调整。

③ 在挖穴时，如发现电缆、管道时，应停止操作，及时找设计人员与有关部门共同商讨解决。坑穴挖好后，要有专人按规格验收，不合格的应返工。

④ 到达种植点的树木，如不能及时定植，应对其进行假植或培土，保护裸根及土球，必要时对地上部分喷水保湿和遮盖。

⑤ 应将树形和生长势最好的一面作为主要观赏面；平面位置和高程必须与设计规定相符；树身上下必须与地面垂直，如有弯曲，其弯曲方向应朝向当地的主导风向。

⑥ 各项种植工作应密切衔接，做到随挖、随运、随栽、随养护。如遇气温骤升骤降或大风大雨等气象变化，应立即暂停种植，并采取临时措施保护树木土球和栽植穴。

⑦ 种植时需结合施用基肥。基肥应以腐熟有机肥为主，也可施用复合肥和缓释棒肥、颗粒肥，用量遵循商品说明。基肥可施于穴底，施后覆土，勿与根系接触。

### 1.1.3　园林树木栽植施工质量验收

园林树木栽植施工质量验收参考《园林绿化工程施工及验收规范》（CJJ 82—2012）。

#### 1.1.3.1　园林树木栽植质量验收要求

园林树木栽植质量验收要求应符合表 1.1-1 的规定。

表 1.1-1　园林树木栽植质量验收要求

| 序号 | 工程名称 | 检查方法 | 检查数量 |
|---|---|---|---|
| 1 | 栽植穴、槽 | 观察、测量 | 每 100 个穴检查 20 个,不足 20 个全数检查 |
| 2 | 植物材料 | 观察、量测 | 每 100 株检查 10 株,少于 20 株的,全数检查。草坪、地被、花卉按面积抽查 10%,4m² 为一点,至少 5 个点,小于等于 30m² 的全数检查 |
| 3 | 苗木运输和假植 | 观察 | 每车按 20% 的苗株进行检查 |
| 4 | 苗木修剪 | 观察、量测 | 每 100 株检查 10 株,不足 20 株的全数检查 |
| 5 | 树木栽植 | 观察、量测 | 每 100 株检查 10 株,少于 20 株的全数检查<br>成活率全数检查 |
| 6 | 浇灌水 | 测试及观察 | 每 100 株检查 10 株,不足 20 株的全数检查 |
| 7 | 支撑 | 晃动支撑物 | 每 100 株检查 10 株,不足 50 株的全数检查 |

#### 1.1.3.2　园林树木栽植质量标准

（1）栽植穴、槽的挖掘

① 栽植穴、槽挖掘前，应向有关单位了解地下管线和隐蔽物的埋设情况。

② 树木与地下管线外缘及树木与其他设施的最小水平距离，应符合相应的绿化规划与设计规范的规定。

③ 栽植穴、槽的定点放线应符合下列规定。

a. 栽植穴、槽定点放线应符合设计图纸要求，位置应准确，标记明显。b. 栽植穴定点时应标明中心点位置，栽植槽应标明边线。c. 定点标志应标明树种名称（或代号）、规格。d. 当树木定点遇到障碍物时，应与设计单位取得联系，进行适当调整。

④ 栽植穴、槽的直径应大于土球或裸根苗根系展幅 40～60cm，穴深宜为穴径的 3/4～4/5。穴、槽应垂直下挖，上口下底应相等。

⑤ 栽植穴、槽挖出的表层土和底土应分别堆放，底部应施基肥并回填表土或改良土。

⑥ 栽植穴、槽底部遇有不透水层及重黏土层时，应进行疏松或采取排水措施。

⑦ 土壤干燥时，应于栽植前灌水浸穴、槽。

⑧ 当土壤密实度大于 $1.35g/cm^3$ 或渗透系数小于 $10^{-4}cm/s$ 时，应采取扩大树穴、疏松土壤等措施。

（2）植物材料

① 植物材料种类、品种名称及规格应符合设计要求。

② 严禁使用带有严重病虫害的植物材料，非检疫对象的病虫害危害程度或危害痕迹不得超过树体的 5%～10%。自外省市及国外引进的植物材料应有植物检疫证。

③ 植物材料的外观质量要求和检验方法应符合表 1.1-2 的规定。

表 1.1-2　植物材料外观质量要求和检验方法

| 项目 | | 质量要求 | 检验方法 |
|---|---|---|---|
| 乔木灌木 | 姿态和长势 | 树干符合设计要求，树冠较完整，分枝点和分枝合理，生长势良好 | 检查数量：每 100 株检查 10 株，每株为 1 点，少于 20 株的全数检查。检查方法：观察、量测 |
| | 病虫害 | 危害程度不超过树体的 5%～10% | |
| | 土球苗 | 土球完整，规格符合要求，包装牢固 | |
| | 裸根苗根系 | 根系完整，切口平整，规格符合要求 | |
| | 容器苗木 | 规格符合要求，容器完整，苗木不徒长、根系发育良好不外露 | |
| 篱及模纹色块植物 | | 株形苗壮，根系基本良好，无伤苗，茎、叶无污染，病虫害危害程度不超过植株的 5%～10% | 检查数量：按数量抽查 10%，10 株为一点，不少于 5 个点。小于等于 50 株的应全数检查。检查方法：观察 |
| 整型景观树 | | 姿态独特，虬曲苍劲，质朴古拙，株高不少于 150cm，多干式桩景的叶片托盘不少于 7～9 个，土球完整 | 检查数量：全数检查。检查方法：观察、尺量 |

④ 植物材料规格允许偏差和检验方法有约定的应符合约定要求，无约定的应符合表 1.1-3 的规定。

（3）苗木运输和假植

① 苗木装运前应仔细核对苗木的品种、规格、数量、质量。外地苗木应事先办理苗木检疫手续。

② 苗木运输量应根据现场栽植量确定，苗木运到现场后应及时栽植，确保当天栽植完毕。

③ 运输吊装苗木的机具和车辆的工作吨位，必须满足苗木吊装、运输的需要，并应制订相应的安全操作措施。

④ 裸根苗木运输时，应进行覆盖，保持根部湿润。装车、运输、卸车时不得损伤苗木。

表 1.1-3　植物材料规格允许偏差和检验方法

| 序号 | 项目 | | | 允许偏差 /cm | 检查频率 | | 检查方法 |
|---|---|---|---|---|---|---|---|
| | | | | | 范围 | 点数 | |
| 1 | 乔木 | 胸径 | ≤5cm | −0.2 | 每 100 株检查 10 株,每株为 1 点,少于 20 株的全数检查 | 10 | 量测 |
| | | | 6～9cm | −0.5 | | | |
| | | | 10～15cm | −0.8 | | | |
| | | | 16～20cm | −1.0 | | | |
| | | 高度 | — | −20 | | | |
| | | 冠径 | — | −20 | | | |
| 2 | 灌木 | 高度 | ≥100cm | −10 | | | |
| | | | <100cm | −5 | | | |
| | | 冠径 | ≥100cm | −10 | | | |
| | | | <100cm | −5 | | | |
| 3 | 球类苗木 | 冠径 | <50cm | 0 | 每 100 株检查 10 株,每株为 1 点,少于 20 株的全数检查 | 10 | 量测 |
| | | | 50～100cm | −5 | | | |
| | | | 110～200cm | −10 | | | |
| | | | >200cm | −20 | | | |
| | | 高度 | <50cm | 0 | | | |
| | | | 50～100cm | −5 | | | |
| | | | 110～200cm | −10 | | | |
| | | | >200cm | −20 | | | |

　　⑤ 带土球苗木装车和运输时，排列顺序应合理，捆绑稳固；卸车时应轻取轻放，不得损伤苗木及散球。

　　⑥ 苗木运到现场，当天不能栽植的应及时进行假植。

　　⑦ 苗木假植应符合《园林绿化工程施工及验收规范》（CJJ 82—2012）的规定。

　　(4) 苗木修剪

　　① 苗木栽植前的修剪应根据各地自然条件，推广以抗蒸腾剂为主体的免修剪栽植技术，或采取以疏枝为主，适度轻剪，保持树体地上、地下部位生长平衡的方法。

　　② 乔木类修剪应符合下列规定。

　　a. 落叶乔木修剪应按下列方式进行：有中央领导干、主轴明显的落叶乔木应保持原有主尖和树形，适当疏枝，对保留的主侧枝应在健壮芽上部短截，可剪去枝条的 1/5～1/3；无明显中央领导干、枝条茂密的落叶乔木，可对主枝的侧枝进行短截或疏枝并保持原树形；行道树乔木定干高度宜为 2.8～3.5m，第一分枝点以下枝条应全部剪除，同一条道路上相邻树木分枝高度应基本统一。

　　b. 常绿乔木修剪应按下列方式进行：常绿阔叶乔木具有圆头形树冠的可适量疏枝；枝叶集生树干顶部的苗木可不修剪；具有轮生侧枝，作行道树时，可剪除基部 2～3 层轮生侧枝；松树类苗木宜以疏枝为主，应剪去每轮中过多主枝，剪除重叠枝、下垂枝、内膛斜生枝、枯枝及机械损伤枝；修剪枝条时基部应留 1～2cm 木橛；柏类苗木不宜修剪，双头或竞争枝、病虫枝、枯死枝应及时剪除。

③ 灌木及藤本类修剪应符合下列规定：有明显主干型灌木，修剪时应保持原有树形，使主枝分布均匀，主枝短截长度宜不超过 1/2；丛枝型灌木预留枝条宜大于 30cm。多干型灌木不宜疏枝；绿篱、色块、造型苗木，在种植后应按设计高度整形修剪；藤本类苗木应剪除枯死枝、病虫枝、过长枝。

④ 苗木修剪应注意以下事项。

a. 苗木修剪整形应符合设计要求，当无要求时，修剪整形应保持原树形。

b. 苗木应无损伤断枝、枯枝、严重病虫枝等。

c. 落叶树木的枝条应从基部剪除，不留木橛，剪口平滑，不得劈裂。

d. 枝条短截时应留外芽，剪口应距留芽位置上方 0.5cm。

e. 修剪直径 2cm 以上大枝及粗根时，截口应削平、涂防腐剂。

⑤ 非栽植季节栽植落叶树木，应根据不同树种的特性保持树形，宜适当增加修剪量，可剪去枝条的 1/3～1/2。

(5) 树木栽植

① 树木栽植应符合下列规定。

a. 树木栽植应根据树木品种的习性和当地气候条件，选择最适宜的栽植期进行栽植。

b. 栽植的树木品种、规格、位置应符合设计规定。

c. 带土球树木栽植前应去除土球不易降解的包装物。

d. 栽植时应注意观赏面的合理朝向，树木栽植深度应与原种植线持平。

e. 栽植树木回填的栽植土应分层踏实。

f. 除特殊景观树外，树木栽植应保持直立，不得倾斜。

g. 行道树或行列栽植的树木应在一条线上，相邻植株规格应合理搭配。

h. 绿篱及色块栽植时，株行距、苗木高度、冠幅大小应均匀搭配，树形丰满的一面应向外。

i. 树木栽植后应及时绑扎、支撑、浇透水。

j. 树木栽植成活率不应低于 95%，名贵树木栽植成活率应达到 100%。

② 树木浇灌水应符合下列规定。

a. 树木栽植后应在栽植穴直径周围筑高 10～20cm 的围堰，围堰应筑实。

b. 浇灌树木的水质应符合现行国家标准《农田灌溉水质标准》（GB 5084—2021）的规定。

c. 浇水时应在穴中放置缓冲垫。

d. 每次浇灌水量应满足植物成活及生长需要。

e. 新栽树木应在浇透水后及时封堰，以后根据当地情况及时补水。

f. 对浇水后出现的树木倾斜，应及时扶正，并加以固定。

③ 树木支撑应符合下列规定。

a. 应根据立地条件和树木规格进行三角支撑、四柱支撑、联排支撑及软牵拉等。

b. 支撑物的支柱应埋入土中不少于 30cm，支撑物、牵拉物与地面连接点的连接应牢固。

c. 连接树木的支撑点应在树木主干上，其连接处应衬软垫，并绑缚牢固。

d. 支撑物、牵拉物的强度能够保证支撑有效；用软牵拉固定时，应设置警示标志。

e. 针叶常绿树的支撑高度应不低于树木主干的 2/3，落叶树支撑高度为树木主干高度的 1/2。

f. 同规格同树种的支撑物和牵拉物的长度、支撑角度、绑缚形式以及支撑材料宜统一。

④ 非种植季节进行树木栽植时，应根据不同情况采取下列措施。

a. 苗木可提前环状断根进行处理或在适宜季节起苗，用容器假植，带土球栽植。

b. 落叶乔木、灌木类应进行适当修剪并应保持原树冠形态，剪除部分侧枝，保留的侧枝应进行短截，并适当加大土球体积。

c. 可摘叶的应摘去部分叶片，但不得伤害幼芽。

d. 夏季可采取遮阴、树木裹干保湿、树冠喷雾或喷施抗蒸腾剂等方法减少水分蒸发；冬季应采取防风防寒措施。

e. 掘苗时根部可喷布促进生根激素，栽植时可加施保水剂，栽植后树体可注射营养剂。

f. 苗木栽植宜在阴雨天或傍晚进行。

⑤ 干旱地区或干旱季节，树木栽植应大力推广抗蒸腾剂、防腐促根、免修剪、营养液滴注等新技术，采用土球苗，加强水分管理等措施。

⑥ 对人员集散较多的广场、人行道，树木种植后，种植池应铺设透气铺装，加设护栏。

## ✎ 思考与练习

### 一、选择题

1. 按辽宁省气候特征，木本植物最佳栽植时间为（　　）。

A. 春季　　　　　　B. 夏季　　　　　　C. 秋季　　　　　　D. 冬季

2. 栽植灌木要求土层厚度（　　），且翻耕土壤时将土块敲碎，而后平整。

A. 45cm　　　　　　B. 50～60cm　　　　C. 90cm　　　　　　D. 100cm

3. 乔木树种苗木的土球直径一般是树木胸径的（　　）倍，胸径越大比例越小。

A. 5～6　　　　　　B. 6～7　　　　　　C. 7～8　　　　　　D. 8～10

4. 反季节栽植应优先选用（　　）和假植苗。

A. 实生苗　　　　　B. 容器苗　　　　　C. 嫁接苗　　　　　D. 留床苗

5. 裸根苗木种植时把土踩实的最主要目的是（　　）。

A. 使根系与土壤紧密接触　　　　　B. 使树不倒伏

C. 促进苗木根系生长　　　　　　　D. 促进地上部生长

6. 园林树木种植深度应（　　）。

A. 与原来一样

B. 比原来深 10～20cm

C. 比原来深 3～5cm

D. 无法确定

**二、判断题**

1. 园林植物栽植时，应选择阳光明媚的晴天移植最为理想。（　　）

2. 平衡树势是保证反季节栽植树木成活的关键。（　　）

3. 因为植物适应当地环境，能很快成活，所以必须就近选择优良苗木。（　　）

4. 木本植物种植时，应先保持地下部分和地上部分的养分平衡，才能保证成活。（　　）

5. 裸根苗适用于生长期的落叶乔、灌木以及易成活的乡土树种。（　　）

**三、简答题**

1. 分析园林树木栽植成活的原理。

2. 怎样做好园林树木栽植前的苗木准备工作？

3. 如何做好栽植地准备工作？

4. 试述园林树木栽植程序。

5. 简述园林树木栽植后养护管理技术。

6. 简述园林树木反季节栽植应对措施有哪些。

在线答题

# 任务 1.2
# 园林大树移植

## 知识点

① 了解大树移植特点。

② 掌握大树移植的原则。

③ 掌握大树移植的程序和方法要求。

④ 掌握大树移植后的养护管理知识。

## 技能点

① 能编制大树移植技术方案。

② 能根据技术方案，完成大树移植施工操作。

③ 能依据标准完成大树移植后的养护管理。

### 1.2.1　园林大树移植概述

大树移植是园林绿化过程中的一项基本作业，主要应用于对现有树木保护性的移植以及密度过高的绿地进行结构调整中发生的作业行为。新建绿地中的大树栽植，则是在特定时间、特定地点，为满足特定要求所采用的种植方法。随着城市绿化水平的不断提高和绿化施工节奏的加快，很多园林工程项目要求绿化景观形成时间短、见效快。为此，适当移植大树，形成绿地骨架已成为加速绿化、美化城市的一个重要手段。

按园林绿化施工规范规定，落叶和阔叶常绿乔木胸径在 20cm 以上，针叶常绿乔木株高在 6m 以上或地径在 18cm 以上的均属于大树。

### 1.2.1.1　大树移植的时间

我国幅员辽阔，南北气候相差很大，具体的移植时间应视当地的气候条件以及需移植的树种不同而有所选择。严格来说，如果掘起的大树带有较大的土球，在移植过程中严格执行操作规程，移植后注意养护，那么在任何时间都可以进行大树移植。但在实际中，最佳移植时间是早春，因为这时树液开始流动，树木开始生长、发芽，挖掘时损伤的根系容易愈合和再生，移植后，经过从早春到晚秋的正常生长，树木移植时受伤的部分已复原，给树木顺利越冬创造了有利条件。

### 1.2.1.2　大树移植的特点

（1）移植成活困难

首先，树龄大、阶段发育程度深的树木，在移植过程中被损伤的根系恢复慢。其次，树体在生长发育过程中的根系扩展范围远超出树冠水平投影范围，而且扎入土层较深，挖掘后的树体吸收根较少，木栓化程度高，萌生新根能力差且缓慢。再次，大树形体高大，移植后根系水分吸收与树冠水分消耗之间的平衡失调，易造成树体失水枯亡。最后，大树移植时的土球重，在起挖、搬运、栽植过程中易造成破裂，这也是影响大树移植成活的重要因素。

（2）移栽周期长、限制因子多

由于树木规格大、移植的技术要求高，从断根缩坨到起苗、运输、栽植以及后期的养护管理，移栽过程少则几个月，多则几年，每一个步骤都不容忽视。为有效保证大树移植的成活率，必须充分考虑其树种的生理需求、移栽地的自然状况、采用的移栽方法和养护条件等。移栽前的准备工作又必须考虑起挖机械能否到达现场正常工作，运载工具是否能安全可靠、顺通畅行等。

（3）绿化效果快、显著

尽管大树移植有诸多困难，但如能科学规划、合理运用、适度配置，则可显现立竿见影的景观效果，较快发挥城市绿地的景观功能。

大树移植虽说是园林建设中必不可少的，但不能将其作为园林建设的主要手段，不能无度、集中地运用大树甚至特大树木来构作园林景观。而且，大树移植的成本高，对种植、养护的技术要求也高，对整个地区生态效益的提升却有限。一般而言，大树的移植数量最好控制在绿地种植总量的 5%～10%。

### 1.2.1.3　大树移植的原则

（1）树种选择原则

① 选择容易成活的树种。大树移植的成活难易程度是必须优先考虑的重要因素。经

验表明，最易成活的树种有杨树、柳树、梧桐、悬铃木、榆树、朴树、银杏、臭椿、楝树、槐树、木兰等。

② 选择生命周期长的树种。由于大树移植的成本较高，应使其在移植后较长时间内保持大树的原有风貌。生命周期长的树种，即使选用较大规格的树木，仍可经历较长年代的生长，并充分发挥其较好的绿化功能和景观效果。

（2）树体选择原则

① 树体规格适中。大树移植并非树体规格越大越好。树体规格太大的若移植失败，不仅对大树资源本身造成浪费，也是对大树原生地生态资源的破坏。移植及养护的成本也随树体规格增大而迅速攀升。

② 树体年龄轻壮。处于壮年期的树木，无论从形态、生态效益以及移植成活率上都是最佳时期。一般来说，壮年期的树木正处于树体生长发育的旺盛时期，因其环境适应性和树体再生能力都较强，移植过程中树体恢复生长需时短，移植成活率高。而且，壮年期树木的树冠发育成熟稳定，最能体现景观设计的要求。

③ 就近选择。坚持就近选择的原则，以选择乡土树种为主、外来树种为辅，并尽量避免远距离调运大树，使移植地的环境条件能与树种的生物学特性及原生地的环境条件相符，使其在适宜的生长环境中发挥最大优势。

## 1.2.2 园林大树移植技术操作

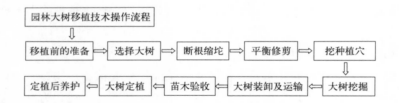

（1）移植前的准备

① 现场勘察决定实施方案。勘察树种及规格、土壤质地、土层厚度。踏勘环境条件、建筑物距离、架空线、地下管线，以及挖掘、吊装、运输作业场地等。然后进行可行性分析，制订作业方案。

② 作业场地的准备。对挖掘大树作业和拟移栽大树作业的周边现场进行清理，保证吊装、运输通畅无阻。超宽超长运输应向交管部门报批，取得批件。

③ 准备好所需的机械、材料、工具等。

（2）选择大树

根据设计图纸和说明所要求的树种、树高、冠幅、胸径、树形、长势等，到郊区或苗圃进行调查，选树并编号。注意选择接近新栽地环境的树木，野生树木主根发达，长势过旺的，不易成活，适应能力也差。大树移植不再单纯强调观赏面，重要的是注意原生态方向。一定要首先在大树上标明原生地朝向，保证移栽后的阴阳面与原有立地条件一致。

（3）断根缩坨

为了使吸收根系回缩到主干根基附近，有效缩小土球体积，减轻土球重量，便于移植。在大树移植前 1～3 年分期切断树体的部分根系，提高移植成活率。操作方法：以树干胸径的 5 倍为半径向外挖圆形的沟，宽 40～60cm，深 50～70cm，将沟内的根除留 1～2 条粗根外全部切断（伤口涂防腐剂）。将留在沟内的粗根做宽 10mm 的环状剥皮，涂抹 0.001％萘乙酸或 ABT 3 号生根粉，促生新根。填入肥沃的壤土或将挖出的土壤加入腐叶土、腐熟的有机肥或化肥混匀后回填踏实。

（4）平衡修剪

大树修剪强度根据树种、栽植季节、树体规格、生长立地条件及移植后采取的养护措施与提供的技术保证来决定，原则上尽量保持树木的冠形、姿态。

① 全冠式。将徒长枝、交叉枝、病虫枝、弱枝及过密枝剪除，尽量保持树木的原有树冠、树形。此法景观效果好，是目前高水平绿地建设中提倡使用的，尤其适用于萌芽力弱的常绿树种，如雪松、广玉兰即为典型的代表树种。落叶树种的全冠式修剪除疏除交叉枝、重叠枝、病虫枝外，可对所有一、二年生枝进行短截，即剪掉 1/3～1/2（图 1.2-1）。

② 半冠式。只保留树冠的一级分枝或二级分枝，基本保持树体骨架完整，多用于生长速率和发枝力中等的植物，如国槐、银杏等。这种方式虽可提高移植成活率，但对树形破坏严重，应控制使用。

图 1.2-1 全冠式修剪（见彩图）

（5）挖种植穴

① 定点放线。根据施工图规定，确定栽植中心点。

② 挖穴。种植穴要比土球直径大 60～80cm，深度应比土球厚度深 20～30cm。如果移栽特大树或移栽地的土质比较差，种植穴就要适当加大、加深。在雨水多、土壤黏重、排水不良的绿地应做地下排水设施。将种植穴按规定要求再掘深 20～30cm，然后在坑底布设 PVC 塑料透水管（也称排岩管）和坑外排水口连通。管上垫 20～30cm 厚的卵石或陶粒等，上覆土工布。种植坑底部排水设施完成后，用种植土找好深浅，即可定植大树。

（6）大树挖掘

① 带土球软材包装。带土球软材包装适用于移植胸径 15～20cm 的大树。对于未断根大树，以胸径 7～8 倍为所带土球直径画圈，沿圈的外缘挖 60～80cm 宽的沟，沟深与土球厚度相符，一般 60～80cm（约为土球直径的 2/3）。铲去表层土，挖到要求的土球厚度时，用预先湿润过的草绳、蒲包片或麻袋片包扎（图 1.2-2）。实施过断根缩坨处理的大树，填埋沟内的新根较多，尤以坨外为盛，起掘时应沿断根沟外侧再放宽 20～30cm 开挖。

② 带土球方箱包装。带土球方箱包装适用于胸径 20～30cm 或更大的大树移植。以树干为中心，以树木胸径的 7～10 倍为标准画正方形，沿画线的外缘开沟，沟宽 60～80cm，

沟深与留土台高度相等，土台规格可达 2.2m×2.2m×0.8m。修平的土台尺寸稍大于边板规格，以保证边板与土台紧密靠实。每一侧面都应修成上大下小的倒梯形，一般上下两端相差 10～20cm。随后用 4 块专制的箱板夹附土台四侧，用钢丝绳或螺栓将箱板紧紧扣住土块，而后将土块底部掏空，附上底板并捆扎牢固（图 1.2-3）。

图 1.2-2  带土球软材包装（见彩图）

图 1.2-3  带土球方箱包装（见彩图）

③ 裸根移植。适用于乡土落叶乔木的休眠期移植。大树裸根移植，所带根系的挖掘直径范围一般是树木胸径的 8～12 倍，挖掘下锹范围比土球苗要大一些，尽可能多地保留侧根和须根。掏底时采用单侧深挖，以便于推倒树木。去除散落的土时应注意不要伤根。为提高裸根大树的移植成活率，裸根大树挖掘后根部应注意保湿，可蘸泥浆、喷施保湿剂或覆盖等。

（7）大树装卸及运输

大树的装卸及运输使用大型机械车辆，因此为确保安全顺利地进行，必须配备技术熟练的人员统一指挥。操作人员应严格按安全规定作业。

大树吊装时首先应确定起吊位置，根据土球和枝冠大小选准起吊部位，即找到树木的重心；其次对起吊部位进行防破损处理，如包扎草绳，在颈基部和树干的起吊位置包扎厚60～70cm 的草绳保护树干或采用宽型的绷带进行吊装。

装卸裸根树木，应特别注意保护好根部，减少根部劈裂、折断，装车后支稳、挤严，并盖上湿草袋或苫布遮盖加以保护。卸车时应顺序吊下。

装卸土球树木应保护好土球完整，不散坨。为此装卸时应用粗麻绳捆绑，同时在绳与土球间垫上木板，装车后将土球放稳，用木板等物卡紧，使其不滚动。

装卸木箱树木，应确保木箱完好，关键是拴绳、起吊。首先用钢丝绳在木箱下端约1/3 处拦腰围住，绳头套入吊钩内。再用一根钢丝绳或麻绳按合适的角度一头垫上软物拴在树干恰当的位置，另一头也套入吊钩内，使树冠缓缓向上翘起后，找好重心，保护树身，则可起吊装车。装车时，车厢上先垫较木箱长 20cm 的 10cm×10cm×200cm 的方木两根，放箱时注意不得压钢丝绳。

树冠翘起的超高部分应尽量围拢。树冠不要拖地，因此在车厢尾部放稳支架，垫上软物（蒲包、草袋）用以支撑树干。长距离运输时，应不断喷水和插上树动力瓶输液，补充养分和水分。

（8）苗木验收

大树运输到施工现场后，要检查土球的质量、树干包裹是否异常，同时测量土球直径，如不符合标准则不能使用。

（9）大树定植

① 核对坑穴。检查并调整坑穴的规格，要求栽后与土相平。

② 吊树入坑。大树吊入种植坑时，应将树冠最丰满的一面朝向主观赏方向，并考虑树木在原生长地的朝向（图 1.2-4）。

③ 拆除绑扎物。尽量拆除土球外的草绳、蒲包、箱板等包装材料（图 1.2-5）。

图 1.2-4　吊树入坑（见彩图）　　　　　图 1.2-5　拆除绑扎物（见彩图）

④ 喷施生根剂。为了促进根系新根的发生，可采用生根剂喷施土球表面或裸根。

⑤ 填土压实。填土要分层进行，每隔 30cm 一层，然后踏实镇压，填满为止。栽植深度与原土痕平或略高于地面 5cm 左右。

⑥ 搭支撑。栽后应立即支撑固定，一般采用正三角撑、井字四角支撑，支撑点以树体高度 2/3 处为好，支柱杆底部应入土 50cm 以上。

⑦ 筑堰。栽植后在树穴外缘筑一个高 30cm 的围水堰，用来浇定根水。

⑧ 浇定根水。新植大树的根系吸收功能减弱，只要土壤适当湿润即可。要严格控制土壤浇水量，定根水采取大水在根部冲灌，使土壤紧密接触土球，然后采取小水慢浇的方法。第一次定根水浇透后，间隔 2~3d 浇第二次定根水，隔一周后浇第三次水，浇水后及时封堰。

⑨ 封堰。树木浇 2~3 遍水之后，待充分渗透，用细土封堰，填土 20cm，保水护根以利成活。

（10）定植后养护

① 土壤通气。保持良好的土壤透气性，有利于树木根系的萌发。一般要及时中耕松土，防止土壤板结，有条件的最好在大树附近设置通气管。

② 肥水管理。大树移植初期，根系吸收能力差，不宜进行土壤施肥，可采取叶面施

肥。叶面施肥一般在栽后 15～20d 用尿素、硫酸铵、磷酸二氢钾，也可用氨基酸螯合液肥如稀施美等速效肥料配制成低浓度的溶液喷施，每 15d 左右一次。待确定根系已萌发后，可进行土壤施肥，施肥时做到薄肥勤施，防止肥大烧根。大树生长期要视天气情况、土壤质地，检查分析，谨慎浇水，做到干透浇透的原则。在夏季必须保证 10～15d 浇一次水（雨季除外），注意松土，防止树池积水淹根。如果是夏季栽植，在浇定根水时应将树冠和树干均喷水，以利于保湿。

③ 树冠喷水。树体萌发后，用高压水枪对树冠进行喷水，每天 2～3 次，1 周后每天 1 次，连续喷 15d。可起到增湿降温的作用。

④ 树冠遮阴。生长季节移植，应搭建荫棚，减弱树体蒸腾，要求荫棚上方及四周与树冠间保持 50cm 左右的距离，以保证棚内的空气流通，遮阴度为 70% 左右。

⑤ 树干输液。采用吊针注射不但可提供植物生长所需要的水分，同时还能补充植物生长所需要的矿质营养。

输液方法即用无线充电电钻在树干的根颈部或主干的中上部钻孔，通过挂吊带或插瓶输液给大树及时补充生长所需的养分、水分。

⑥ 包裹树干。为防止树体水分蒸腾过大，可用草绳、草帘、塑料薄膜、麻袋等软材将树干全部包裹至一级分枝。夏季可以防止树体水分蒸发，冬季可防寒。

⑦ 雨后检查。对新植大树，在下过一场透雨后，必须进行一次全面的检查，发现树体已经晃动的应紧土夯实；树盘泥土下沉空缺的，应及时覆土填充，防止雨后积水引起烂根。

⑧ 越冬防寒。入秋后要控制氮肥、增施磷钾肥，并逐步撤除荫棚，延长光照时间，提高枝干的木质化程度，增强抗寒能力。在入冬寒潮来临之前，可采取覆土、裹干、设立风障等方法做好树体保温工作。在树体落叶前使用抗冻剂，诱导产生抗冻因子，提高树体的抗冻能力。

（11）园林大树移植的注意事项

① 大树挖掘时，根被切断后，伤口易受病菌感染，易腐烂，影响成活率。应用防腐剂对根切口进行杀菌消毒，防止烂根；同时，用生根剂激活根髓组织的活力，促进伤口的愈合。

② 大树土球苗吊装时，要确定大树及土球重量，匹配相应吨位的起重机械、机具、吊绳。

③ 大树移植掘苗、吊装及卸苗栽植场地的环境条件应能保证吊装运输机械车辆的安全操作和运行，满足起重机作业的各项安全规定。

④ 吊装大树土球应采取保护措施，为了防止钢索嵌入土球，在起吊前用厚度在 3cm 以上的木板插入起吊索具和泥球之间，也可选用软质的白棕绳或专用柔性环形吊带。

⑤ 在起吊高度超过 8m 的大树或在狭窄的区域进行起吊时，必须在全树高度的上 1/3 处系上 3 根揽风绳，系绳部位要用麻布或橡皮包裹，防止揽风绳伤及树皮。大树落地时，要在三个方向予以调直，以防大树倾覆伤人；如暂时无法入坑定植，则必须对土球苗木进

行临时固定或假植，并做好临时支撑。

⑥ 大树进场验收时，如果苗木的土球上下土质不一致，下部土壤发黑，上部土壤正常，说明该苗木在地下水过高或常年排水不畅的地方生长，在工程上不宜选用。

⑦ 验收苗木时，如果树木裹干则需要解开草绳方可测量。

⑧ 大树栽植时，因苗木离树坑较近，很多时候工人就将土球滚至树坑内，这样在滚土球的过程中会使土球松散，从而影响树木的成活。

## 1.2.3　园林大树移植施工质量验收

园林大树移植施工质量验收参考《园林绿化工程施工及验收规范》（CJJ 82—2012）。

### 1.2.3.1　园林大树移植质量验收要求

园林大树移植质量验收要求应符合表 1.2-1 的规定。

表 1.2-1　园林大树移植质量验收要求

| 序号 | 工程名称 | 检查方法 | 检查数量 |
| --- | --- | --- | --- |
| 1 | 大树挖掘包装 | 观察、尺量 | 全数检查 |
| 2 | 大树吊装运输 | 观察 | 全数检查 |
| 3 | 大树栽植 | 观察、尺量 | 全数检查 |

### 1.2.3.2　园林大树移植质量标准

（1）大树移植准备工作应符合的规定

① 移植前应对移植大树的生长、立地条件、周围环境等进行调查研究，制订技术方案和安全措施。

② 移植所需的机械、运输设备和大型工具必须完好，确保操作安全。

③ 移植的大树不得有明显的病虫害和机械损伤，应具有较好观赏面且植株健壮、生长正常；具备起重及运输机械等设备能正常工作的现场条件。

④ 选定的移植大树，应在树干南侧做出明显标识，标明树木的阴、阳面及出土线。

⑤ 移植大树可在移植前分期断根、修剪，做好移植准备。

（2）大树挖掘及包装应符合的规定

① 针叶常绿树、珍贵树种、生长季移植的阔叶乔木必须带土球（土台）移植。

② 树木胸径 20～25cm 时，可采用土球移栽，进行软包装。当树木胸径大于 25cm 时，可采用土台移栽，用箱板包装，并应符合《园林绿化工程施工及验收规范》（CJJ 82—2012）规定。

③ 休眠期移植落叶乔木可进行裸根带护心土移植，根幅应大于树木胸径的 6～10 倍，根部可喷保湿剂或蘸泥浆处理。

④ 带土球的树木可适当疏枝；裸根移植的树木应进行重剪，剪去枝条的 1/2～2/3。针叶常绿树修剪时应留 1～2cm 木橛，不得贴根剪去。

（3）大树移植吊装运输应符合的规定

① 所需机具和车辆的工作吨位，必须满足苗木吊装、运输的需要，并应制订相应的安全操作措施。

② 吊装、运输时，应对大树的树干、枝条，以及根部的土球、土台采取保护措施。

③ 大树吊装就位时，应注意选好主要观赏面的方向。

④ 应及时用软垫层支撑、固定树体。

（4）大树移栽时应符合的规定

① 大树的规格、种类、树形、树势应符合设计要求。

② 定点放线应符合施工图规定。

③ 栽植穴应根据根系或土球的直径加大 60~80cm，深度增加 20~30cm。

④ 种植土球树木，应将土球放稳，拆除包装物；大树修剪应符合设计要求，无损伤断枝、枯枝、严重病虫枝，剪口平滑不得劈裂，涂防腐剂。

⑤ 栽植深度应保持下沉后原土痕和地面等高或略高，树干或树木的重心应与地面保持垂直。

⑥ 栽植回填土壤应用种植土，肥料应充分腐熟，加土混合均匀；回填土应分层捣实，培土高度恰当。

⑦ 大树栽植后设立支撑应牢固，并进行枝干保湿，栽植后应及时浇水。

⑧ 大树栽植后，应对新植树木进行细致的养护和管理，应配备专职技术人员做好修剪、剥芽、喷雾、叶面施肥、浇水、排水、搭荫棚、包裹树干、设置风障、防台风、防寒和病虫害防治等管理工作。

## 思考与练习

**一、选择题**

1. 大树移植的数量最好控制在绿地树木种植总量的（　　）。

A. 5%~10%　　　　B. 10%~20%　　　　C. 20%~30%　　　　D. 30%~40%

2. （　　）大树移植时对树冠修药宜采用全冠式。

A. 栾树　　　　　B. 槐　　　　　　　C. 丁香　　　　　　D. 雪松

3. 大树移植起苗时，起浮土的目的是（　　）。

A. 提高成活率　　B. 利于包扎　　　　C. 减轻土球质量　　D. 防止土球散开

4. 我国北方地区大树移植的最佳时间是（　　）。

A. 春季　　　　　B. 夏季　　　　　　C. 秋季　　　　　　D. 冬季

5. 定植的树坑直径要比土球大（　　）。

A. 20~30cm　　　B. 30~40cm　　　　C. 30~50cm　　　　D. 60~80cm

6. 大树栽植时，填土要分层进行，每填（　　）厚的土，应将土夯实一下，直至填满土为止。

A. 10cm　　　　　B. 20cm　　　　　　C. 30cm　　　　　　D. 40cm

## 二、判断题

1. 大树移植要注意原生态方向，一定要在大树上标明原生地朝向，保证移栽后的阴阳面与原有立地条件一致。（　　）

2. 生长期移植落叶乔木可进行裸根带护心土移植，根幅应大于树木胸径的6～10倍。（　　）

3. 大树树龄大，阶段发育程度深，在移植过程中被损伤的根系恢复也快。（　　）

4. 移植大树时，可在移植前分期进行断根、修剪，做好移植准备。（　　）

5. 大树修剪应符合设计要求，尽量多疏剪主枝和短截枝条，降低水分蒸发，保证栽植成活。（　　）

6. 大树选择时可以优选野生树木，因为其主根发达，长势旺盛，适应能力强，易成活。（　　）

## 三、简答题

1. 大树移植的特点。

2. 大树移植的原则。

3. 大树移植前的准备工作包括哪些内容？

4. 如何对大树进行移栽前的断根和修剪处理？

5. 大树移植后的养护内容包括哪些？

6. 如何科学合理移植大树？

在线答题

# 任务1.3
# 设施空间绿化植物栽植

## ❖ 知识点

① 了解设施空间绿化、屋顶绿化与垂直绿化的概念、功能和意义。

② 理解屋顶与垂直绿化植物选择配置原则和技术方法。

③ 掌握设施空间绿化植物栽植技术标准和规范。

## ❖ 技能点

① 会编制屋顶与垂直绿化植物栽植技术方案。

② 能完成屋顶与垂直绿化植物的栽植。

③ 能按照相关的标准操作，进行屋顶与垂直绿化质量验收。

### 1.3.1　设施空间绿化植物栽植概述

建筑物、构筑物设施的顶面、地面、立面及围栏等的绿化，均属于设施空间绿化。设施空间绿化包括设施顶面绿化（屋顶绿化）和设施立面及围栏的垂直绿化（垂直绿化）。

### 1.3.1.1 屋顶绿化

屋顶绿化是在高出地面以上，周边不与自然土层相连接的各类建筑物、构筑物等的屋顶、露台、天台上进行造园以及种植树木、花草的绿化形式。与露地造园和植物种植的最大区别在于屋顶绿化是把露地造园和植物种植等操作搬到建筑物或构筑物上，种植土壤是由人工合成的。

（1）屋顶绿化的类型

屋顶绿化的类型多种多样，通常根据屋顶绿化的组成元素和植物的不同，将屋顶绿化分为两类：简单式屋顶绿化和花园式屋顶绿化。

① 简单式屋顶绿化。是种植低矮灌木或草坪地被植物，不设置园林小品等设施，一般不允许非维修人员活动的简单绿化。简单式屋顶绿化以草坪地被植物为主，可配置宿根花卉和花灌木，讲求景观色彩。可用不同品种植物配置出图案，结合园路铺装形成屋顶俯视图案效果。其荷载一般为 $100 \sim 200 \mathrm{kg/m^2}$。具有荷载轻、施工简单、建造和维护成本低等特点。

② 花园式屋顶绿化。近似于地面绿化，是根据屋顶具体条件，选择小型乔木、低矮灌木和草坪地被植物进行植物配置，设置园路、座椅、山石、水池，及亭、廊、榭等园林建筑小品，提供一定的游览和休憩活动空间的复杂绿化。花园式屋顶绿化以植物造景为主，宜采用乔、灌、草结合的复层植物配置方式，具有较好的生态效益和景观效果。其荷载一般为 $250 \sim 500 \mathrm{kg/m^2}$。其对屋顶的荷载及种植基质要求严格，成本高，施工管理难，很难大面积营建。

（2）屋顶绿化植物的选择

屋顶绿化植物的选择必须从屋顶环境出发，首先满足植物生长的要求，然后才能考虑植物配置艺术。

屋顶绿化要遵循植物多样性和共生性原则，由于覆土厚度及屋顶负荷有限，一般土层比较薄，植物品种的选择以生长特性和观赏价值相对稳定、滞尘控温能力较强的本地常用和引种成功的植物为主，以低矮灌木、草坪地被植物和攀缘植物等为主，原则上不用大型乔木，有条件时可少量种植耐旱小型乔木。还应注意选择须根发达的植物，不宜选用根系穿刺性较强的植物，防止植物根系穿透建筑防水层；选择易移植、耐修剪、耐粗放管理、生长缓慢的植物；选择抗风、耐旱、耐高温的植物；选择抗污性强，可耐受吸收、滞留有害气体或污染物质的植物。

（3）屋顶绿化种植土的选择

屋顶花园的基质应具有质量轻、保水好、透水的特点，多采用人工合成的轻质土，如腐叶土、蛭石、珍珠岩、棉岩、锯木屑、谷壳、稻壳灰、炭渣、泥炭土、有机树脂制品等。如要同时达到轻质、肥效、保水、排水等良好的效果，通常是几种基质混合。常用基质类型和配制比例见表 1.3-1。

表 1.3-1 屋顶花园常用基质类型和配制比例

| 基质类型 | 主要配比材料 | 配制比例 | 湿容重/(kg/m³) |
|---|---|---|---|
| 改良土 | 田园土：轻质骨料 | 1：1 | 1200 |
| | 腐叶土：蛭石：沙土 | 7：2：1 | 780～1000 |
| | 田园土：草炭：（蛭石和肥） | 4：3：1 | 1100～1300 |
| | 田园土：草炭：松针土：珍珠岩 | 1：1：1：1 | 780～1100 |
| | 田园土：草炭：松针土 | 3：4：3 | 780～950 |
| | 轻沙壤土：腐殖土：珍珠岩：蛭石 | 2.5：5：2：0.5 | 1100 |
| | 轻沙壤土：腐殖土：蛭石 | 5：3：2 | 1100～1300 |
| 超轻量基质 | 无机介质 | — | 450～650 |

注：基质湿容重一般为干容重的1.2～1.5倍。

（4）屋顶绿化的承重安全要求

屋顶的承重安全主要是指建筑屋顶结构荷载是否安全、合理。屋顶荷载是指通过屋顶的楼盖梁板传递到墙、柱及基础上的荷载。结构上通常把屋顶结构所承受的荷载分为两大类：静荷载和活荷载。静荷载通常指的是屋顶结构本身以及作为屋顶结构组成部分的永久承重性构筑物产生的荷载。它包括屋顶结构自身各部分产生的荷载，以及防水、保温材料和长久使用的机械设备如空调设备、通风设备等产生的荷载。屋面构造层、屋顶绿化构造层和植被层等产生的荷载都属于静荷载。活荷载是指家具、可移动擦窗设备等临时设备，以及其他临时放置的物体所产生的荷载。雨、雪、风和屋顶绿化中活动人群产生的荷载都属于活荷载。

① 屋顶绿化设计时必须明确的荷载相关指标和技术资料如下。

a. 除了屋顶结构及其设备外，实施屋顶绿化所允许的最大荷载值。

b. 屋顶所允许的活荷载。

c. 屋顶结构中支柱和承重梁的位置。因为位于柱梁之间的屋顶与支柱梁上部的屋顶所能支撑的荷载是不同的，后者所能承受的荷载远远大于前者。

这些技术资料决定屋顶绿化设计的内容和材料的选择，以及屋顶允许的活动人数。在屋顶绿化施工前，必须对屋顶绿化荷载进行核算。

② 屋顶绿化相关材料荷载，参考值如下。

a. 植物材料平均荷重和种植荷载，见表 1.3-2。

表 1.3-2 植物材料平均荷重和种植荷载

| 植物类型 | 规格 | 植物材料平均荷重/kg | 种植荷载/(kg/m²) |
|---|---|---|---|
| 乔木（带土球） | $h=2.0～2.5m$ | 80～120 | 250～300 |
| 大灌木 | $h=1.5～2.0m$ | 60～80 | 150～250 |
| 小灌木 | $h=1.0～1.5m$ | 30～60 | 100～150 |
| 地被植物 | $h=0.2～1.0m$ | 15～30 | 50～100 |
| 草坪 | $1m^2$ | 10～15 | 50～100 |

注：选择植物应考虑植物生长产生的活荷载变化。种植荷载包括种植区构造层自然状态下的整体荷载。

b. 其他相关材料密度参考值，见表 1.3-3。

表 1.3-3　其他相关材料密度参考值

| 材料 | 混凝土 | 水泥砂浆 | 河卵石 | 豆石 | 青石板 | 木质材料 | 钢质材料 |
|---|---|---|---|---|---|---|---|
| 密度/(kg/m³) | 2500 | 2350 | 1700 | 1800 | 2500 | 1200 | 7800 |

③ 其他荷载安全控制措施。屋顶绿化设计和建造时应将花架、水池、景石等重量较大的景观元素设置在建筑承重墙、柱位置，保证建筑整体结构的安全。因为承重墙、柱的荷载承受能力远远大于楼板的承重能力。绿化设计中要注意选用中小型植物材料，并在养护管理中进行整形修剪，保证植物形态的美观，并控制植物重量。

### 1.3.1.2　垂直绿化

垂直绿化是利用藤本植物装饰建筑物的墙面、围墙、棚架、亭廊、篱笆、园门、台柱、桥涵、驳岸等垂直立面的一种绿化形式。这种形式可有效增加城市绿地率，减少太阳辐射，为城市增添生机勃勃的立体景观，同时，可改善城市生态环境，提高城市环境质量。

（1）垂直绿化的形式

① 棚架绿化。棚架绿化是攀缘植物在一定空间范围内，借助具有一定立体形状的木制或水泥构件攀缘生长，构成形式多样的绿化景观，如花架、花廊、亭架、墙架、门廊、廊架组合体等。公园的休闲广场等活动性场所都设有棚架绿化，其装饰性和实用性都很强，既可作为园林小品独立成景，又具有遮阴的功能，为居民休憩提供了场所，有时还具有分隔空间的作用（图 1.3-1）。

图 1.3-1　棚架绿化（见彩图）

② 篱栏绿化。依附物为各种材料的栏杆、篱墙、花格窗等通透性的立面物，如道路护栏、建筑物围栏等。多应用于公园、街头绿地以及居住区等场所，既美化环境、隔声避尘，还能起到分隔空间和防护的作用（图 1.3-2）。

③ 墙面绿化。墙面绿化泛指用攀缘植物装饰建筑物外墙和各种围墙的一种立体绿化形式。这类立面通常具有一定的粗糙度，多应用于居民楼、企事业单位的办公楼墙面等。城市建筑配以软质景观藤本植物进行垂直绿化，可以打破墙面呆板的线条，柔化建筑物的外观，同时有效地遮挡夏季阳光的辐射，降低建筑物的温度（图 1.3-3）。

④ 柱体绿化。柱体绿化是在各种立柱，如电线杆、灯柱等有一定粗度的柱状物体上进行的绿化。立柱所处的位置大多立地条件差，交通繁忙，废气、粉尘污染严重。

⑤ 园门绿化。园门绿化常与篱栏绿化相结合，在通道处设计拱门，或在城市园林和庭院中各式各样的园门处进行绿化，是绿地中分隔空间的过渡性装饰。利用藤本植物绿化，可明显增加园门的观赏效果。

图 1.3-2　篱栏绿化（见彩图）

图 1.3-3　墙面绿化（见彩图）

⑥ 立交桥绿化。立交桥绿化是利用各种垂直绿化植物对城市中的高架桥、立交桥进行的绿化。为了缓解交通压力，新建的高架桥、立交桥越来越多，其所处的位置一般在城市的交通要道，立地条件较差，应用的藤本植物必须适应性强、抗污染并且耐阴，如五叶地锦、常春藤等，不仅能美化城市环境，同时还能提高生态效益。

⑦ 挑台绿化。挑台绿化是建筑和街景绿化的组成部分，也是居住空间的扩大部分。挑台绿化就是在建筑物的阳台、窗台等处进行的各种容易人为养护管理操作的小型台式空间绿化，使用槽式、盆式容器盛装介质栽培植物，是常见的绿化方式。挑台绿化不仅可以点缀建筑的立面，增加绿意，提高生活情趣，还能美化城市环境。

⑧ 护坡绿化。护坡绿化是用各种植物材料，对具有一定落差的坡面进行保护的绿化形式，包括大自然的悬崖峭壁、土坡岩面以及城市道路两旁的坡地、堤岸、桥梁护坡等。护坡绿化要注意色彩与高度适当，花期要错开，要有丰富的季相变化，因坡地的种类不同而要求不同。可选用适宜的藤本植物，如金银花、地锦、常春藤、络石等种植于在坡脚，使其在坡面或坡底蔓延生长，形成覆盖植被，稳定土壤，美化坡面外貌。也可在岸顶种植垂悬类的紫藤、迎春、花叶蔓等。

⑨ 假山绿化。在假山的局部种植一些攀缘、匍匐、垂吊植物，能使山石生姿，增添自然情趣。藤本植物的攀附可使之与周围环境很好地协调过渡，在种植时要注意不能覆盖过多，以若隐若现为佳。常用覆盖山石的藤本植物有地锦、常春藤、扶芳藤、络石、薜荔等（图 1.3-4）。

（2）适宜垂直绿化的植物材料

选择垂直绿化植物材料时，要综合考虑设计要求、立地条件、植物生态习性等诸多因素，充分发挥植物的观赏价值，达到理想的景观效果。

① 垂直绿化植物的分类。根据垂直绿化植物攀缘方式的不同，可分为以下五种类型。

图 1.3-4　假山绿化

a. 卷须类：这类植物能借助枝、叶、托叶等器官变态形成的卷须，卷络在其他物体上向上生长。如葡萄、丝瓜、葫芦等。

b. 缠绕类：这类植物的茎或叶轴能沿着其他物体呈螺旋状缠绕生长，如杠柳、紫藤、马兜铃、金银花、牵牛、莴萝、铁线莲、木通等。

c. 钩刺类：这类植物能借助枝干上的钩刺攀缘生长。如悬钩子、伞花蔷薇、藤本月季、叶子花等。

d. 吸附类：这类植物依靠茎上的不定根或吸盘吸附在其他物体上攀缘生长。如五叶地锦、凌霄、薜荔、扶芳藤、地锦、常春藤等。

e. 蔓生类：这类植物不具有缠绕特性，也无卷须、吸盘、攀缘根、钩刺等变态器官，它的茎长而细软，披散下垂，如迎春、金钟连翘等。

② 选择垂直绿化植物的依据。具体内容如下。

a. 依据植物的景观效果：充分考虑植物的形态美、色彩美、风韵美以及环境之间和谐统一等要素，选择有卷须、吸盘、钩刺、攀缘根，对建筑物无损害，枝繁叶茂，花色艳丽，果实累累，形色奇佳的攀缘植物。

b. 依据种植地的生态环境：首先选择适应当地条件的植物种类，即选用生态要求与当地条件吻合的种类。不同的植物对生态环境有不同的要求和适应能力。

c. 依据墙面或构筑物的高度：墙面高度在2m以上的，可种植常春藤、铁线莲、爬蔓月季、牵牛花、莴萝、菜豆、扶芳藤等；墙面高度在5m左右的，可种植葡萄、葫芦、紫藤、丝瓜、金银花、杠柳、木香等；墙面高度在5m以上的，可种植地锦、五叶地锦、美国凌霄、山葡萄等。

d. 依据攀附物选择：根据建筑物墙体材料选择攀缘植物。不光滑的墙面可选择有吸盘与攀缘根的地锦、常春藤等；表面光滑、抗水性差的墙面可选择藤本月季、凌霄等，并辅以铁钉、绳索、金属丝网等设施加固。

e. 考虑经济价值：要利用有限的空间选择观赏效果好、经济价值高的植物，如葡萄、猕猴桃、南蛇藤、五味子、紫藤等。

## 1.3.2 设施空间绿化植物栽植技术操作

### 1.3.2.1 屋顶绿化植物栽植技术操作

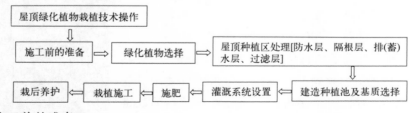

（1）施工前的准备

屋顶绿化施工前，首先要对屋顶进行清理，平整顶面，有龟裂或凹凸不平处应修补平整；然后进行灌水试验，将屋顶全部下水口堵严，在屋顶放满10cm深的水，24h后检查屋顶是否漏水，经检查确定屋顶无渗漏后，才能进行施工。对于没有女儿墙和外沿太矮的屋顶，为了安全应架设栏杆。

（2）绿化植物选择

根据屋顶绿化设计要求选择适合的植物种类，并做好苗木的准备工作。苗木准备包括苗木选择、起苗、运苗、栽前修剪等程序（具体方法详见 1.1.2）。屋顶绿化选苗时，以容器苗为佳。

a. 花灌木及小乔木的选择：适合用于屋顶绿化的常见花灌木与小乔木有油松、垂枝榆、紫叶李、桧柏、龙爪槐、海棠类、山楂、黄杨类、叉子圆柏、紫叶小檗、木槿、连翘、锦带花类、榆叶梅、珍珠梅、丁香、红瑞木、黄刺玫、月季等。

b. 地被植物的选择：适合用于屋顶绿化的常见地被植物有景天类、玉簪类、马蔺、小菊类、石竹类、鸢尾类、萱草类、白车轴草、叉子圆柏、五叶地锦、地锦、野生葡萄，以及一、二年生草本花卉等。

（3）屋顶种植区处理

① 防水处理：屋顶绿化防水做法应达到二级建筑防水标准。绿化施工前应进行防水检测并及时补漏，必要时做二次防水处理。下层处理为普通防水层，上层处理必须选择耐植物根系穿刺的防水材料。

② 隔根层：一般有合金、橡胶、聚乙烯（PE）和高密度聚乙烯（HDPE）等材料类型，用于防止植物根系穿透防水层。隔根层铺设在排（蓄）水层下，搭接宽度不小于100cm，并向建筑侧墙面延伸 15～20cm。

③ 排（蓄）水层：一般包括排（蓄）水板、陶砾（荷载允许时使用）和排水管（屋顶排水坡度较大时使用）等不同的排（蓄）水形式，用于改善基质的通气状况，迅速排出多余水分，有效缓解瞬时压力，并可蓄存少量水分。排（蓄）水层铺设在过滤层下。应向建筑侧墙面延伸至基质表层下方 5cm 处。施工时应根据排水口设置排水观察井，并定期检查屋顶排水系统的通畅情况。及时清理枯枝落叶，防止排水口堵塞。

④ 过滤层：一般采用既能透水又能过滤的聚酯纤维无纺布等材料，用于阻止基质进入排水层。隔离过滤层铺设在基质层下，搭接缝的有效宽度应达到 10～20cm，并向建筑侧墙面延伸至基质表层下方 5cm 处。

（4）建造种植池及基质选择

施工前，要先了解屋顶承重能力，合理建造种植池。种植土层的厚度要根据种植的植物种类及大小来确定。

种植池的土壤要选用肥沃、排水良好的土壤，也可用腐熟的锯末或蛭石等。种植基质应尽量选用轻质材料，一般多由人工配制，如采用沙壤土和腐殖土各一份配制成混合土，也可用锯末、稻壳、蛭石、珍珠岩等材料人工配成轻质土。轻质人工土的自重轻，多采用土壤改良剂以促进形成团粒结构，使其保水性及通气性良好，且易排水。

（5）灌溉系统设置

屋顶花园灌溉系统的设置必不可少，如采用水管灌溉，一般每 $100m^2$ 设 1 个。最好采用喷灌或滴灌形式补充水分，安全而便捷。

给水方式有土下给水和土上给水两种。一般只建植草坪和只种植较矮花草的屋顶绿化可采用土下管道给水方式供水，其原理是通过水位调节装置将水面控制在一定位置，利用毛细管原理保证花草对水分的需要。土上给水有人工喷浇和自动喷浇两种。人工喷浇是指通过人工操作，用水管或其他喷洒容器进行喷浇。自动喷浇是指在种植场地上设置一定数量的自动喷水器，通过控制自动喷水器进行喷浇。土上给水要注意喷头设置的合理性，以保证既能满足给水需要，又不影响整体绿化景观效果。

（6）施肥

种植土层应施用足够的有机肥作为基肥，必要时也可追肥。追肥以复合肥为主，氮、磷、钾的比例为 2∶1∶1。草坪不必经常施肥，每年只需施 1～2 次肥即可。

（7）栽植施工

准备好屋顶种植基质及相应的排水、上水系统后（庭院式屋顶绿化还应先布置相应的园路、园林小品等），即可进行园林植物种植。首先，按设计图要求定点，然后挖穴，按常规露地花草树木种植方式进行栽植。同时，要严格按照植物种植的施工工序和技术要领进行。

① 通过栽植进行绿化：屋顶绿化首选容器苗，并且，所选苗木须在容器中经过一年的养护。几乎所有的木本植物都可以栽种在容器中培育。容器苗可保证移植成活率，不用栽植前修剪，能迅速达到景观效果。栽植后的木本植物，除了必要的松土、除草和浇水等管理外，还应该对植株进行固定处理。带土球苗的栽植要点同绿地栽植，对土球苗必须进行固定处理。裸根栽种时，最好选择规格较小的植株。种植后，将苗木的一大部分枝条进行重剪，这样有利于减少蒸腾量，促进植物生根成活。

② 通过播种进行绿化：绝大部分草坪和地被都可以进行播种绿化。播种分干播法和湿播法两种。干播法是将种子均匀地撒在屋顶上并覆土，该法适用于发芽一致的种子，价格低廉。施工时，用沙、锯末等混合，用手撒播。湿播法是将种子和水、黏合剂混合在一起，用喷枪均匀地喷播，该法适用于倾斜角度较大的屋面，使用黏合剂起到短时间固定的作用。

③ 用植物生长垫绿化：植物生长垫是将预先制作好的生长基质与植物组合在一起，多用于简单式屋顶绿化。使用生长垫进行绿化，施工快捷方便，植物缓苗期短。生长垫一般用塑料再生物或有机肥料制成。

（8）栽后养护。苗木栽好后随即浇水，次日再复水一次，两次水均应浇透。第二次浇水后应进行根际培土，做到土面平整、疏松。

屋顶植物种植受土层厚度、风力风向、气温等的影响，种植后要加强防旱、防倒伏、防冻等方面的养护管理。

（9）屋顶绿化植物栽植时的注意事项

① 植物材料的种类、品种和植物配置方式应符合设计要求。

② 植物材料应首选容器苗、带土球苗和苗卷、生长垫、植生带等全根苗木。

③ 在栽植过程中要注意栽植工序应紧密衔接，做到随挖、随运、随种、随灌。

④ 苗木栽植的深度应以覆土至根颈为准，根际周围应夯实。

⑤ 树木种植穴或栽植容器等应放在承重墙或柱上。

⑥ 树木种植顺序应由大到小、由里到外逐步进行。

⑦ 种植高于 2m 的植物应设防风设施。

⑧ 容器种植有固定式和移动式，应注意安全，减轻荷重。

⑨ 乔灌木主干距屋面边界的距离应大于乔灌木本身的高度。

### 1.3.2.2　垂直绿化植物栽植技术操作

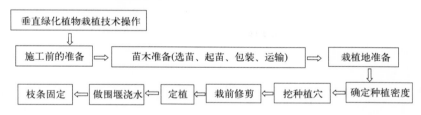

（1）施工前的准备

垂直绿化施工前应对场地条件和需要进行绿化的建筑物、构造物的墙面及立面状况进行勘察，协调好与相关水电设施的关系，制订施工计划及材料进场计划，预定植物和工程材料。应将拟实施垂直绿化工程的建筑墙面损坏部分整修好，确保建筑物的外墙在开展绿化前墙面的防水良好。

（2）苗木准备

① 选苗：根据建筑物和构筑物的式样、朝向、光照等立地条件选择符合设计要求的垂直绿化植物材料。木本攀缘植物宜选择栽植三年生以上、生长健壮、根系发达的良种苗木。草本攀缘植物应备足优良种苗。

② 起苗与包装：落叶种类多采用裸根起苗，苗龄不大的植株，直接用花铲起苗即可。植株较大的蔓性种类，在冠幅的 1/3 处挖掘。具直根性和肉质根的落叶植物及常绿植物苗木，应带土球移植。起苗后按要求进行苗木包装，做到随起苗随包装。

③ 苗木运输：装运前应仔细核对苗木的品种、规格、数量、质量。外地苗木应事先办理苗木检疫手续。苗木运输时注意保湿。苗木运至施工现场后应及时栽植，确保当天栽植完毕。如不能立即栽植，应用湿土假植，埋严根部。

（3）栽植地准备

在近墙地面事先要留有栽植带，要求栽植带的宽度在 50～150cm，土层厚度在 50cm以上，用肥沃的壤土做种植土。栽植带内的土壤需要先整地，整地深度不得少于 40cm。石块、砖头、瓦片、灰渣过多的土壤，应过筛后再补足种植土或直接换成好土。其次，结合整地，可向土壤中施基肥，肥料宜选择腐熟的有机肥，每穴应施 0.5～1.0kg，将肥料与土拌匀，施入坑内。

栽植地段环境较差，无栽植条件的，应设置栽植槽。栽植槽宽度在 50～80cm，高度在 40～70cm，槽底每隔一段距离要设排水孔，也可用缸栽，缸底要留有排水孔。填种植土的高度应低于槽沿 2～3cm，以防止水、土溢出。栽植槽填土应选择富含腐殖质且轻型的种植基质。

（4）确定种植密度

在满足设计要求的前提下，应根据苗木品种、大小及要求见效的时间长短而定，间距宜为 40～50cm。墙面贴植的栽植间距宜为 80～100cm。垂直绿化材料宜靠近建筑物和构筑物的基部栽植。

（5）挖种植穴

应按照种植设计所确定的种植穴位置定点、挖穴。坑穴应四壁垂直，禁止采用一锹挖一个小窝，将苗木根系外露的栽植方法。垂直绿化植物绝大多数为深根性，穴径一般应比根幅或土球大 20～30cm，穴深与穴径相等或略深。蔓生类型的穴深为 45～60cm，一般类型的穴深为 50～70cm，其中植株高大且结合果实生产的苗木穴深为 80～100cm。

（6）栽前修剪

栽前修剪主要目的是保成活率。修剪以短截为主，每株留 2～3 根主枝即可。如地锦、五叶地锦选苗越粗越好，无论苗有多长，都只留 0.5～1m 进行短截。对于生长发育慢、年生长量小的种类（如紫藤）则应根据生长势，短截不应过短。用于棚架绿化的植物材料，如紫藤、常绿油麻藤等，最好选一根独藤长 5m 以上的；如果是木香、蔷薇等攀缘类灌木，因其多为丛生状，要剪掉多数的丛生枝条，只留 1～2 根最长的茎干，以集中养分供应，使今后能够较快地生长，较快地使枝叶覆盖棚架。

（7）定植

栽植时各道工序应紧密衔接，做到随挖、随运、随种、随灌。多数垂直绿化植物的栽植方法和一般的园林树木一样。苗木栽植的深度应比原土痕深 2cm 左右。埋土时应舒展植株根系，并分层踏实。

（8）做围堰浇水

苗木栽植后应先做围堰，围堰应坚固，用脚踏实土埂，以防跑水。苗木栽后第一次定根水一定要尽早浇透，若在干旱季节栽植，应每隔 3～4d 浇 1 次水，连续 3 次。在多雨地区，栽后浇 1 次水即可，等土壤稍干后将堰土培于根际，呈内高四周稍低状以防积水。浇水时如遇跑水、下沉等情况，应随时填土补浇。

（9）固定枝条

栽植无吸盘的绿化苗木，应予牵引和固定。植株枝条应根据长势分散固定；固定点的设置可根据植物枝条的长度、硬度而定；墙面贴植应剪去内向、外向的枝条，保存可填补空档的枝叶，按主干、主枝、小枝的顺序进行固定，固定好后应修剪平整。

（10）垂直绿化植物栽植时的注意事项

① 大部分木本攀缘植物应在春季栽植，并宜于萌芽前栽完。

② 常绿植物反季节性栽植应用容器苗，栽植前或栽植后都应进行疏叶。

③ 由于垂直绿化植物大多生长较快，因此用苗规格不一定要很大。

④ 垂直绿化种植基础面积有限，土壤基质改良至关重要，栽植前可向土壤中掺加一定比例草炭土和有机肥来提高土壤肥力。

⑤ 栽植工序应紧密衔接，做到随挖、随运、随种、随灌，裸根苗不得长时间暴晒和长时间脱水。

⑥ 在不便于砌筑栽植池的地方，可用大木箱或大型容器进行栽植，箱或大型容器的大小视攀缘植物种类和栽植条件而定。

⑦ 为防止人为破坏，在栽植物周围可设置保护设施。

## 1.3.3　设施空间绿化施工质量验收

设施空间绿化施工质量验收参考《园林绿化工程施工及验收规范》（CJJ 82—2012）。

### 1.3.3.1　设施空间绿化质量验收要求

设施空间绿化质量验收要求应符合表 1.3-4 的规定。

表 1.3-4　设施空间绿化质量验收要求

| 序号 | 工程名称 | 检查方法 | 检查数量 |
| --- | --- | --- | --- |
| 1 | 耐根穿刺防水层 | 观察、尺量 | 每 50m 长检查 1 处,不足 50m 长全数检查 |
| 2 | 排蓄水层 | 观察、尺量 | 每 50m 长检查 1 处,不足 50m 长全数检查 |
| 3 | 过滤层 | 观察、尺量 | 每 50m 长检查 1 处,不足 50m 长全数检查 |
| 4 | 设施障碍性面层栽植基盘 | 观察、尺量 | 每 100m² 检查 3 处,不足 100m² 检查不少于 2 处 |
| 5 | 设施顶面栽植工程 | 观察、尺量 | 每 100m² 检查 3 处,不足 100m² 检查不少于 2 处 |
| 6 | 设施立面垂直绿化 | 观察、尺量 | 每 100 株检查 10 株,不足 20 株全数检查 |

### 1.3.3.2　设施空间绿化质量标准

① 设施顶面绿化施工前应对顶面基层进行蓄水试验,并对找平层的质量进行验收。

② 设施顶面绿化栽植基层(盘)应有良好的防水排灌系统,防水层不得渗漏。

③ 设施顶面栽植基层工程应符合下列规定。

a. 耐根穿刺防水层:耐根穿刺防水层的材料品种、规格、性能应符合设计及相关标准要求;耐根穿刺防水层材料应见证抽样复验;耐根穿刺防水层的细部构造、密封材料嵌填应密实饱满,黏结牢固,无气泡、开裂等缺陷;卷材接缝应牢固、严密,并符合设计要求;立面防水层应收头入槽,封严;施工完成后应进行蓄水或淋水试验,24h 内不得有渗漏或积水;成品应注意保护,检查施工现场不得堵塞排水口。

b. 排蓄水层:凹凸形塑料排蓄水板的厚度、顺槎搭接宽度应符合设计要求,设计无要求时,搭接宽度应大于 15cm;采用卵石、陶粒等材料铺设排蓄水层的,其铺设厚度应符合设计要求,卵石大小均匀;屋顶绿化采用卵石排水的,粒径应为 3~5cm;地下设施覆土绿化采用卵石排水的,粒径应为 8~10cm;四周设置明沟的,排蓄水层应铺至明沟边缘;挡土墙下设排水管的,排水管与天沟或落水口应合理搭接,坡度适当。

c. 过滤层:过滤层的材料规格、品种应符合设计要求;采用单层卷状聚丙烯或聚酯无纺布材料时,单位面积质量必须大于 150g/m²,搭接缝的有效宽度应达到 10~20cm;采用双层组合卷状材料时,上层蓄水棉的单位面积质量应达到 200~300g/m²,下层无纺布材料的单位面积质量应达到 100~150g/m²,卷材铺设在排(蓄)水层上,向栽植地四周延伸,高度与种植层齐高,端部收头应用胶黏剂黏结,黏结宽度不得小于 5cm,或用金属条固定。

④ 栽植土层应符合以下规定。绿化栽植前应对该地区的土壤理化性质进行化验分析,采取相应的土壤改良、施肥和置换客土等措施,绿化栽植土壤有效土层厚度应符合《园林绿化工程施工及验收规范》(CJJ 82—2012)的要求。

园林植物栽植土应包括客土、原土利用、栽植基质等,栽植土应符合《园林绿化工程施工及验收规范》(CJJ 82—2012)的要求。

⑤ 设施面层不适宜做栽植基层的障碍性面层栽植基盘工程应符合下列规定。

a. 透水、排水、透气、渗管等构造材料和栽植土(基质)应符合栽植要求。

b. 施工做法应符合设计和规范要求。

c. 障碍性层面栽植基盘的透水、透气系统或结构性能良好，浇灌后无积水，雨期无沥涝。

⑥ 设施顶面栽植工程植物材料的选择和栽培方式应符合下列规定。

a. 乔灌木应首选耐旱节水、再生能力强、抗性强的种类和品种。

b. 植物材料应首选容器苗、带土球苗，以及苗卷、生长垫、植生带等全根苗木。

c. 草坪建植、地被植物栽植宜采用播种方式。

d. 苗木修剪应适应抗风要求，修剪应符合《园林绿化工程施工及验收规范》（CJJ 82—2012）的规定。

e. 栽植乔木的固定可采用地下牵引装置，栽植乔木的固定应与栽植同时完成。

f. 植物材料的种类、品种和植物配置方式应符合设计要求。

g. 自制或成套的树木固定牵引装置、预埋件等应符合设计要求，支撑操作应使栽植的树木牢固。

h. 树木栽植成活率不应低于95%，名贵树木栽植成活率应达到100%，地被覆盖度应不低于95%。

i. 植物栽植定位符合设计要求。

j. 植物材料栽植应及时进行养护和管理，不得有严重枯黄死亡、植被裸露和明显病虫害。

⑦ 设施立面及围栏的垂直绿化应根据立地条件进行，并符合下列规定。

a. 低层建筑物、构筑物的外立面、围栏前为自然地面，符合栽植土标准时，可进行整地栽植。

b. 若建筑物、构筑物的外立面及围栏的立地条件较差，可利用栽植槽栽植，槽的高度宜为50～60cm，宽度宜为50cm，种植槽应有排水孔；栽植土应符合《园林绿化工程施工及验收规范》（CJJ 82—2012）的规定。

c. 建筑物、构筑物立面较光滑时，应加设载体后再进行栽植。

d. 垂直绿化栽植的品种、规格应符合设计要求。

e. 植物材料栽植后，应牵引、固定、浇水。

## 思考与练习

### 一、填空题

1. 根据屋顶绿化的组成元素和植物的不同，将屋顶绿化分为（　　）屋顶绿化和（　　）屋顶绿化。

2. 垂直绿化植物根据攀缘方式的不同，分为（　）、（　）、（　）、（　）和蔓生类。

3. 屋顶种植区处理包括（　）处理、（　）处理、（　）处理、（　）处理。

4. 栽植无吸盘的绿化材料，应予（　）和（　）。

5. 屋顶绿化栽植过程中要注意栽植工序应紧密衔接，做到（　　）、（　　）、

（   ）、（    ）。

**二、判断题**

1. 屋顶绿化选苗时，以实生苗为佳。（   ）

2. 屋顶绿化以高大灌木、草坪、地被植物和攀缘植物等为主，有条件时可少量种植耐旱大型乔木。（   ）

3. 苗木栽植的深度应以覆土至根颈为准，根际周围应夯实。（    ）

4. 树木种植穴或栽植容器等应放在承重墙或柱上，保证建筑整体结构的安全。（   ）

5. 木本攀缘植物宜选择栽植一年生以上、生长健壮、根系发达的良种苗木。（    ）

6. 由于垂直绿化植物大多都生长较慢，因此用苗规格一定要大一些。（    ）

**三、简答题**

1. 简述屋顶绿化的种植形式。

2. 简述屋顶绿化植物的选择。

3. 简述屋顶绿化种植土的选择。

4. 屋顶绿化的承重安全要求有哪些？

5. 如何完成屋顶绿化植物栽植技术操作？

6. 垂直绿化的形式有哪些？

7. 适宜垂直绿化的植物材料有哪些？

8. 如何完成垂直绿化植物栽植技术操作？

9. 简述垂直绿化植物栽植时的注意事项。

在线答题

# 任务 1.4
# 水生植物栽植

🌐 **知识点** ..............................................................................................

① 了解水生植物的分类。

② 了解水生植物的特点。

③ 掌握水生植物的选择。

④ 掌握对水生植物种植地的要求。

✳️ **技能点** ..............................................................................................

① 会编制水景园水生植物栽植技术方案。

② 能根据方案完成水生植物的栽植任务。

### 1.4.1 水生植物栽植概述

水景已成为园林景观建设的重要组成部分，水生植物数量繁多、种类丰富，在园林植物造景中应用历史悠久。水生植物的应用不仅提高了园林景观的艺术美感，而且使园林水体的水质得到了一定的净化。为了充分发挥水生植物在园林植物造景中的作用，就必须结合园林的实际情况和水生植物的生长习性进行合理栽植养护。

#### 1.4.1.1 水生植物的分类

所谓的水生植物，就是指能够在水中或者水分相对饱和的土壤中生存的草本植物。按其生态习性可分为挺水植物、浮水植物、沉水植物和漂浮植物。

① 挺水植物。挺水植物的根生于泥土中，茎叶挺出水面，如荷花、千屈菜、香蒲、水生鸢尾等。

② 浮水植物。浮水植物的根生于泥土中，叶面浮于水面或略高出水面，如睡莲、王莲、萍蓬草、莼菜等。

③ 沉水植物。沉水植物的根生于泥土中，茎叶全部沉于水中，仅在水浅时偶尔露出水面，如大茨藻、黑藻、眼子菜等。

④ 漂浮植物。漂浮植物的根伸展于水中，叶浮于水面，随水漂浮流动，在水浅处可生根于泥中，如浮萍、凤眼莲等。

#### 1.4.1.2 水生植物的选择

水生植物的选择应结合周边环境，综合考虑场地条件、功能需求及景观效果，根据水生植物的生活习性、生态功能等进行选择。宜选择乡土或经过引种驯化成功的种类。因其生长速度快，分生能力强，具有较为广泛的适应性和较强的抗逆性，能够适应较为恶劣的自然环境，耐粗放管理。宜选择完整丰满、叶色正常、生长健壮、根系发育良好、无病虫害，对本地生态环境无危害，无侵入性，防污抗污，具有净化水质功能的植物。

#### 1.4.1.3 对种植地的要求

（1）环境要求

栽植水生植物宜选择地势平坦、背风向阳、光照充足的场所，且水位不超过水生植物的原有生态环境要求。挺水、浮水、漂浮植物应种植在光照充足的区域；沉水植物种植区应确保 3h 以上光照。如果是人工造园，建造水生花卉区或水生植物观光旅游景点，有条件的可对每个种及品种修筑单一的水下定植池。

（2）土壤要求

挺水、浮水植物宜选择肥沃、疏松、保水力强、透气性好的土壤。pH 值以 6.0～8.5 之间为宜。种植前对土壤应进行消毒。种植土厚度不小于 30cm。沉水植物底泥厚度要求在 20cm 以上，质地以松软为好，肥力中等以上。栽植水生花卉的池塘最好是池底有丰富的腐草烂叶沉积，并为黏质土壤。在新挖掘的池塘栽植时，要先施入大量的肥料，如堆肥、厩肥等。盆栽用土应以塘泥等富含腐殖质的土为宜。

（3）水质要求

挺水、浮水、漂浮植物种植区域的水质 pH 值以 6.0～8.5 为宜。盐碱地区种植时含盐量应控制在 0.15％以下，成活后含盐量可放宽至 0.2％。沉水植物要求水质洁净，水体适宜的 pH 值为 6.0～9.0 之间，水体含盐量在 0.15％以下，透明度小于种植水深 1/2 的水体不宜种植。

（4）水流动性要求

挺水、浮水植物要求相对静止、流速低缓的水体；沉水植物要求中、下层流速小的水体；漂浮植物一般适宜在水面相对静止的围合区域种植。

（5）隔离及围护措施

在湖泊、河塘等区域种植挺水、浮水植物，宜采取隔离围栏，减少来自鱼类的危害，减缓船行波对植物和土壤的冲刷。沉水植物种植初期应采取隔离及围护措施，一是减少食草性鱼类的危害，二是控制沉水植物无序蔓延。为防止漂浮植物无序漂移和蔓延生长，须采用围护把漂浮植物限制在一定范围内，围护的高度一般在 5～20cm。

## 1.4.2  水生植物栽植技术操作

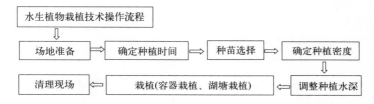

（1）场地准备

种植前应清除种植场地内的垃圾、杂草及其他杂物。做好场地内设施和设备的保护，例如电缆、水泵、出水口、喷泉等。根据设计要求及所种植物的生长特性，通过调节水位、加土、设立种植坎和浮床等方式创造适宜的种植条件。

对于底质差的区域应进行改善和消毒杀菌，加种植土及基肥，基肥应选用腐熟风干有机肥或无机复合肥。底土为重黏土、盐碱土时，应做好翻耕、水渍和淤泥化。

（2）确定种植时间

宜在春季萌发前后或秋季休眠期进行，气温太高或太低均会影响成活率。

（3）种苗选择

按施工设计要求应选择植株健壮、新芽饱满、根系完整、无病虫害、无枯枝叶的种苗。

（4）确定种植密度

根据种苗规格、质量、设计要求，确定种植密度。如荷花根据品种的不同确定株行距，一般在 (0.7～1.5)m×(1.5～2.0)m，千屈菜株行距 30cm×30cm，睡莲 1～2 株/m²。

（5）调整种植水深

新建水体，未注入水之前可种植挺水植物、浮水植物。种植后注入低水位，促使植物快速生长，以后逐渐提高至设计水位。原有水体有条件的话，种植时可适当降低水位，随植物的生长逐渐提高水位。

（6）栽植

挺水、浮水、沉水植物可选择容器栽植、湖塘栽植等方法。漂浮植物种植时应将种苗均匀放至于水体表面，轻拿轻放，确保根系完整，叶面完好，切忌将植物体重叠、倒置。

① 容器栽植。栽植水生植物（如荷花、睡莲等）的容器有缸、盆、碗等。容器选择应视植株大小而定。首先在容器内盛泥土，至容器的 3/5 即可。要求土质疏松，可在泥中掺一些泥炭土，将水生植物的秧苗植入容器内，再掩土灌水。有些种类的水生植物（如荷藕等）栽种时，可将其顶芽朝下呈 20°～25°的斜角，放入靠容器的内壁，埋入泥中，并让其尾部露出泥土。

② 湖塘栽植。用水生植物布置园林水景时首先要考虑湖、塘、池内的水位。

一是面积较小的水池，可先将水位降至 15cm 左右，然后用铲在种植处挖小穴，再种上水生植物秧苗，随后盖土即可。

二是面积较大、水位很高的湖塘，可在池底适宜的水深处砌筑种植槽，再铺上至少 15cm 厚的腐殖质多的培养土，将水生植物植入土中。

有条件的地方，在冬末春初，大多数水生植物处于休眠状态时，放干池水，按事先设计的水生植物种植种类及面积用砖砌成围堰，填土提高种植穴，如莲、美人蕉、王莲等畏水深的种类和品种；在不具备围堰的地方，可用编织袋将几株秧苗种在一起，扎好后绑好镇压物，沉入水底。此种方法只适用于莲，其他种类水生植物不适用。

三是沉水盆栽，先用容器栽植水生植物，再沉入水中，主要适宜于小型水景或私家庭院等。它是根据植物的生长习性和人们的观赏要求，随时更换种类的一种特殊种植法。种植容器一般选用一年之内不致腐烂的盆、木箱、竹篮等。一般深水植物多栽植于较小的容器中，将其分布于池底，栽植专用土上面加盖粗沙砾；浅水植物单株栽植于较小容器或几株栽植于较大容器，并放置于池底，容器下方加砖或其他支撑物使容器略露出水面；睡莲应使用较大容器栽植，而后置于池底，种植时生长点稍微倾斜，不用粗沙砾覆盖；种植莲时注意不要伤害生长点，用手将土轻轻压实，使生长点稍露出即可。

（7）清理现场

栽植完毕后要及时清理现场，做到文明施工。

（8）水生植物栽植时的注意事项

① 沉水、浮水、挺水植物从起苗到种植过程都不能长时间离开水，尤其是炎热的夏天施工，苗木在运输过程中要做好降温保湿工作，确保植物体表湿润，做到先灌水、后种植。

② 挺水植物和湿生植物种植后要及时灌水，水系不能及时灌水的，要经常浇水，使土壤水分保持过饱和状态。

③ 生长期移栽时应进行适当修剪，减少水分蒸发，提高成活率。

④ 种苗随到随种，若不能及时种植，应先覆盖、假植或浸泡在水中储存。

⑤ 在园林景观中，水生植物配置主要为片植、块植、丛植。片植或块植，一般都需要满种，即竣工验收时要求全部覆盖水面。

### 1.4.3　水生植物栽植施工质量验收

水生植物栽植施工质量验收参考《园林绿化工程施工及验收规范》（CJJ 82—2012）。

#### 1.4.3.1　水生植物栽植质量验收要求

水生植物栽植质量验收要求应符合表 1.4-1 的规定。

表 1.4-1　水生植物栽植质量验收要求

| 序号 | 工程名称 | 检查方法 | 检查数量 |
|---|---|---|---|
| 1 | 水生植物栽植槽 | 材料检测报告、观察、尺量 | 每 100m² 检查 3 处，不足 100m² 的检查不少于 2 处 |
| 2 | 水生植物栽植 | 测试报告及栽植数、成活数记录报告 | 每 500m² 检查 3 处，不足 500m² 的检查不少于 2 处 |

#### 1.4.3.2　水生植物栽植质量标准

① 主要水生植物最适栽植水深应符合表 1.4-2 的规定。

表 1.4-2　主要水生植物最适栽植水深

| 序号 | 名称 | 类别 | 栽培水深/cm |
|---|---|---|---|
| 1 | 荷花 | 挺水植物 | 60～80 |
| 2 | 菖蒲 | 挺水植物 | 5～10 |
| 3 | 水葱 | 挺水植物 | 5～10 |
| 4 | 慈姑 | 挺水植物 | 10～20 |
| 5 | 香蒲 | 挺水植物 | 20～30 |
| 6 | 芦苇 | 挺水植物 | 20～80 |
| 7 | 睡莲 | 浮水植物 | 10～60 |
| 8 | 芡实 | 浮水植物 | <100 |
| 9 | 菱角 | 浮水植物 | 60～100 |
| 10 | 莕菜 | 漂浮植物 | 100～200 |

② 水生植物栽植地的土壤质量不良时，应更换合格的栽植土，使用的栽植土和肥料不得污染水源。

③ 水景园、水生植物景点、人工湿地的水生植物栽植槽工程应符合下列规定。

a. 栽植槽的材料、结构、防渗应符合设计要求。

b. 槽内不宜采用轻质土或栽培基质。

c. 栽植槽土层厚度应符合设计要求，无设计要求的应大于 50cm。

④ 水生植物栽植的品种和单位面积栽植数量应符合设计要求。

⑤ 水生植物的病虫害防治应采用生物和物理防治方法，严禁药物污染水源。

⑥ 水生植物栽植后至长出新株期间应控制水位，严防新苗（株）浸泡窒息死亡。

⑦ 水生植物栽植成活后单位面积内拥有成活苗（芽）数符合《园林绿化工程施工及验收规范》（CJJ 82—2012）的规定。

### ✎ 思考与练习

**一、判断题**

1. 栽植水生植物宜选择地势平坦、光照充足的场所，且水位要超过每个水生植物的原有生态环境要求。（　　）

2. 挺水、浮水、漂浮植物种植区域的水质 pH 值以 5.0～6.5 之间为宜。（　　）

3. 栽植水生花卉的池塘最好是池底有丰富的腐草烂叶沉积，并为沙质土壤。（　　）

4. 挺水、浮水、沉水植物可选择容器栽植、湖塘栽植等方法。（　　）

5. 沉水、浮水、挺水植物从起苗到种植过程都不能长时间离开水，确保植物体表湿润，做到先种植、后灌水。（　　）

6. 种苗随到随种，若不能及时种植，应先假植或浸泡在水中。（　　）

**二、简答题**

1. 适合本地区栽植的水生植物种类有哪些？

2. 水生植物选择要求有哪些？

3. 简述对水生植物栽植地的要求。

4. 简述水生植物栽植方法。

在线答题

---

## 任务 1.5
# 草本花卉栽植

### ✪ 知识点

① 了解一二年生草本花卉的生长习性和常见种类。

② 了解宿根花卉的生长习性、特点和常见种类。

③ 了解球根花卉的生长习性和常见种类。

④ 掌握一二年生花卉、宿根花卉、球根花卉等各类花卉栽植相关的基本知识。

### ✪ 技能点

① 会编制一二年生花卉、宿根花卉、球根花卉栽植技术方案。

② 能熟练完成一二年生花卉、宿根花卉、球根花卉栽植施工。

## 1.5.1  草本花卉栽植概述

草本花卉具有花朵繁茂、花期较长、品种多样、色彩丰富、花期长、移栽方便等许多优点，是园林中应用最为广泛的一类花卉植物。特别是作为园林露地栽培，可应用于花坛、花境、花钵、花丛等种植，形成五彩缤纷的景观，是城市节假日环境布置中不可缺少的重要元素。

### 1.5.1.1  一二年生花卉

一二年生花卉，即从播种、营养生长，到开花、结实及死亡，整个生命周期都在一、二年内完成，下一个生命周期仍从种子萌芽开始。

（1）一二年生花卉的生长习性和用法

一年生花卉大多原产于热带、亚热带地区，性喜高温，遇霜冻即枯死，如常见的鸡冠花、百日草等，常用于"十一"国庆节的花坛布置。二年生花卉大多原产于温带地区，在生长发育阶段喜欢较低的温度，对夏季高温的抵抗力却很差。二年生花卉常用于"五一"劳动节的花坛布置。

一年生花卉和二年生花卉的种类繁多，同一种花卉往往又有很多的品种和类型，它们的表现各不相同。一二年生花卉只在生长季节应用，所以一般可以不考虑其抗寒性。

（2）常用一二年生花卉

常用一二年花卉如表 1.5-1 所示。

表 1.5-1  常用一二年生花卉

| 序号 | 中文名 | 高度/cm | 观赏特性 |
|------|--------|---------|----------|
| 1 | 翠菊 | 30～100 | 花期 6～10 月，花色丰富 |
| 2 | 金盏菊 | 25～60 | 花期 4～6 月，花黄色、橙色、乳白色 |
| 3 | 万寿菊 | 60～90 | 花期 6～10 月，花黄色、橙色 |
| 4 | 鸡冠花 | 20～60 | 花期 7～10 月，花色丰富 |
| 5 | 百日草 | 50～90 | 花期 6～9 月，花白色、黄色、红色、紫色等 |
| 6 | 孔雀草 | 20～40 | 花期 6～10 月，花黄色、橙色 |
| 7 | 波斯菊 | 120～150 | 花期 6～10 月，花白色、粉色及深红色等 |
| 8 | 麦秆菊 | 40～90 | 花期 8～10 月，花白色、黄色、橙色、褐色、粉红色及暗红色 |
| 9 | 蛇目菊 | 60～80 | 花期 6～9 月，花黄色、红褐色或复色 |
| 10 | 千日红 | 20～60 | 花期 7～10 月，花紫红色、白色、粉色 |
| 11 | 一串红 | 50～80 | 花期 5～7 月或 7～10 月，花红色，有一串白、一串紫等变种 |
| 12 | 凤仙花 | 30～80 | 花期 7～9 月，花色丰富 |
| 13 | 美女樱 | 15～50 | 花期 6～9 月，花白色、粉色、红色、紫色等 |
| 14 | 矮牵牛 | 20～60 | 花期 6～9 月，华北地区除冬季外，可三季有花，花色丰富 |
| 15 | 三色堇 | 10～30 | 花期 4～6 月，花色丰富 |

续表

| 序号 | 中文名 | 高度/cm | 观赏特性 |
|---|---|---|---|
| 16 | 半枝莲 | 10～15 | 花期7～8月,花色丰富 |
| 17 | 紫茉莉 | 60～100 | 花期夏秋季,花红色、橙色、黄色、白色等 |
| 18 | 金鱼草 | 15～120 | 花期3～6月,花色丰富 |
| 19 | 五色苋 | 10左右 | 叶绿色或红褐色 |
| 20 | 银边翠 | 50～100 | 梢叶白色或镶白边 |

### 1.5.1.2 宿根花卉

（1）宿根花卉生长习性

宿根花卉由于多数品种的雌雄蕊瓣化而不结实，或种子不育，因此大部分宿根花卉都以分株繁殖为主。凡属早春开花的种类，往往适宜在秋季或初冬进行分根，如芍药、荷包牡丹、鸢尾等；而夏秋开花的种类则多在早春萌动前进行分株，如桔梗、萱草、八宝景天等。有的种类可以在营养生长期掰取茎上的腋芽或嫩茎进行扦插繁殖。有的种类也可以采用播种繁殖，但若没有特殊制种技术则不能保证繁殖苗原有优良品种的观赏性。播种苗常作砧木使用，播种法也常用来进行品种杂交选优。

（2）常用宿根花卉（表1.5-2）

常用宿根花卉见表1.5-2。

表 1.5-2 常用宿根花卉

| 序号 | 中文名 | 高度/cm | 观赏特性 |
|---|---|---|---|
| 1 | 菊花 | 60～150 | 花期10～11月,花色丰富 |
| 2 | 芍药 | 60～120 | 花期4～5月,花色丰富 |
| 3 | 荷兰菊 | 60～100 | 花期9～10月,花深蓝紫色、白色、紫红色 |
| 4 | 黑心菊 | 60～90 | 花期6～9月,舌状花黄色基部暗红色,筒状花深褐色 |
| 5 | 银叶菊 | 15～40 | 叶银白色 |
| 6 | 蜀葵 | 120～180 | 花期6～8月,花色丰富 |
| 7 | 耧斗菜 | 60～90 | 花期5～6月,花白色、紫色 |
| 8 | 落新妇 | 50～100 | 花期7～8月,花红紫色 |
| 9 | 常夏石竹 | 20～30 | 花期5～7月,花白色、粉红色、紫色 |
| 10 | 荷包牡丹 | 30～60 | 花期4～5月,花白色、粉红色 |
| 11 | 八宝景天 | 30～50 | 花期7～9月,花淡红色 |
| 12 | 垂盆草 | 9～18 | 花期7～9月,花黄色 |
| 13 | 宿根福禄考 | 60～120 | 花期7～8月,花色丰富 |
| 14 | 桔梗 | 30～100 | 花期6～9月,花蓝色、白色 |
| 15 | 萱草 | 30～80 | 花期6～7月,花黄色、橘黄色、橘红色、红色 |
| 16 | 玉簪 | 30～40 | 花期6～7月,花白色 |
| 17 | 鸢尾 | 30～40 | 花期5月,花白色、蓝紫色 |
| 18 | 德国鸢尾 | 40～60 | 花期4～5月,花紫色或淡紫色 |
| 19 | 马蔺 | 30～60 | 花期5～6月,花堇蓝色 |
| 20 | 火炬花 | 50～60 | 花期6～10月,花红色、黄色 |

### 1.5.1.3　球根花卉

（1）球根花卉生长习性

球根花卉的生长习性不同，栽植时间也有所区别，一般分为两种类型。凡是春季栽植于露地，夏季开花、结实，秋季气温下降时，地上部分即停止生长并逐渐枯萎，地下部分进入休眠状态者，称为春植球根花卉，如美人蕉、唐菖蒲等。春植球根花卉的原产地大多在热带、亚热带地区，故生长季节要求高温环境，其耐寒力较弱。凡是秋季栽植于露地，其根茎部在冷凉条件下生长，并度过一个寒冷冬天，翌年春天再逐渐发芽、生长、开花者，称为秋植球根花卉，如百合、郁金香等。这类球根花卉的原产地大多为温带地区，因此耐寒力较强，却不适应炎热的夏季。

（2）常用球根花卉

常用球根花卉见表 1.5-3。

**表 1.5-3　常用球根花卉**

| 序号 | 中文名 | 高度/cm | 观赏特性 |
|---|---|---|---|
| 1 | 大丽花 | 30～120 | 花期 6～10 月，花色丰富 |
| 2 | 美人蕉 | 70～150 | 花期 6～10 月，花深红色、橙红色、黄色、粉色、乳白色等 |
| 3 | 葡萄风信子 | 20～30 | 花期 3～5 月，花蓝色 |
| 4 | 卷丹 | 50～150 | 花期 7～8 月，花橘红色 |
| 5 | 大花美人蕉 | 100～150 | 花期 6～10 月，花乳白色、淡黄色、橘红色、粉红色、大红色、紫红色和洒金色等 |
| 6 | 郁金香 | 30～40 | 花期 3～4 月，以红色、黄色、紫色为主调，花色极其丰富 |
| 7 | 花毛茛 | 20～45 | 花期 2～5 月，花分重瓣和半重瓣，有白色、橙色、黄色、红色、紫色、褐色等多种色彩 |
| 8 | 晚香玉 | 60～80 | 花期 5～11 月，花单瓣的多为白色，重瓣的多为淡紫色 |
| 9 | 唐菖蒲 | 30～150 | 花期 3～8 月，有红色、白色、黄色、粉色、浅紫色、橙红色、天蓝色及紫红色等不同或复色品种 |
| 10 | 水仙 | 20～30 | 花期 1～3 月，花白色，环状副冠金黄色 |

## 1.5.2　草本花卉栽植技术操作

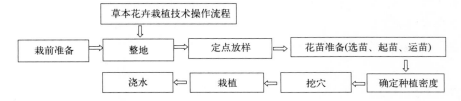

### 1.5.2.1　一二年生花卉栽植技术操作

（1）栽前准备

在栽植施工前要对现场进行踏勘，了解设计需要的花材、交通情况、施工面积等。

（2）整地

整地应先将土壤翻起，使土块细碎，清除石块、瓦片、残根、断茎和杂草等，以利于根系生长。结合整地可施入一定的基肥，如堆肥和厩肥等，提高土壤肥力的同时也可以改良土壤的酸碱性。一二年生花卉生长期短，根系较浅，整地深度一般控制在 20～30cm。此外，整地深度还要看土壤质地，沙土宜浅，黏土宜深。

（3）定点放样

根据施工图纸的要求，将设计图案在植床上按比例放大，划分出各品种花卉的种植位置，用石灰粉撒出轮廓线。如果种植面积较小、图案相对简单的花坛，可按图纸直接用卷尺定位放样；如种植面积大、设计的图案形式比较复杂，放样精度要求较高，则可采用方格网法来定位放样。

（4）花苗准备

① 选苗。按要求选择生长健壮、株形苗壮，无病虫害、根系良好，无伤苗，茎、叶无污染的花苗。株高、冠径、花蕾、花色等方面应符合设计要求。

② 起苗。先用铲子将苗四周泥土铲开，然后从侧下方将苗掘起，尽量保持土坨完整或带护心土。目前一二年生花卉主要是采用穴盘或营养钵育苗，运输前一天要浇透水。

③ 运苗。一二年生花卉以当地苗为主，做到随起苗、随运苗、随栽植。为了方便花苗运输，装花的工具可选择方形的花托和钵苗运输架。

（5）确定种植密度

种植花苗的株行距应符合设计要求，按植株高低、分蘖多少、冠丛大小确定，以成苗后覆盖住地面为宜。

（6）挖穴

按设计要求的株行距挖穴，穴的深度比盆花的深度略深。

（7）栽植

栽植可采用点植，也可选择条植。先脱去花盆，如是营养钵可以直接剥离，如是硬质花盆，可倒置盆花于食指与中指之间，然后轻扣花盆，使其与基质分离后移开。放入盆花，使其放在已挖好的种植穴内，深度与坑穴平齐或略深。将花苗扶正，并在盆花四周覆土、压实。

（8）浇水

花苗定植后，可用喷雾式水枪进行充分浇水，高温干旱时，需要边栽边浇水，同时避免在中午高温时浇水。

### 1.5.2.2 宿根花卉栽植技术操作

（1）栽前准备

宿根花卉的栽前准备与一二年生花卉基本相同。

（2）整地

宿根花卉栽植时，要选择土壤深厚肥沃排水良好的壤土或沙壤土。栽前要进行土壤翻耕，深度为 30cm 以上。结合整地并施入充分腐熟的有机肥、骨粉，并覆上一层薄土，避免根直接与肥料接触而造成烂根。在种植前应进行土壤消毒，可选用噁霉灵 $2\sim3g/m^2$，兑适量水喷洒均匀。

（3）定点放样

根据施工图纸要求，用卷尺、小木桩按设计范围在植床上定位，用白灰或工程线在植床上划分出宿根花卉的种植区块，放样尺寸应准确。

（4）花苗准备

① 选苗。按要求选择生长健壮、造型端正、根系完整、茎叶无污染的花苗。一般宿根花卉株高应为 $10\sim40cm$，冠径为 $15\sim35cm$，分枝不应少于 $3\sim4$ 个，叶簇健壮，色泽明亮，符合设计要求。

② 起苗。宿根花卉起苗前一天可适当浇水，便于起苗移栽。挖取花苗时，尽量保持土坨完整或带护心土。若土球散落，则要对根部进行蘸泥浆处理。宿根花卉挖取后，对根部要进行伤口处理，主要用杀菌剂进行喷根处理或用杀菌剂和生根剂结合处理。

③ 运输。宿根花卉要做到随起、随运、随栽。对于一些耐压品种，如麦冬等，可用袋装进行运输；对一些不耐压的品种，如玉簪等，可进行箱式运输。

（5）确定种植密度

在样线内确定种植穴，栽植间距以相邻植株的枝叶相连为宜。定好种植穴，做好标记。

（6）挖穴

根据确定的种植点进行挖穴，穴的大小根据待种花苗的根系或土球大小而定。一般穴的深度以能保证植物根系舒展为宜。

（7）栽植

栽植前应消除病虫、枯死根系，为了减少叶片的蒸腾，可适当对植株进行修剪。

栽植时将花苗展根平放在穴内，扶正，填土。当填到穴的一半时，将根稍稍上提，使根与土壤结合紧密，然后继续覆土压实。对一些较大的植株可进行分株，$2\sim5$ 个芽为一丛。栽植深度以花苗原土痕为标准，栽得过浅，花苗容易倒伏，不易成活；栽得过深，易造成花苗生长不良，甚至根系腐烂而死亡。

（8）浇水

花苗定植后要进行浇水，浇水尽可能使用喷灌技术，给水均匀充分，不留死角，也不要冲击花苗。人工进行浇灌应小心谨慎，喷水要均匀，不能冲击花苗。

### 1.5.2.3　球根花卉栽植技术操作

（1）土壤准备

球根花卉对整地、施肥、松土的要求较宿根花卉要高，喜土层深厚、疏松、透水性较好的壤土。因此，栽植球根花卉时土壤应适当深耕，深 $30\sim40cm$，甚至 $40\sim50cm$，并通过施用有机肥料、掺加其他基质材料，改善土壤结构。施用于球根花卉栽培的有机肥料必须充分腐熟，否则会导致球根腐烂。对于营养元素结构，与其他草本园林植物显著不同的是氮肥不宜多施，钾肥需要量中等，而磷肥对球根的充实和开花极为重要。要对土壤进行消毒，可采用常规土壤药剂消毒处理，如福美双、噁霉灵等。

（2）球根准备

① 选苗。按要求选择茎芽饱满、根茎苗壮、无损伤、无病虫害的优良品种的种球进行种植。种球的大小一般大于或等于10cm才能有观赏价值。

② 球根消毒。种植前，将球根放在杀菌剂溶液中浸泡，浸泡时间长短依据种类及品种、球根大小而异。例如，种植郁金香可用百菌清800倍液浸泡种球30min，消毒后晾干备用，切不可放在阳光下晒干。

③ 球根处理。a. 除侧芽：对于有些有侧芽的品种要去除侧芽，如郁金香、风信子，利于养分集中供应主球。b. 除残根：有些种球若是连根进行出售的，如百合种球，在贮藏时会有些腐烂，种植前应适当清理。c. 除外表皮：适当去除种球底盘的部分死鳞片可利于生根。

（3）确定种植密度

种植密度可按设计要求确定，按成苗叶冠大小确定种球的间隔。

（4）挖穴

按点种的方式挖穴或挖沟，深度宜为球茎的1～2倍。

（5）栽植

① 春季栽植。春植球根，夏秋开花，耐寒力弱，生长季节要求高温，如美人蕉、唐菖蒲、大丽花等。

② 秋季栽植。秋植球根，翌年春至初夏开花，耐寒，不耐高温，如郁金香、风信子、水仙等。

③ 栽植方式。可孔植或沟植，将种球放入孔（沟）内，围土压实，种球芽口必须朝上，覆土为种球直径的1～2倍。一般春季栽植覆土可稍浅些，利于早出芽；秋季栽植覆土可稍深些，利于保温。但有些品种如仙客来、风信子等，栽植可适当高出土面（约1/3）。

（6）浇水

种植后要浇透水，使土壤和种球充分接触。一般球根花卉栽植时土壤湿度不宜过大，湿润即可。

### 1.5.2.4  草本花卉栽植时的注意事项

① 花卉裸根移植应选择阴天或傍晚时进行，便于移植缓苗，并随起随栽。

② 在移植前两天应先将花苗充分灌水一次，让土壤有一定湿度，以便起苗时容易带土、不致伤根。

③ 选苗时，苗木数量应比设计要求的用量多10%左右，作为栽植时补充。

④ 球根栽植时应分离侧面的小球，将其另行栽植，以免养分分散，造成开花不良。

⑤ 球根类花卉种植后水分的控制必须适中，因生根部位于种球底部，控制栽植基质不能过湿。

⑥ 球根花卉的多数种类吸收根少而脆嫩，折断后不能再生新根，所以球根花卉栽植后在生长后期不适宜移植。

### 1.5.3　草本花卉栽植施工质量验收

草本花卉栽植施工质量验收参考《园林绿化工程施工及验收规范》(CJJ 82—2012)。

#### 1.5.3.1　草本花卉栽植质量验收要求

草本花卉栽植质量验收要求应符合表 1.5-4 的规定。

表 1.5-4　草本花卉栽植质量验收要求

| 工程名称 | 检查方法 | 检查数量 |
| --- | --- | --- |
| 花卉栽植 | 观察、尺量 | 每 500m² 检查 3 处,每点面积为 4m²,不足 500m² 的检查不少于 2 处 |

#### 1.5.3.2　草本花卉栽植质量标准

① 花卉栽植应按照设计图定点放线,在地面准确画出位置、轮廓线。花卉栽植面积较大时,可用方格线法,按比例放大到地面。

② 花卉栽植应符合下列规定。

a. 花苗的品种、规格、栽植放样、栽植密度、栽植图案均应符合设计要求。

b. 花卉栽植土及表层土整理应符合《园林绿化工程施工及验收规范》(CJJ 82—2012)的规定。

c. 株行距应均匀,高低搭配应恰当。

d. 栽植深度应适当,根部土壤应压实,花苗不得沾泥污。

e. 花苗应覆盖地面,成活率不应低于 95%。

③ 花卉栽植的顺序应符合下列规定。

a. 大型花坛,宜分区、分规格、分块栽植。

b. 独立花坛,应由中心向外顺序栽植。

c. 模纹花坛应先栽植图案的轮廓线,后栽植内部填充部分。

d. 坡式花坛应由上向下栽植。

e. 高矮不同品种的花苗混植时,应按先高后矮的顺序栽植。

f. 宿根花卉与一二年生花卉混植时,应先栽植宿根花卉,后栽植一二年生花卉。

④ 花境栽植应符合下列规定。

a. 单面花境应从后部栽植高大的植株,依次向前栽植低矮植物。

b. 双面花境应从中心部位开始依次栽植。

c. 混合花境应先栽植大型植株,定好骨架后依次栽植宿根花卉、球根花卉及一二年生花卉。

d. 设计无要求时,各种花卉应成团成丛栽植,各团、丛间花色及花期搭配合理。

⑤ 花卉栽植后,应及时浇水,并应保持植株茎叶清洁。

### 🖊 思考与练习 ·······································································

**一、填空题**

1. 栽植宿根花卉时,要选择土壤深厚肥沃、排水良好的 (　　) 土或 (　　) 土。

2. 一二年生花卉生长期短，根系较浅，整地深度一般控制在（　　）cm。

3. （　　）肥对球根的充实和开花极为重要。

4. 目前一二年生花卉主要是采用（　　）或（　　）育苗，运输前一天要浇透水。

5. 一二年生花卉以（　　）苗为主，做到随起苗、随运苗、随栽植。

6. 球根花卉按点种的方式挖穴或挖沟，深度宜为球茎的（　　）倍。

**二、判断题**

1. 园林花卉整地深度还要看土壤质地，沙土宜深，黏土宜浅。（　　）

2. 种植花苗按设计要求的株行距挖穴，穴的深度比盆花的深度略浅。（　　）

3. 宿根花卉栽植间距以相邻植株的枝叶相重叠为宜。（　　）

4. 按要求选择生长健壮、株形苗壮、无病虫害、根系良好的花苗。（　　）

5. 球根花卉种球的大小一般大于或等于8cm才能有观赏价值。（　　）

6. 一般球根花卉栽植时土壤湿度不宜过大，湿润即可。（　　）

**三、简答题**

1. 简述一二年生花卉栽植的主要程序。

2. 简述宿根花卉的主要生长特点。

3. 简述宿根花卉栽植的主要步骤包括哪些。

4. 简述球根花卉种植过程及要点。

5. 列举校园内草本花卉的种类。

在线答题

# 任务 1.6

# 草坪建植

## ◉ 知识点

① 了解草坪的类型及草坪草的分类。

② 掌握常见草坪草的种类和习性。

③ 掌握坪床制备及草坪建植方法。

④ 掌握铺草皮建植草坪施工程序及技术要求。

## ✦ 技能点

① 能编制草坪建植技术方案。

② 能根据草坪建植技术方案完成草坪播种建植任务。

③ 能根据草坪建植技术方案完成草坪铺植任务。

④ 能熟练并安全使用草坪建植所用工具材料。

## 1.6.1　草坪建植概述

草坪具有开阔、整齐、均一等特点，能够突出主景和配景植物，还能承载休闲、运动、生态等多种功能，在园林绿化中应用广泛。

草坪是指多年生低矮草本植物在天然形成或人工建植后经养护管理而形成的相对均匀、平整的草地植被。

草坪包括了三个方面的内容：一是草坪的性质为人工植被；二是其基本的景观特征是以低矮的多年生草本植物为主体相对均匀地覆盖地面；三是草坪具有明确的使用目的。

### 1.6.1.1　草坪的类型

（1）按植物学系统分类

① 禾本科草坪草。该科草类植物占草坪草种类的90％以上，常见的有剪股颖属、羊茅属、早熟禾属、黑麦草属和结缕草属等。

② 非禾本科草坪草。凡是具有发达的匍匐茎、低矮细密、耐粗放管理、耐践踏、绿期长、易于形成低矮草皮的植物都可以用来铺设草坪，如莎草科、豆科等。

（2）按气候与地域分布分类

① 暖季型草坪草。主要分布在长江流域及以南较低海拔地区，最适生长温度为25～32℃。它的主要特点是冬季呈休眠状态，早春开始返青，复苏后生长旺盛。

② 冷季型草坪草。主要分布于华北、东北和西北等长江以北的北方地区，最适生长温度范围是15～25℃。它的主要特征是耐寒性较强，在夏季不耐炎热，春、秋两季生长旺盛。

（3）按草坪的用途分类

① 游憩草坪。用于供人们散步、休闲、游玩及户外活动的草坪。这类草坪的建植除了外观要求平整漂亮外，还应要求耐踩踏和有较强的恢复能力。

② 观赏草坪。供人们进行园林景观欣赏的草坪。此类草坪不允许人们入内踩踏。观赏草坪一般要求低矮、茎叶细密。

③ 运动场草坪。供体育活动用的草坪，如足球场草坪、高尔夫球场草坪等。建植此类草坪的草坪草，要求耐践踏、耐修剪和具极强的恢复能力。

④ 防护草坪。指建于水岸、堤坝、公路和铁路边坡等处，用于固土护坡、防止水土流失的草坪。这类草种的选择通常要求根系发达、匍匐生长、覆盖度大、草丛茂密，特别要求抗逆力强、适应性广。

### 1.6.1.2　常见草坪草种类

① 草地早熟禾。草地早熟禾适应性较强，喜光耐阴，喜温暖湿润，适宜在气候冷凉、湿度较大的地区生长，又具有很强的耐寒能力，在我国北方－30℃的寒冷地区能安全越冬。抗旱性和耐炎热性差，在缺水时及炎热夏季生长缓慢或停滞而影响绿化效果，春秋生长繁茂。在排水良好、土壤肥沃处生长良好。根茎繁殖力强，再生性好，较耐践踏。

② 多年生黑麦草。多年生黑麦草是较早的草坪栽培种之一。该草喜温暖湿润夏季较凉爽的环境。抗寒、抗霜而不耐热，耐湿而不耐干旱，也不耐瘠薄。适宜在冬季无严寒，夏季无酷暑的地区生长。生长最适温度为20℃，当气温低于−15℃时会产生冻害，甚至部分死亡。多年生黑麦草结实性好，种粒较大，发芽容易、生长较快，常作"先锋草种"。

③ 紫羊茅。紫羊茅适应性强，抗寒，抗旱，耐酸，耐瘠薄，最适于温暖湿润气候和海拔较高的地区生长。较耐阴，在乔木下、半阴处能正常生长。不耐热，特别不耐炎热干旱。耐低温，在−30℃能安全越冬，在东北的哈尔滨等地俗称"北国绿"，耐旱能力强，比草地早熟禾、匍匐剪股颖、多年生黑麦草等耐旱能力强。能耐酸性，在pH值6～6.5范围的土壤上能生长，抗践踏能力较强，耐低剪。绿期较长，春季返青早、秋季枯黄晚。

④ 高羊茅。高羊茅喜温耐热，在高温炎热夏季，许多冷季型禾草都进入休眠期，但它不休眠。较抗寒，耐阴耐湿又抗旱，耐刈割，耐践踏，被践踏后再生力强。耐酸碱能力强，能很好地适应pH值4.7～8.5的酸碱土壤。适应性广泛，抗病性强。全年绿期较长。不耐低剪，剪草留茬应不低于5cm，剪得太低对分蘖有不利影响。

⑤ 匍匐剪股颖。匍匐剪股颖喜冷凉湿润气候，耐寒、耐热，耐瘠薄，耐低修剪，耐阴性也较好。由于匍匐枝横向蔓延能力强，能迅速覆盖地面，形成细密均一的草坪。但由于匍匐茎上根扎得较浅，耐旱性稍差。耐炎热能力一般，在炎热的夏季叶尖也能变黄。剪割后再生能力强，且特别耐低剪，可耐低修剪达0.5cm，甚至更低。耐践踏能力中等。在微酸性至微碱土壤上都能生长。抗盐性和抗淹性比一般冷季型草坪草好。但易形成草垫层，故一般3～4年需更新一次。

⑥ 无芒雀麦。无芒雀麦喜冷凉干燥的气候，适应性强，耐干旱，在年降水量400mm的地区能正常生长。极抗寒，喜温，不怕霜冻，在−30℃低温下可顺利地越冬。也能耐高温炎热，无夏眠现象。对土壤要求不严，在肥沃的壤土或黏壤土上生长茂盛，也能在瘠薄的沙质土壤上生长。耐碱性强，在pH7.5～8.2的土壤上能正常生长。喜光耐阴，为长日照型植物。无芒雀麦春季返青早，秋季枯黄晚。

⑦ 结缕草。结缕草适应性强，喜光、抗旱、耐高温、耐瘠薄和抗寒，但不耐阴。阳光越足，生长越好。结缕草喜深厚肥沃、排水良好的沙质土壤，适应的pH值为5.5～8.5。入冬后草根在−20℃左右能安全越冬，气温20～25℃生长最盛，30～32℃生长速度减弱，但极少出现夏枯现象。该草具有很强的抗病虫和抗草害能力以及极强的耐践踏、耐修剪能力。结缕草与杂草竞争力强，容易形成单一连片、平整美观的草坪，并且有一定韧度和弹性。

⑧ 白车轴草。喜温暖湿润的气候，不耐干旱和长期积水，耐热耐寒性强。在部分遮阴的条件下生长良好，对土壤要求不严，耐贫瘠，耐酸，最适排水良好、富含钙质及腐殖质的黏质土壤，不耐盐碱。

### 1.6.1.3 草种选择

根据施工设计要求选择相应草种。此外，草种选择还需要考虑对草坪质量的需求和可提供的养护水平，以及对密度、质地、色泽等基本项目的要求。但重要的是要考虑所选择的草种是否适应当地的环境条件。

为了达到延长绿期、增强抗性的目的，草坪往往由一个或者多个草种（含品种）按一定形式和比例进行混播，称为草坪草种组合。草坪草种组合主要形式如下。

① 混播。含两个以上种及其品种的草坪草种组合。其优点是使草坪具有广泛的遗传背景及较强的外界适应能力。

② 混合。只含一个种，但含该种中两个或两个以上品种的草坪草种组合。该组合有较丰富的遗传背景、较能抵御外界不稳定的气候条件和病虫害多发的情况，并具有较为一致的草坪外观。

③ 单播。是指草坪草种组合中只含一个种，并只含该种中的一个品种。其优点是保证了草坪最高的纯度和一致性，可建植出具有最美、最均一外观的草坪。但遗传背景单一，对环境的适应能力较差，要求较高的养护管理水平。

按功能划分，草种可分为以下类型。

① 建群种。是草坪的主要草种，是体现草坪功能和适应能力的草种，是最重要的草种。在组合中比例超过 50%。

② 伴生种。是第二重要的草种，当建群种生长遇到环境障碍时，使用伴生种来维持和体现草坪的功能，并对建群种起到一定的保护作用。

③ 保护种。是在草坪萌发及幼苗生长期间对建群种起到保护作用的草种，其先期生长快，为先锋草种。

## 1.6.2　草坪建植技术操作

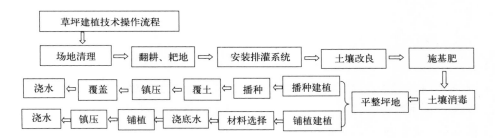

### 1.6.2.1　坪地准备

（1）场地清理

① 树木清理。清除乔木、灌木的树桩、树根等，有些残根能萌发新植株或腐烂后形成洼地，破坏草坪的一致性，或滋生某些菌类，因此要认真清理。

② 石块、瓦砾清理。要清理坪床表土下 60cm 以内的大石砾，清除 20～30cm 层内的小石块和瓦砾。

③ 杂草清除。a. 物理防除：可用人工或机械来去除杂草，如可用犁、耙、锄头等工具，翻耕土壤的同时清除杂草。b. 化学防除：可选用灭生性除草剂，例如草甘膦，施用后 7～10d 见效，可于播种前 3～7d 使用。

（2）翻耕、耙地

新建草坪应尽可能创造肥沃的土壤表层，一般要求其表层应有 30cm 厚度的疏松肥沃表土。翻耕常用工具有犁、旋耕机等。翻耕深度一般不低于 30cm，以达到改善土壤结构和通气性能，提高土壤的持水能力，减少草坪草根系伸入土壤的阻力等目的。耙地常用工具有圆盘耙、钉尺耙等，即对坪床进行粗平整，进一步清除坪床中的杂物。

（3）安装排灌系统

排灌系统的安装对草坪养护管理非常重要，其准备工作和设施的安装一般在地形整理结束之后、坪床整平之前进行。

① 排水系统，包括地表排水和地下排水。

a. 地表排水：一般公共绿地或较小的绿地采用地表排水即可达到排水目的。

（a）利用地形排水：通常使坪床表面保持 0.5%～5% 的坡度进行排水。如围绕建筑物的草坪，从建筑物到草坪的边缘，视地势做成 1%～5% 的自然坡度。

（b）明沟排水：对于地形较为复杂的坪床，则可根据地形的变化、地势的走向，在一定位置开挖不太明显的沟，以排出局部的积水。

（c）改良土质：草坪土壤一般以沙壤土为好。在草坪建植与养护实践中，常通过掺沙、增施有机肥等措施来增加土壤的通透性，以利于土壤的排水。

b. 地下排水：一般城市绿化草坪、运动场草坪都应设置地下排水系统。

（a）暗沟排水：这是一种用地下管道与土壤相结合的排水方式。地下水可通过土壤、石头、暗管，最终流到主管，排到场地外。排水管一般应铺设在草坪下 40～90cm 深处。

（b）盲沟排水：在运动场地上，为使水分迅速排出场地，在种植草坪前，常在场地内按一定格式设置盲沟。

② 灌溉系统，包括人工浇灌、地面漫灌、喷灌。

a. 人工浇灌：主要是用软管的方式浇水。其水源是自来水，或是用动力在自然水源中抽水引入坪床。

b. 地面漫灌：主要是用引水或动力抽水等方式，将水引入坪床进行地面漫灌。

c. 喷灌：草坪喷灌应用较多，尤其是景观草坪、运动草坪已基本采用。喷灌的形式有固定式喷灌系统、半固定式喷灌系统、移动式喷灌系统。

（4）土壤改良

理想的草坪土壤应是土层深厚、排水良好、pH 在 5.5～7 之间、结构适中的沙壤土或壤土。

土壤改良包括完全改良和部分改良。完全改良是将耕层内的原土用客土全部更换，换土厚度不少于 20～30cm，为保证回填土的有效厚度，通常应增加 20% 的沉降余量；部分改良是在原有土壤内掺入改良材料，如黏土掺入沙子或沙土掺入黏土，改善通气排水等。生产中通常施用泥炭土进行改良，施用量一般为覆盖坪床面铺厚度 3～5cm 或 5kg/$m^2$，并充分混拌。

大部分的草坪草在偏酸（pH<5.5）或偏碱（pH>8.0）的土壤环境中会生长不良。在碱性土壤中，改良方法为施用硫酸亚铁，或用磷酸二氢钾水溶液降碱。在酸性土壤中，可施用生石灰、碳酸钙粉进行改良。

（5）施基肥

足够的养分是草坪草良好生长的保证，基肥主要是磷肥和钾肥，氮肥在最后一次平整前施用，而且不宜施用过深，以有利于幼苗根系的吸收和防止随水土流失。施肥量可根据土壤测定结果按实际需要来施用，一般土壤表面施 0.2～0.4kg/m² 的复合肥料（N：P：K＝1：2：1）和 2～4kg/m² 的有机质，如果施用的肥料中有一部分是缓释性肥料，其用量可加大。

（6）土壤消毒

可选择噁霉灵、福美双、辛硫磷等药剂，按用量施入土壤中与坪床整地结合起来，起到杀菌、杀虫作用。

（7）平整坪地

建坪之初，应按照草坪设计对地形的要求进行整理。自然式草坪应有适当的自然地形起伏，规则式草坪要求地形平整，表土要细致，地面要平滑。若地形平整中移动的土方量较大，则应将表层土铲在一边，取出底土或垫高地形后再将原表层土返回原地表。

① 粗平整。就是草坪平面的等高处理。在粗平整作业中，要根据设计的标高要求挖掉凸起的部分填平低洼部分，使整个坪床达到理想的水平面。填方的地方要考虑填土的沉陷因素，适当加大填入土方量，一般情况，细质土通常下沉 15%（即每米厚的土下沉 12～15cm）。填方深的地方，除要加大填方量外，还需要进行镇压或灌水，加快沉降速度。

坡床的坡度因不同形式而有所差异。自然式草坪由于其本身保持一定的自然地形起伏，可以自行排水；规则式草坪，为有利于表面排水，应设计 0.2%～0.3% 的适宜排水坡度。建筑物附近的草坪，其排水坡度应向房屋外向方向倾斜。对于面积较大的绿地草坪和运动场地的草坪，一般应是中心地较高，两侧较低，以便向外侧方向排水。

② 细平整。就是在粗平整的基础上，平滑坪床表面，为种植和以后的苗期作业管理准备优良的基础条件。小面积的坪床最好是人工进行细平整，或用绳拉一个钢垫或板条拉平床表面，粉碎土块。大面积时要用专用设备。细平整应在播种前进行，以防止表土板结，同时应注意土壤的湿度。

### 1.6.2.2  建植操作

（1）播种法建植草坪

① 播种时间。冷季型草坪草适宜的播种时间是春秋两季，春季 4 月下旬至 5 月中下旬，秋季 8 月下旬至 9 月进行播种建坪；暖季型草坪草适宜播种时间则是在春末夏初，5～6 月进行播种。

② 播种量。播种所遵循的一般原则是要保证足够量的种子发芽，每平方米出苗应在 10000～20000 株。根据这项原则，如果草地早熟禾种子的纯度 90%，发芽率 80%，每克种子 4×10³ 粒时，每平方米应播 3.6～7.2g 种子。这个计算是假定所有的纯活种子都能出苗，而实际上由于种子的质量和播后环境条件的影响，幼苗的致死率可达 50% 以上，因此，草地早熟禾的建议播种量为 6～8g/m²。特殊情况下，为了加快成坪速度，可加大播种量。几种常用草坪草种在生产上的参考单播量见表 1.6-1。

表 1.6-1　几种常用草坪草种参考单播量　　　　　　　　　单位：g/m²

| 草种 | 正常播种量 | 加大播种量 |
|---|---|---|
| 普通狗牙根（不去壳） | 4～6 | 8～10 |
| 普通狗牙根（去壳） | 3～5 | 7～8 |
| 中华结缕草 | 5～7 | 8～10 |
| 草地早熟禾 | 6～8 | 10～13 |
| 普通早熟禾 | 6～8 | 10～13 |
| 紫羊茅 | 15～20 | 25～30 |
| 高羊茅 | 30～35 | 40～45 |
| 多年生黑麦草 | 30～35 | 40～50 |
| 剪股颖 | 4～6 | 8 |
| 一年生黑麦草 | 25～30 | 30～40 |

③ 播种。具体内容如下。

a. 浇透底水，以与土壤深层的湿土层相接为宜，如果场地准备时是填方，则应该反复浇水沉降。否则浇水不要太多，以免影响第二天的工作。

b. 播种可用人工，也可用专用机械进行，步骤如下。

（a）将欲建坪地划分为若干等面积的块或长条；

（b）把种子按划分的块数分开，计算出各划分区域的种子用量；

（c）把种子均匀撒播在对应的地块上，种子细小可掺细沙、细土，分 2～3 次横向、纵向均匀撒播。

④ 覆土。种子播下后均匀地覆盖在坪床上，轻轻耙平（耙齿间距为 1～2cm），耙地深度为 0.5～1cm，使种子与表土均匀混合；或地表均匀地覆土或覆沙，厚度为 0.5cm 左右。

⑤ 镇压。播种后应及时镇压，用滚筒（重 100～150kg）进行轻度镇压，以确保种子与土壤的良好接触。但是，在土壤水分过大、过黏的情况下不宜镇压。

⑥ 覆盖。覆盖常用材料有草帘、秸秆、无纺布等。覆盖时不能太厚、太密，要有一定的缝隙，以免影响种子对光、热的吸收。覆盖后可抗风保湿，调节地温，减缓水对种子的冲击力，减少浇水次数。

⑦ 浇水。刚覆盖后的场地，浇水必须做到喷水均匀，慢慢喷洒。水流不可直击覆盖物。水应湿到地面下 3～5cm，不可漏浇。始终保持土壤湿润，直到草坪草萌芽。

⑧ 苗期管理。具体内容如下。

a. 撤除覆盖物：种子发芽整齐，达到 1.5cm 左右时，即可揭去覆盖物。揭去时间要适时，过早、过晚均影响成坪质量。一般应在阴天或晴天的傍晚揭除，不可在上午或正午阳光下进行。揭除后要及时均匀适量洒水。原则为少量多次，以保护幼苗适应新环境。

b. 灌溉、排水与蹲苗：苗期要适当控制浇水次数，适当蹲苗，可协调土壤水、气条件，促进分枝、分蘖和根系扩展。具体做法是以浇透 1 次水为基础，然后任其自然蒸发，至 1/2 坪面土壤变灰白，再浇第 2 次水，至整个坪面土壤几乎变灰白，再浇第 3 次水。随着时间的推移，每次土壤变白后延长 1～2d 蹲苗时间，直到成坪。若遇大雨应注意及时排水。

c. 追肥：在施足基肥的基础上，草坪草出苗后 7～10d，应及时施肥，以速效肥为主。

如尿素 5g/m² 左右撒施，施后结合喷灌或浇水以提高肥效和防灼伤。追肥施用量宜少不宜多，以"少吃多餐"为原则。

d. 防除杂草：在草坪成坪前一般不用化学除草。若有少量杂草应随时人工拔除。如人工除草有困难，最早也要到草坪草第 4 叶全展开后才能化学除草。

e. 修剪：新建草坪，当新苗长到 8～10cm 高时进行初次修剪，遵循 1/3 原则（每次修剪应减去草坪草自然高度的 1/3），直到全部覆盖为止。

f. 病虫害防治：密切注意病虫害的发生情况，一经发现应及时对症下药。

（2）铺植法建植草坪

① 铺植时期。暖季型草种以当地春季至雨季为佳，冷季型草种则分别以早春和夏末至中秋为好。

② 铺植材料选择。铺植材料（普通草皮或无土草毯）无论带土与否，都应选择纯净、均匀、生长正常、无病虫害、人工栽植的成坪幼坪。

③ 浇底水。在铺植前 2～3d，坪床应先浇足底水，待坪床可以踩踏且不会陷入时将草皮卷运进坪床。

④ 铺植。采用密铺法，铺植规则型区域应从中轴线向两侧铺植；铺植不规则区域应选择由内向主入口的方向铺植，便于草坪运送和及时浇水。草皮接缝处必须密实，草皮块之间保留 1cm 左右的间隙，第二行的草皮与第一行应尽量错开。

⑤ 镇压。铺后草坪用 200～300kg 的滚筒压平，小面积草坪采用"T"字形镇板拍平，使草皮与表层土壤紧密接触。坡地铺装草皮应用桩钉加以固定。

⑥ 覆沙、浇水。压平后建议在草坪表层增覆种植沙 2～3mm，并浇透水。

⑦ 成活管理。铺设完毕，透水 1 次，以后土白即灌，少量多次，3 片新叶后开始蹲苗。施肥、除杂草、病虫防治等与播种建植方式基本一致。

### 1.6.2.3　草坪建植的注意事项

① 播种建植草坪的技术关键是种子要均匀地撒于坪床上，保证均匀播种。

② 冷季型草坪播种建植时，一般采用种子混播进行建植。

③ 严格控制单位面积播种量。

④ 护坡草坪，如果坡度过大，要做护坡处理，再播种草坪。

⑤ 营养繁殖要注意随起、随运、随栽。

⑥ 铺草皮时，若草皮一时不能用完，应一块一块地散开平放在遮阴处，若堆积起来会使叶色变黄，必要时还需浇水。

⑦ 草皮卷清晨铺植效果最好，铺植后要立马浇水，待稍干后用滚筒反复重压。

## 1.6.3　草坪建植质量验收

草坪建植质量验收参考《园林绿化工程施工及验收规范》（CJJ 82—2012）。

### 1.6.3.1　草坪建植质量验收要求

草坪建植质量验收要求应符合表 1.6-2 的规定。

表 1.6-2   草坪建植质量验收要求

| 工程名称 | 检查方法 | 检查数量 |
|---|---|---|
| 草坪建植 | 观察、测量及种子发芽试验报告 | 每 500m² 检查 3 处，每点面积为 4m²，不足 500m² 的检查不少于 2 处 |

### 1.6.3.2   草坪建植质量标准

（1）草坪播种应符合的规定

① 应选择适合本地的优良种子；草坪种子纯净度应达到 95％以上；冷季型草坪种子发芽率应达到 85％以上，暖季型草坪种子发芽率应达到 70％以上。

② 播种前应做发芽试验和催芽处理，确定合理的播种量，不同草种的播种量可按照《园林绿化工程施工及验收规范》（CJJ 82—2012）进行播种。

③ 播种前应对种子进行消毒、杀菌。

④ 整地前应进行土壤处理，防治地下害虫。

⑤ 播种时应先浇水浸地，保持土壤湿润，并将表层土耧细耙平，坡度应达到 0.3％～0.5％。

⑥ 用等量沙土与种子拌匀进行撒播，播种后应均匀覆细土 0.3～0.5cm 并轻压。

⑦ 播种后应及时喷水，种子萌发前，干旱地区应每天喷水 1～2 次，水点宜细密均匀，浸透土层 8～10cm，保持土表湿润，不应有积水，出苗后可减少喷水次数，土壤宜见湿见干。

⑧ 混播草坪应符合下列规定：混播草坪的草种及配合比应符合设计要求；混播草坪应符合互补原则，草种叶色相近，融合性强；播种时宜单个品种依次单独撒播，应保持各草种分布均匀。

（2）草坪分栽应符合的规定

① 分栽植物应选择强匍匐茎或强根茎生长习性的草种。

② 各生长期均可栽植。

③ 分栽的植物材料应注意保鲜，不萎蔫。

④ 干旱地区或干旱季节，栽植前应先浇水浸地，浸水深度应达 10cm 以上。

⑤ 草坪分栽植物的株行距，每丛的单株数应满足设计要求，设计无明确要求时，可按丛的株行距(15～20)cm×(15～20)cm，呈"品"字形；或以 1m² 植物材料按(1∶3)～(1∶4)的系数进行栽植。

⑥ 栽植后应平整地面，适度压实，立即浇水。

（3）铺设草块、草卷应符合的规定

① 掘草块、草卷前应适量浇水，待渗透后掘取。

② 草块、草卷运输时应用垫层相隔、分层放置，运输装卸时应防止破碎。

③ 当日进场的草卷、草块数量应做好测算并与铺设进度相一致。

④ 草卷、草块铺设前应先浇水浸地细整找平，不得有低洼处。

⑤ 草地排水坡度适当，不应有坑洼积水。

⑥ 铺设草卷、草块应相互衔接不留缝，高度一致，间铺缝隙应均匀，并填以栽植土。

⑦ 草块、草卷在铺设后应进行镇压或拍打与土壤密切接触。

⑧ 铺设草卷、草块，应及时浇透水，浸湿土壤厚度应大于 10cm。

（4）运动场草坪栽植应符合的规定

① 运动场草坪的排水层、渗水层、根系层、草坪层应符合设计要求。

② 根系层的土壤应浇水沉降，进行水夯实，基质铺设细致均匀，整体紧实度适宜。

③ 根系层土壤的理化性质应符合规范的规定。

④ 铺植草块，大小厚度应均匀，缝隙严密，草块与表层基质结合紧密。

⑤ 成坪后草坪层的覆盖度应均匀，草坪颜色无明显差异，无明显裸露斑块，无明显杂草和病虫害症状，茎密度应为 $2\sim4$ 枚/$cm^2$。

⑥ 运动场根系层相对标高、排水坡降、厚度、平整度允许偏差应符合《园林绿化工程施工及验收规范》（CJJ 82—2012）的规定。

（5）成坪后应符合的规定

草坪和草本地被的播种、分栽，草块、草卷铺设的运动场草坪成坪后应符合下列规定。

① 成坪后覆盖度应不低于 95%。

② 单块裸露面积应不大于 $25cm^2$。

③ 杂草及病虫害的面积应不大于 5%。

## 思考与练习

**一、选择题**

1. 下列耐 -30℃ 低温，在半阴处正常生长的草坪草是 （　　）。

A. 草地早熟禾　　　B. 高羊茅　　C. 紫羊茅　　　D. 多年生黑麦草

2. 经常用来做先锋草种的草坪草是 （　　）。

A. 草地早熟禾　　　B. 高羊茅　　C. 紫羊茅　　　D. 多年生黑麦草

3. 相对来说，耐践踏、耐酸碱土壤的草坪草是 （　　）。

A. 草地早熟禾　　　B. 高羊茅　　C. 紫羊茅　　　D. 多年生黑麦草

4. 相比较绿期最短的草坪草是 （　　）。

A. 草地早熟禾　　　B. 白车轴草　　C. 匍匐剪股颖　　D. 结缕草

5. 可作急需绿化种植材料，耐极低修剪的草坪草是 （　　）。

A. 黑麦草　　　　　B. 结缕草　　　C. 紫羊茅　　　D. 匍匐剪股颖

6. 种植草坪草合适的土壤为 （　　）。

A. 壤土　　　　　　B. 沙土　　　　C. 黏土　　　　D. 细沙土

**二、填空题**

1. 冷季型草坪草的最适生长温度范围是 （　　）℃，在夏季不耐炎热，春、秋两季生长旺盛。

2. 草坪种植时，要求土层厚度达 （　　）cm 以上。

3. 草坪土壤应是土层深厚、排水良好、pH 为 （　　）的沙壤土或壤土。

4. 规则式草坪，为有利于表面排水，应设计 （　　）的适宜排水坡度。

5. 草种播下后，地表均匀地覆土或覆沙，厚度 （　　）cm 左右。

6. 铺植法建植草坪，草皮缝处必须密实，草皮块之间保留 （　　）cm 左右的间隙，第二行的草皮与第一行应尽量错开。

### 三、简答题

1. 常见草坪草的种类有哪些？
2. 简述草坪草种的组合形式及特点。
3. 简述坪地整理施工程序和技术要求。
4. 简述草坪种子建植适宜的播种量。
5. 简述种子直播的技术要领。
6. 简述铺草皮建植草坪的施工程序和技术要求。
7. 草坪苗期管理主要有哪些工作？

在线答题

## 📖 拓展阅读

### 弘扬塞罕坝精神 增强植绿护绿意识

　　自 1962 年建立塞罕坝林场以来，几代塞罕坝人听从党的召唤，伏冰卧雪、艰苦奋斗，在极其恶劣的自然条件和生存环境下建成了世界上面积最大的人工林，创造了沙漠变绿洲、荒原变林海的绿色奇迹。目前，林场内林地面积达到 112 万亩（1 亩＝667m²），林木蓄积量达到 1012 万立方米，每年涵养水源、净化水质 1.37 亿立方米，吸收二氧化碳 74.7 万吨，释放氧气 54.5 万吨。半个多世纪创业历程中，塞罕坝人铸就了"忠于使命、艰苦奋斗、科学求实、绿色发展"的塞罕坝精神，印证了"绿水青山就是金山银山"的发展思想，为加强生态文明建设提供了宝贵经验。

　　"渴饮沟河水，饥食黑莜面。白天忙作业，夜宿草窝间。"从"六女上坝"的无悔选择，到望火楼夫妻几十年如一日的漫长守望；从爬冰卧雪石头缝里栽种树苗，到起早贪黑顶风冒雨修枝防虫，塞罕坝人身上处处彰显着苦干实干的精神底色。弘扬塞罕坝精神，就是要脚踏实地、埋头苦干，扎扎实实把各项工作向前推进。让天更蓝、山更绿、水更清、环境更优美，让人民群众享有更多的绿色福利、生态福祉。

　　青年学子是锻造塞罕坝精神的先锋和脊梁，要坚决响应党的号召，深入践行生态文明思想，认真学习弘扬塞罕坝精神，践行初心、担当使命，不畏艰难、奋勇开拓，奋力推进生态文明建设，为推动实现人与自然和谐共生的中国式现代化做出更大贡献，让青春在林草事业中焕发绚丽光彩。

## 📖 拓展阅读

### 二十四节气 天地人和

　　二十四节气是中国人通过观察太阳周年运动，认知一年中时令、气候、物候等方面变化规律所形成的知识体系和社会实践，是中国先民在长期的农业生产中，根据天地运行以及气候变化规律创造的时间制度。它不仅是中国人"天人合一"生态思想的体现，也浓缩着因时制宜、因地制宜、循环发展的生态智慧。

二十四节气是人们认识自然、顺应自然的重要参照。24 个节气名称中，有表征季节变化的"四立"，表明太阳运行极点和中点的"二至二分"，表现温度变化曲线的"三暑、二寒"，表示自然物候现象和作物成熟程度的"蛰、清、满、芒"，表达降雨、降雪时间及强度的"二雨、二雪"和表现水汽凝结、凝华现象的"二露、一霜"。此外，还进一步细分出七十二候，包括 40 个反映动物迁徙、鸣叫等的候应，13 个反映植物生发、开花等的候应，6 个反映水、冰、雨、露、泉的候应，13 个反映天、地、气、风、雷、电、虹的候应。这些从对大自然的观察中找到的变化规律，是中国先民认识自然的基本依据，也是人们顺应自然的重要指针。

人是自然的产物，是天地万物的一部分，人类与自然同源同体，这一思想观念被称为"天人合一"，是中华民族传统文化的主流观念。以"天人合一"为理论渊源和逻辑起点，"三才论"等农业生态思想应运而生，"三才"是指天、地、人三要素。二十四节气是人们生产生活的时间指南，指引着人们遵循天、地、人、物和谐共生之道。

全社会都需要进行二十四节气知识的普及与价值功能认识的再动员，实现其在学校、家庭的落地生根。节气不仅与农时、养生相关，还与许多园林植物及生活中与审美相关的东西联系在一起。节气是人们生活的一部分，通过人们的共同参与，让与节气相关的文化成为一种生活仪式甚至特定的生活方式，让二十四节气不仅仅是过去留下来的传统遗产，更是不断再生产的文化资产，让其成为人们生活中天道与人道互相感应的周而复始、永葆生机的物质资源与精神资源。

## 📖 拓展阅读

### ● 践行生态文明建设理念 ●

2005 年，中国政府在全世界率先提出"生态文明"这一人类社会发展新理念。特别是自 2012 年党的十八大以来，以习近平同志为核心的党中央站在战略和全局的高度，对生态文明建设和生态环境保护提出一系列新思想、新论断，生态文明也被历史性地写入《中华人民共和国宪法》，这些都标志着我国进入生态文明建设的新时代。

生态文明新时代赋予了园林人新的使命，现代园林追求的"与自然和谐"的观念，提出"生态城市"建设的重要性，涉及文化遗存、环境维护、自然风景保护、高速公路、乡镇乃至城市景观设计等内容，涉及的领域包括城市规划、环境保护、生态、水文地质、可持续发展战略等。当下海绵城市、城市双修、河流治理和国家公园等都为园林等行业提供了更大的舞台。园林行业唯有以务实的态度、开明的胸襟和革新的勇气方能不辱时代的使命。

保护环境，人人有责；绿色发展，人人应为。只要我们坚持知行合一、从我做起，坚持步步为营、久久为功，就一定能换来青山常在、绿水常在、蓝天常在，在身体力行中走向生态文明新时代。

# 项目2

# 园林植物养护管理

园林植物养护管理就是根据园林植物的生态习性，对植物采取土壤管理、灌溉、施肥、防治病虫、防寒、中耕除草、修剪等技术措施。同时对园林植物进行看管、巡查、维护、保洁、宣传爱护等园务性工作。

本项目主要根据园林养护实际工作任务要求，构建了园林树木养护管理、设施空间绿化植物养护管理、水生植物养护管理、草本花卉养护管理、草坪养护管理 5 个典型学习任务。

## 项目目标

① 掌握本地区常见园林树木、设施空间绿化植物、水生植物、草本花卉、草坪的养护管理基本知识和方法。

② 会编制本地区常见园林树木、设施空间绿化植物、水生植物、草本花卉、草坪的养护方案。

③ 能根据园林养护方案实施园林树木、设施空间绿化植物、水生植物、草本花卉、草坪的养护管理。

④ 通过养护方案的制订和养护管理的实施，培养团队意识、合作能力、协调沟通能力和吃苦耐劳的职业素养。

## 任务 2.1

### 园林树木养护管理

## 知识点

① 了解绿地土壤的特点；了解园林树木土肥水管理的原则；掌握园林树木土肥水管理的内容和技术方法。

② 了解园林树木整形修剪的基本知识；掌握树木修剪的技法及不同园林树木整形修剪技艺。

③ 了解园林树木常见自然灾害的成因；掌握本地区园林树木常见自然灾害的预防方法；掌握园林树木树体保护的技术方法。

④ 了解本地区园林树木主要虫害的生活习性和主要病害的发生规律；掌握本地区园林树木主要虫害的识别要点和主要病害的症状识别；掌握常见病虫害的防治方法。

⑤ 了解古树名木衰老的原因；掌握古树名木的日常养护方法和复壮措施。

## ✿ 技能点

① 能根据绿地实际情况制订合理的园林树木养护管理方案。

② 能根据园林树木养护技术方案进行合理的土壤、施肥、灌水等养护操作。

③ 能根据树木形态及养护方案进行行道树、庭荫树、花灌木及绿篱的修剪。

④ 能对本地区主要园林树木病虫害进行正确诊断、制订有效的综合治理方案，并组织实施。

⑤ 能制订古树名木的养护管理方案并组织实施。

⑥ 会使用和维修常用的灌溉机具、修剪机具和病虫害防治机具。

### 2.1.1 园林树木土肥水养护管理

#### 2.1.1.1 园林树木土肥水管理概述

（1）土壤管理

土壤是树木根系生长、吸收养分和水分的基础。土壤管理是指土壤耕作、土壤改良、杂草防除等一系列技术措施。土壤管理可以扩大根域土壤范围和深度，调节和供给土壤养分和水分，增加和保持土壤肥力，疏松土壤，增加土壤的通透性，有利于根系向纵横向伸展。

① 园林绿地土壤具有以下特点。

a. 自然土壤层次紊乱：频繁的建筑活动和其他施工活动，使大部分城市绿地土壤的原土层被强烈搅动。土壤被挖出后，上层的熟化表土和下层的生土无规律地混合，打乱了土壤的自然层次。

b. 土壤中外来侵入体多：城市绿地的土壤常常被翻动，土体中填充进建筑渣料和垃圾，使土壤成分异常复杂。砖瓦、石砾、塑料、石灰、水泥、沥青混凝土等各种侵入体很多，且在土体中分布无规律。

c. 土壤物理性状差：由于底土混入、机械压实和行人践踏等原因，城市绿地土壤大都结构性很差，表层容重偏高，渗水、透气和扎根性能都不好。另外，不透气的铺装也极大地阻碍了土壤的通透性，这对树木影响尤甚。

d. 土壤中有机质和养分缺乏：由于强烈的人为搅动，富含有机质的表土在城市绿地土壤中大都不复存在。另外，城市绿地土壤上的凋落物，大部分被随时清除，很少回到土壤中，使绿地土壤的有机质和养分趋于枯竭。

e. 土壤污染严重：城市人为活动所产生的洗衣水、油脂、除雪剂等物质进入土壤中，超过土壤自净能力，造成土壤污染。

② 园林绿地土壤改良。一般多采用深翻熟化、客土改良、培土与掺沙、增施有机肥等措施。土壤改良是一种采用物理、化学以及生物措施，改善土壤理化性质、提高土壤肥力的办法。

a. 土壤质地管理：土壤质地过黏、过沙都对绿化树木根系生长不利。黏重的土壤板结、渍水、通透性差，容易引起根部腐烂；而沙性太强的土壤，漏肥、漏水，容易发生干旱。可以通过增施有机肥和采取"沙压黏"或"黏压沙"的办法对其进行改良。

改良土壤最好的有机质有粗泥炭、半分解的堆肥和腐熟的厩肥。采取"沙压黏"时，沙的粒径要达到 0.2mm 以上，加沙量必须达到原有土壤体积的 1/3，才能起到良好的改善作用。

b. 换客土：当地块绿化价值很高，而现有的土质又太差，以致改良困难或工期不能等待时，则可以进行全面或局部换土。需要换土的情况主要有建筑垃圾含量过多、土壤严重污染等。

c. 深翻熟化：深翻与施肥相结合是改良土壤结构和理化性质、促进团粒结构形成、提高土壤肥力的最好办法。深翻一般选择在秋、冬季，采取全面深翻和局部深翻的办法。深翻深度及次数因地、因绿化树种而异，一般为 60~100cm，每 4~5 年深翻一次。

d. 土壤酸碱性改良：园林树木对土壤的酸碱度有一定的适应范围。过酸、过碱都会给绿化树木生长带来不良影响。对于 pH 值过低的土壤，主要采用石灰改良；对于 pH 值过高的土壤，主要采用硫酸亚铁、硫黄和石膏对其改良。

③ 园林绿地土壤管理具有以下措施。

a. 松土除草：松土可以切断土壤表层的毛细管，减少土壤水分的蒸发；除草可以减少水分、养分的消耗，增加主景区绿化美化效果，两者一般同时进行。在绿化树木的生长期内，一般要见草就除，既清理杂草又松土，这样效果最好。松土除草作业一般在 4~9 月进行，在日常养护管理中是一项重点工作内容，为提高作业率，总结六个字即"除早、除小、除了"。大面积除草可以采用化学除草。除草剂对 4 叶至 6 叶的幼嫩杂草用药效果最明显，如果杂草已经较高大，可以修剪一次，等一周后长出新鲜叶片后用药效果更好。但切忌剪草后立即用药，或用药后马上修剪，这样会因为吸收面积小或吸收不充分而降低效果。

b. 根部覆盖：根部覆盖可以调节土壤温度，保护植物根部不受过高或过低温度影响，还可以减少地表水分的损失。根部覆盖层最重要的功能是保墒，它既可以让水分渗入又能防止土壤被太阳晒干。覆盖材料一般就地取材，如经加工过的树枝、树叶、割取的杂草等材料，覆盖厚度以 3~6cm 为宜。

c. 加强水湿地排水：对地下水位高的绿地，应加强排水管理，或局部抬高地形，采用台地式种植。在土壤过于黏重而易积水的地区，可挖暗井或盲沟，并与透水层相通，或埋设盲管与市政排水相通。

d. 防止除雪剂对土壤和园林植物的危害：在北方地区，冬季常使用除雪剂来消除路面上的积雪和冰。进入土壤的除雪剂会使土壤受到严重污染，从而导致园林植物受害。为了避免植物与除雪剂的接触，禁止将含有除雪剂的残雪堆积在树坑中。春季对绿地可进行浇水、洗盐，减轻表土盐分的积累，可使用新型不含氯盐的除雪剂。此外，改善行道树土壤的通气性和水分供应，以及增施硝态氮、磷、钾、锰和硼等肥料，都有利于淋溶和减少植物对氯化钠的吸收而减轻危害。

（2）施肥管理

施肥是指将肥料施于土壤中或喷洒在植物上，提供植物所需养分，并保持和提高土壤肥力的农业技术措施。合理和科学施肥是保障园林植物健康生长的重要手段之一。

① 施肥应遵循以下原则。

a. 根据树种合理施肥：树木的需肥与树种及其生长习性有关。例如杨树、月季、茶花等生长迅速且生长量大的树种，比马尾松、油松、小叶黄杨等慢生耐瘠薄树种需肥量要大，因此应根据不同的树种调整施肥用量。

b. 根据生长发育阶段合理施肥：总体上讲，随着树木生长旺盛期的到来，需肥量逐渐增加，生长旺盛期以前或以后需肥量相对较少，在休眠期甚至不需要施肥；在抽枝展叶的营养生长阶段，树木对氮素的需求量大，而生殖生长阶段则以磷、钾及其他微量元素为主。

c. 根据树木用途合理施肥：树木的观赏特性以及园林用途影响其施肥方案。一般说来，观叶、观形树种需要较多的氮肥，而观花、观果树种对磷、钾肥的需求量大。

d. 根据土壤条件合理施肥：土壤厚度、土壤水分、有机质含量、酸碱度高低、土壤结构以及三相比等均对树木施肥有很大影响。例如，土壤水分含量和土壤酸碱度及肥效直接相关，土壤水分缺乏时施肥，可能因肥分浓度过高，树木不能吸收利用而遭毒害；积水或多雨时养分容易被淋洗流失，降低肥料利用率；另外，如上所述，土壤酸碱度直接影响营养元素的溶解度，这些都是施用肥料时需仔细考虑的问题。

e. 根据气候条件合理施肥：气温和降雨量是影响施肥的主要气候因子。如低温，一方面减慢了土壤养分的转化，另一方面又削弱树木对养分的吸收功能。试验表明，在各种元素中磷是受低温抑制最大的一种元素；干旱常导致发生缺硼、钾及磷；多雨则容易促发缺镁。

f. 根据养分性质合理施肥：养分性质不同，不但影响施肥的时期、方法、施肥量，而且还关系到土壤的理化性状。一些易流失挥发的速效性肥料，如碳酸氢铵、过磷酸钙等，宜在树木需肥期稍前施入；而迟效性的有机肥料，需腐烂分解后才能被树木吸收利用，故应提前施入。氮肥在土壤中移动性强，即使浅施也能渗透到根系分布层内供树木吸收利用；而磷、钾肥移动性差故需深施，宜施在根系分布层内才有利于根系吸收。化肥类肥料的用量应本着"宜淡不宜浓"的原则，否则容易烧伤树木根系。实践中应将有机与无机、速效性与缓效性、酸性与碱性、大量元素与微量元素等结合施用，提倡复合配方施肥。

② 肥料种类。肥料分有机肥料、无机肥料和微生物肥料。肥料种类不同，其营养成分、性质、施用对象与条件都不相同。

a. 有机肥料：指以有机质为主的肥料。如人粪尿、厩肥、堆肥、绿肥、枯枝、落叶、饼肥等，一般农家肥均为有机肥。有机肥要经过土壤微生物的分解逐渐为植物所利用，为迟效性肥料。

b. 无机肥料：又称化学肥料、矿质肥料。种类很多，按其所含营养元素种类，可分为氮肥、磷肥、钾肥、微量元素肥料、复合肥料等。无机肥料大多属于速效性肥料。

c. 微生物肥料：指用对植物生长有益的土壤微生物制成的肥料。准确地讲，微生物肥料是菌而不是肥，其本身并不含有植物需要的营养元素，而是通过所含大量微生物的生命活动来改善植物的营养条件。微生物肥料分细菌肥料和真菌肥料两类。细菌肥料由固氮菌、根瘤菌、磷化细菌和钾细菌等制成；真菌肥料由菌根菌等制成。

③ 施肥时期。肥料具体的施用时期，应视植物生长情况和季节而定，生产上一般分为基肥、种肥和追肥。

a. 基肥的施用时期：基肥是在较长时期内供给园林植物养分的基本肥料，宜施迟效的有机肥。基肥主要以秋施为主。秋施以秋分前后施入效果最好，此时正值根系又一次生长高峰，伤根后容易愈合，并可发新根；有机质腐烂分解的时间也较长，可及时为来年植物生长提供养分。

b. 种肥的施用时期：种肥是指在播种时施用的肥料，其主要目的是为种子提供养分，促进种子的萌发和幼苗的生长。种肥的种类选择应根据作物的需求和土壤条件来确定，常用的种肥包括有机肥、复合肥等，这些肥料能够提供全面的营养，促进作物的生长。

c. 追肥的施用时期：当园林植物需肥急迫时就必须及时补充肥料，以满足植物生长发育需要，一般多为速效的无机肥料。具体追肥时间与树种、品种习性以及气候、树龄、用途等有关，要紧紧依据各生育时期的特点进行追肥，如对观花、观果植物，花芽分化期和花后的追肥比较重要，而对大多数园林植物来说，一年中生长旺期的抽梢追肥常常是必不可少的。追肥次数，对于一般初栽2～3年内的花木、庭荫树、行道树以及重点观赏树种，每年有必要在生长期进行1～2次追肥。至于具体时期则须视情况合理安排，灵活掌握。植物有缺肥症状时可随时进行追肥。

④ 施肥量。给树木施肥时一般使用含氮、磷、钾三要素的复合肥料，具体的比例应根据树木和土壤的特性和物候期来确定，并无统一的模式。植物的需肥量受植物种类、土壤供肥状况、肥料利用率、气候条件及管理措施的影响，很难确定统一的施肥量，从理论上讲，肥料的施用量应可以按照以下公式进行计算：

施肥量＝（树木吸收肥料元素量－土壤可供应的元素量）/肥料元素的利用率

实际生产中可按经验估算施肥量。一般是按树木每厘米胸径180～1400g肥料计算，这一范围幅度可能过大，大多数取中值350～700g。但胸径小于15cm的施用量要减半，例如胸径20cm的树木应施7.0～14.0kg，而胸径10cm的则只施1.75～3.50kg，按此计算的施肥量只是一个参考范围。

（3）灌溉排水管理

① 灌溉与排水的原则如下。

园林树木在不同气候条件下、不同时期对灌排水的要求不同，如表2.1-1所示。

表 2.1-1　不同季节灌排水要求

| 序号 | 季节 | 灌排水要求 |
|---|---|---|
| 1 | 春季 | 春季的雨贵如油,应灌水;梅雨时应排水 |
| 2 | 夏季 | 夏季高温、干旱时灌水,暴雨时排水 |
| 3 | 秋季 | 秋季一般不灌水,秋旱无雨适当灌溉 |
| 4 | 冬季 | 冬季在上冻前灌封冻水 |

a. 不同树种,不同栽植年限的园林树木对灌排水的要求不同。不耐旱树种灌水次数要多些,耐旱性树种灌水次数可少些,如刺槐、国槐、侧柏、松树等。新栽植的树木除连续灌三次水外,还必须连续灌水 3～5 年,以保证成活。排水也要及时,先排耐旱树种,后排耐淹树种,如柽柳、榔榆、垂柳、旱柳等均能耐 3 个月以上的深水淹浸。

b. 根据不同的土壤情况进行灌排水。沙土地易漏水,应"小水勤浇",低洼地也要"小水勤浇",而黏土保水力强,可减少灌水量和次数,增加通气性。

c. 灌水应与施肥、土壤管理相结合。应在施肥前后灌水,灌水后进行中耕锄草松土做到"有草必锄、雨后必锄、灌水后必锄"。

② 灌溉管理。灌溉管理应注意的要点如下。

a. 土壤灌溉判断:确定植物是否需要浇水,主要以土壤的干湿程度为参考,土壤干湿程度辨别方法如下。

(a) 取土。取土深度 25～35cm;地被/灌木取土深度 15～20cm。

(b) 土样分析。土壤手握不成团,较松散时,为严重缺水状态,要及时浇水;土壤手握成团,手摊开后部分松散,根据植物喜水程度及长势情况选择性浇水;土壤手握成团,手摊开后不散,则水分含量较高,不需浇水,注意排涝。

b. 灌溉用水:灌溉的水质以软水为好,一般使用河水,也可用池水、溪水、井水、自来水及湖水。在城市中要注意不能用工厂内排出的废水,因为这些废水常含有对植物有害的物质。

c. 灌水时期:分为休眠期灌水和生长期灌水。

(a) 休眠期灌水:主要在秋冬和早春进行。在中国的东北、西北、华北等地,降水量较少,冬春严寒干旱,休眠期灌水十分必要。秋末冬初灌水,一般称为灌"冻水"或"封冻水",可提高树木的越冬安全性,并可防止早春干旱,特别是越冬困难的树种以及幼年树木等,灌冻水更为必要。早春灌水一般称为灌"春水"或"返青水",不但有利于新梢和叶片的生长,而且有利于开花与坐果,同时还可促进树木健壮生长,是花繁果茂的关键措施之一。

(b) 生长期灌水:分为花前灌水、花后灌水和花芽分化期灌水。

花前灌水:在北方一些地区容易出现早春干旱和风多雨少的现象,及时灌水补充土壤水分不足,是促进树木萌发、开花、新梢生长和提高坐果率的有效措施;同时还可防止春寒、晚霜的危害。盐碱地区早春灌水后进行中耕,还可以起到压碱的作用。花前水可在萌芽后结合花前追肥进行。

花后灌水：多数树木在花谢后半个月左右是新梢速生期，如果水分不足，会抑制新梢生长。树木此时如果缺少水分也易引起大量落果，尤其北方各地，春天多风，地面蒸发量大，适当灌水可保持土壤的适宜湿度，可促进新梢和叶片生长，扩大同化面积，增强光合作用，提高坐果率和增大果实，同时对后期的花芽分化有良好作用。没有灌水条件的地区，也应积极采取盖草、盖沙等保墒措施。

花芽分化期灌水：花芽分化期灌水对观花、观果树木非常重要。因为树木一般是在新梢生长缓慢或停止生长时开始花芽的形态分化，此时正是果实速生期，需要较多的水分和养分，如果水分不足会影响果实生长和花芽分化。因此，在新梢停止生长前及时而适量地灌水，可以促进春梢生长，抑制秋梢生长，有利于花芽分化及果实发育。

d. 灌水量：灌水量受多方面的影响，不同树种、不同品种、不同土质、不同气候、不同植株大小、不同生长发育时期，灌水量也有所不同。但必须一次灌透灌足，切忌表土打湿而底土仍然干燥。大树灌水量以能渗透深达 80～100cm 为宜，适宜的灌水量以达土壤最大持水量的 60%～80% 为标准。

黏重的土壤灌水量及次数应适当减少。沙质土灌水量可少些、次数应多些。最好采用喷灌。有机质含量高、持水量高的土壤或人工基质，灌水次数及数量可少些。

③ 排水管理。排水对于树木生长非常重要，它是防涝保树的主要措施。土壤中的水分与空气是互为消长的。树木生长的土壤水分过多，氧气就会不足，将抑制根系呼吸，减退树木吸收机能。当缺氧严重时，树木根系进行无氧呼吸引起根系死亡。对于耐水力差的树种，更应该抓紧时间及时排水。

a. 排水条件：在有下列情况之一时，就需要进行排水。

(a) 树木生长在低洼地，当降雨强度大时，汇集大量地表径流，且不能及时宣泄，而形成季节性涝湿地。

(b) 土壤结构不良，渗水性差，特别是土壤下面有坚实的不透水层，阻止水分下渗，形成过高的假地下水位。

(c) 园林绿地临近江河湖海，地下水位高或雨季易遭淹没，形成周期性的土壤过湿。

(d) 平原与山地城市，在洪水季节有可能因排水不畅形成大量积水，或造成山洪暴发。

(e) 在一些盐碱地区，土壤下层含盐量高，不及时排水洗盐，盐分会随水的上升而到达表层，造成土壤次生盐渍化，对树木生长很不利。

b. 排水方法：排水方法有以下几种。

(a) 明沟排水：明沟排水是在地面上挖掘明沟，排除径流。它常由小排水沟、支排水沟以及主排水沟等组成一个完整的排水系统，在地势最低处设置总排水沟。这种排水系统的布局多与道路走向一致，各级排水沟的走向最好相互垂直，但在两沟相交处应成锐角相交，以利水流畅通，防止相交处沟道淤塞，且各级排水沟的纵向比降应大小有别。

(b) 暗沟排水：暗沟排水是在地下埋设管道形成地下排水系统，将地下水降到要求的深度。暗沟排水系统与明沟排水系统基本相同，也有干管、支管和排水管之别。暗沟排水的管道多由塑料管、混凝土管或瓦管做成。建设时，各级管道需按水力学要求的指标组合施工，以确保水流畅通，防止淤塞。

（c）滤水层排水：滤水层排水实际就是一种地下排水方法，一般是在低洼积水地以及透水性极差的立地上栽种的树木，或对一些极不耐水湿的树种在栽植初采取的排水措施，即在树木生长的土壤下层填埋一定深度的煤渣、碎石等材料，形成滤水层，并在周围设置排水孔，遇积水就能及时排除。这种排水方法只能小范围使用，起到局部排水的作用。

（d）地面排水：这是目前使用最广泛、最经济的一种排水方法。它是通过道路、广场等地面，汇聚雨水，然后集中到排水沟，从而避免绿地树木遭受水淹。不过，地面排水方法需要设计者经过精心设计安排，才能达到预期效果。

### 2.1.1.2　园林树木土肥水养护技术操作

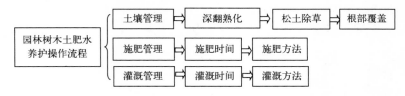

（1）土壤管理

① 深翻熟化，具体内容如下。

a. 时间：休眠期，以秋末冬初最好。

b. 深翻的间隔期：一般 4～5 年可深翻一次。具体根据深翻后恢复紧实时间的长短决定。

c. 深翻的深度：一般为 60～100cm。

d. 深翻的方式方法：全面深翻和局部深翻，以局部深翻应用最广。局部深翻有环状深翻和辐射深翻两种方式。

环状深翻在树冠投影外缘附近进行，围绕树干呈环状，可将环形深翻带分成 4～6 个等份，每年完成相对应的两个等份，2～3 年挖完，深翻宽度为 40～60cm。

辐射状深翻是以树干为中心，向四周挖 4～6 条辐射状深沟至树冠投影的外缘，宽40～60cm，靠近树干宜浅，向外逐渐加深，可分 2～3 年完成。

深翻宜与施肥相结合，挖出的土壤要打碎，可拌入肥料，还可埋入青草、树叶，将拌肥的土壤与青草、树叶分层填入沟中并踩实，其上略高于原地面。

② 松土除草，具体内容如下。

a. 时间：松土与除草一般同时进行。一般情况下，散生与列植幼树，一年松土除草2～3 次。第一次在盛夏到来之前，第二、三次在立秋以后。大树每年可在盛夏到来之前松土除草一次。

b. 范围：乔木、灌木可在原整地带或树盘上除草松土，但应逐年扩盘。草本植物应采用全面松土除草。

c. 深度：一般松土除草的深度为 3～5cm。树木两侧留适量的保留带（0.5m）。栽植初期，苗木根系分布浅，松土不宜太深，随幼树年龄增大，可逐步加深；土壤质地黏重、表土板结或幼林长期失管，而根系再生能力又较弱的树种，可适当深松；特别干旱的地方，可再深松一些。

③ 根部覆盖，具体内容如下。

a. 准备工作：铺设覆盖层前应划定灌木花坛和树圈的界限，边缘应经常维护，使景观保持清洁整齐。及时清除修剪边缘产生的垃圾。树圈应以树为中心，灌木花坛边缘应保持光滑连续的线条。

b. 覆盖材料：选取片石、陶粒、沙石、树皮等。

c. 覆盖时间：一般在生长季节土温较高而较干旱时进行，对于幼树或草地疏林的树木，多在树盘下进行覆盖。

d. 覆盖的厚度：对灌木花坛和树圈进行根部覆盖，早春时铺设 5～8cm 厚。以前留下的覆盖层如超过 5cm，应该在铺设新的覆盖层前对其进行清除或埋入土内。盛夏应该把覆盖层轻轻耙松，使不透水层破碎。在初秋时加一薄层，整个秋季都应使覆盖层保持在5cm 厚。

（2）施肥管理

① 施肥时间。每年施底肥 1～2 次，在早春、晚秋进行。

在 3～4 月生长期，根据长势在植物尚在休眠期或刚刚解除休眠时穴施成品有机肥一次，长势较差的解除休眠后可再施用高氮、低磷、中钾复合肥一次。

乔木在 9～11 月内植物休眠前根据长势，穴施成品有机肥（长势较好植株施用）或磷钾含量较高的复合肥（长势较差植株施用）一次。

休眠期禁止施肥，但观花乔木在孕蕾期前及花期后可进行肥料补充，主要是磷钾肥或有机类肥料。

乔木穴施肥料应注意方向与位置，避免春、秋在同一点施肥。长势较弱的乔木春季可穴施两次，此后结合草坪与地被追肥时适当撒施，约每月 1 次。

② 施肥方法。根据肥料不同的施用位置，施肥方法可以分为土壤施肥和根外施肥。

土壤施肥是将肥料施入土壤中，通过根系吸收后被植物利用的方法（图 2.1-1）。

a. 土壤施肥的范围：根据树木根系分布状况与吸收功能，施肥的水平位置一般应在树冠投影半径的 1/2 至滴水线附近；垂直深度应在密集根层以上 20～40cm。

b. 土壤施肥的方法：土壤施肥的方法分以下几种。

（a）撒肥：生长在裸露土壤上的小树，可以撒施，但必须同时松土或浇水，使肥料进入土层才能获得比较满意的效果。一般撒施可进行干施也可液施。要特别注意的是，不要在树干 30cm 以内干施化肥，否则会造成根颈和干基的损伤。

（b）沟状施肥：可分为环状沟施及辐射沟施等方法。环状沟施又可分为全环沟施与局部环施。全环沟施沿树冠滴水线挖宽 60cm、深达密集根层附近的沟，将肥料与适量的土壤充分混合后填到沟内，表层盖表土。局部沟施与全环沟施基本相同，只是将树冠滴水线分成 4～8 等份，间隔开沟施肥。辐射沟施即从离干基约为 1/3 树冠投影半径的地方开始至滴水线附近，等距离间挖 4～8 条宽 30～65cm、深达根系密集层，内浅外深、内窄外宽的辐射沟，与环状沟施一样施肥后覆土。

（c）穴状施肥：是指在施肥区内挖穴施肥。这种方法简单易行，但在给草坪树木施肥时也会造成草皮的局部破坏。这种方法快速省工，对地面破坏小，特别适合城市铺装地面中树木的施肥。

（d）淋施：用水将肥料溶解后，与灌水相结合进行。这种方法速度快，省工、省时，多用于草花、草坪，将肥料溶于水中，浇灌在床面或行间后浅耙或覆土，或配制一定比例施肥罐，用喷灌、滴灌、渗灌等方法随水施用。这种方法常用于花灌木及草本植物的追肥。

（e）打孔施肥：是从穴状施肥衍变而来的一种方法。通常大树或草坪上生长的树木都采用孔施法。这种方法可使肥料遍布整个根系分布区。方法是每隔 60～80cm 在施肥区打一个 30～60cm 深的孔，将额定施肥量均匀地施入各个孔中，约达孔深的 2/3，然后用碎粪肥或表土堵塞孔洞、踩紧。

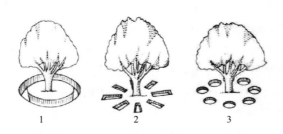

图 2.1-1　土壤施肥
1—环状沟施；2—辐射沟施；3—穴状施肥

根外施肥是通过对植株叶片、枝干、枝条等地上器官进行喷、涂或注射，使营养物质直接渗入植株体内的方法。目前生产中常见的根外施肥方法有叶面施肥和枝干施肥。

a. 叶面施肥：也称叶面喷肥，这是根外施肥的主要方法，是将速效化肥，配制成低浓度的稀薄肥液，用喷雾器喷施在叶子的正面和背面。根外追肥是补给营养的辅助措施，适于各类花木或价格昂贵的化学肥料，肥料溶液浓度控制在 0.3% 左右。注意浓度不宜过高，用量不宜过多，以免灼伤叶片和造成浪费。

在下列情况下，叶面施肥的使用效果好：

（a）花木刚定植，根系受伤尚未恢复；

（b）气温升高而低温较低，植物地上部已开始生长而根系尚未正常活动；

（c）根系缺少某种元素，而该元素施入土壤后肥效降低，如易溶性磷肥或某些微量元素；

（d）该方法还特别适合于微量元素的施用以及对树体高大、根系吸收能力衰竭的古树和大树的施肥。

施肥时间可在清晨，喷后要保持叶面 1h 左右的湿润。药剂浓度不宜过大以防叶面烧伤。一般每隔 5～7d 喷 1 次，连续 3～4 次后停施 1 次，以后再连续喷施。许多试验表明，叶面施肥的最适温度为 18～25℃，湿度大些效果好，因而夏季最好在 10:00 以前和 16:00 以后喷雾，以免气温高，溶液很快浓缩，影响喷肥效果或导致肥害。

b. 枝干施肥：枝干施肥就是通过树木枝、茎的木质部来吸收肥料营养，它吸肥的机理和效果与叶面施肥基本相似。枝干施肥主要用于衰老古树、珍稀树种、树桩盆景以及观花树木和大树移栽时的营养供给。其做法是将营养液盛在一个专用容器里，系在树上，把管插入木质部，慢慢吊注数小时或数天。这种方法也可用于注射内吸杀虫剂和杀菌剂，防治病虫害。

（3）灌溉管理

① 灌水时间。一般情况下，当年 11 月至翌年 4 月低温期灌水在每日的 9：00～16：00 进行，5～10 月高温期在 10：00 以前或 16：00 以后进行灌水。

② 灌水方法。灌水不仅要讲究适时，而且要讲究方法。正确的灌水方法，可使水分在土壤中均匀分布，充分发挥水效，节约用水量，降低灌水成本，保持土壤的良好结构。常用的园林树木灌水方法有以下几种。

a. 盘灌：又叫围堰灌水，以树干为中心，沿树冠投影的外围地面筑埂围堰，土埂高度为 15～30cm，先在围堰内松土，再进行围堰内灌水，水分渗透完毕，推平围堰，盖上覆土。此法优点是节约用水，灌水效果明显。缺点是灌水范围较小，远离树冠的根系可能吸不到水，树盘内有土壤板结的现象，破坏土壤结构。此法适用于行道树、孤植树的灌水，尤其是在大树移植过程中用此种方法灌水最为实用。

b. 穴灌：在树冠投影外侧挖穴，将水灌入穴中，以灌满为度。穴的数量一般为 8～12 个，分布均匀，直径 30cm 左右，穴深以不伤粗根为准，灌水后将土还原。此法用水经济，浸湿根系范围的土壤较宽而均匀，不会引起土壤板结，特别适合水资源缺乏的地区。在平地给大树灌溉，特别是在有硬质铺装的街道和广场等地，此法也很实用。

c. 侧方灌水：成片栽植的树木，在树木行间每隔 100～150cm 开一条深 20～30cm 的长沟，在沟内灌水，水渗透后再回土覆盖填平。该方法的优点是水从侧方慢慢渗透，不会破坏土壤的结构，水能较好地被土壤吸收，减少土壤板结，有利于微生物的活动。

d. 漫灌：在成片栽植、地面平整的缓坡林地，可以分区筑埂，在围埂范围内上坡放水，让水漫过整个区域。漫灌方法简单方便，但浪费水资源，灌水不均匀，往往上坡多，下坡少，易造成地面土壤板结，水难以渗透到下层土壤，此法应尽量避免。

e. 喷灌：将具有一定压力的水喷射到空中形成细小水滴，模拟人工降雨，洒落在植物的茎叶和地面上的一种灌水方式。喷灌的优点很多，包括节约用水，喷水量均匀，不破坏土壤的结构，较少产生地表径流，避免水、土、肥的流失，调节小气候，能冲洗掉茎叶上的灰尘，提高植物的光合作用等。但喷灌成本较高。

f. 滴灌：滴灌是将水管安装在土壤中或树根底部，利用压力将水滴入土层内的一种灌水方式。其优点是省水、省工、省肥、省地，不破坏土壤结构，不破坏景观效果，缺点是需要较多的管材和设备，成本较高，且管道和滴头容易堵塞。这种灌水方式一般用于引种的名贵树木园或景观效果要求较高的庭院中。

③ 新栽植树木浇水方法。新栽植的树木要浇定根水，栽植在支撑固定后立即浇一次透水，一般情况下 2～3d 后浇第二次水，3～5d 后再浇第三次水，沈阳地区种植后定根水在 10d 内浇水不少于三遍，以有墒无积水为准。

新植树木在连续 3~5 年内都需适时充足灌溉，土质保水较差或树根生长缓慢的树种可适当延长灌水年限。

在冬季树木大部分落叶、土壤封冻前（11 月上旬）灌足封冻水，浇封冻水后及时封穴，在春季土壤渐化冻时（3 月中旬）灌足返青水。

每年在 3~4 月要对栽植的乔木浇一次透水（返青水，前提是有规则的围堰），促使其返青复壮，进入正常生长。

5~10 月（生长季节）是做好树木养护的关键时期。夏季雨天要注意排涝，防止树木因长时间积水造成死亡。在土壤干旱的情况下要及时进行浇水，进入雨季要控制浇水。

夏季浇水最好在早、晚进行，每次要浇透水，防止浇半截子水和表皮水。秋季适当减少浇水，控制植物生长，促进木质化，以利越冬。

（4）土肥水养护管理的注意事项

① 由于树木根群分布广，吸收养料和水分全在须根部位，因此，施肥要在根部的四周，不要靠近树干，否则容易造成树木（特别是幼树）根颈的烧伤。

② 根系强大，分布较深远的树木，施肥宜深，范围宜大，如油松、银杏、臭椿、合欢等；根系浅的树木施肥宜较浅，范围宜小，如法桐、紫穗槐及花灌木等。

③ 有机肥料要充分发酵、腐熟，切忌用生粪，且浓度宜稀；化肥必须完全粉碎成粉状，不宜成块施用。施肥后（尤其是追化肥），必须及时适量灌水，使肥料渗入土内。

④ 氮肥在土壤中移动性较强，应浅施渗透到根系分布层内，被树木吸收；钾肥的移动性较差，磷肥的移动性更差，宜深施至根系分布最多处。

⑤ 叶面喷肥是通过气孔和角质层进入叶片，而后运送到各个器官，一般幼叶较老叶，叶背较叶面吸水快，吸收率也高。所以实际喷施时一定要把叶背喷匀，使之有利于树干吸收。

⑥ 叶面喷肥要严格掌握浓度，以免烧伤叶片，最好在阴天或 10:00 以前和 16:00 以后喷施，以免气温高，溶液很快浓缩，影响喷肥效果或导致药害。

⑦ 城镇园林绿化地施肥，在选择肥料种类和施肥方法时，应考虑到不影响市容卫生，散发臭味的肥料不宜施用。

⑧ 使用再生水浇灌绿地时，水质必须符合园林植物灌溉水质要求。浇水要无遗漏，无大面积积水，树木周围有积水应予排除，对于低洼地可采取用 PVC 管打透气孔的方式排水。

⑨ 用水车浇灌树木时，应接软管，进行缓流浇灌或洒成散雾状，保证一次浇足浇透，严禁用高压水流冲刷。

⑩ 使用喷灌设施和移动喷灌时应开关定时，要有专人看管，以地面达到径流为准。

### 2.1.1.3　园林树木土肥水养护质量验收

园林树木土肥水养护质量验收参考《园林绿化养护标准》（CJJ/T 287—2018）。

（1）园林树木土肥水养护质量等级

园林树木土肥水养护质量等级应符合表 2.1-2 的规定。

表 2.1-2　养护质量等级

| 序号 | 项目 | 质量要求 | | |
|---|---|---|---|---|
| | | 一级 | 二级 | 三级 |
| 1 | 生长势 | 枝叶生长茂盛,观花、观果树种正常开花结果,彩色树种季相特征明显,无枯枝 | 枝叶生长正常,观花、观果树种正常开花结果,无明显枯枝 | 植株生长量和色泽基本正常,观花、观果树种基本正常开花结果,无大型枯枝 |
| 2 | 排灌 | ①暴雨后 0.5d 内无积水;②植株未出现失水萎蔫和沥涝现象 | ①暴雨后 0.5d 内无积水;②植株基本无失水萎蔫和沥涝现象 | ①暴雨后 1d 内无积水;②植株失水或积水现象 1~2d 内消除 |

（2）园林树木养护质量标准

① 园林树木松土除草养护质量标准。树木松土除草的原则、时期、方法应符合下列规定。

a. 园林植物生长期,应经常进行松土,使表层种植土壤保持疏松,使其具有良好的透水、透气性。

b. 松土应在天气晴朗,且土壤不过分潮湿时进行,雨后不宜立即进行。

c. 除草易结合松土进行,也可以用手工拔出等方法进行。

d. 除杂草应在杂草开花结实前进行,同时不得使园林树木的根系受到伤害或裸露。

e. 使用化学除草剂前,宜先进行小面积实验,然后再全面使用。应根据所栽培的园林树木和杂草种类的不同,确定药剂种类、浓度及施用方法。药剂不得喷洒到园林树木的叶片和嫩枝上。

② 园林树木施肥养护质量标准。树木施肥的原则、方法、时期应符合下列规定。

a. 应根据树木生长需要和土壤肥力情况进行施肥。

b. 每年宜施肥至少 1 次,春秋两季宜为重点施肥时期。观花木本植物应分别在花芽分化前和花后各施肥一次。

c. 应使用卫生、环保、长效的肥料,以有机肥料为主,无机肥料为辅;不宜长期在同一地块施用同一种肥料。

d. 应根据树木种类采用沟施、撒施、穴施、孔施或叶面喷施等施肥方式。沟施、穴施均应少伤地表根,施肥后应进行一次灌溉。撒施应避免将肥料撒到叶片上。叶面喷肥宜在早上 10:00 之前或傍晚进行。

e. 应根据肥料种类、施肥方式等确定施肥用量。

③ 园林树木灌溉排水养护质量标准。树木灌溉与排水的原则、方法、时期应符合下列规定。

a. 应根据树木栽培地区气候特点、土壤性质、植林需水等情况,进行灌水和排涝。

b. 灌溉水量应以使土壤根系保持植物无萎蔫现象的含水量为标准。

c. 灌溉用水水质应满足树木生长发育需求,不得使用含有融雪剂的积雪和含有洗涤液的冲洗液补充土壤水分。

d. 宜采用节水灌溉设备和措施,并应根据季节与气温调整灌溉量与灌溉时间。

e. 应经常检查喷灌或滴灌系统，确保运转正常。喷灌喷水的有效范围应与园林植物的种植范围一致，并应协调好游人、行人关系，定时开关，专人看管。

f. 采用喷淋方法淋水，不得冲倒、冲歪植株及冲出树根。乔灌木淋水前宜先给树体洗尘。

g. 用水车浇灌树木时，应接软管，进行缓流浇灌，保证一次浇足浇透，不得使用高压冲灌。道路绿地浇灌不宜在交通高峰期进行。

h. 一天中灌溉的时间应根据季节与气温决定。夏秋高温季节，不宜在晴天的中午喷灌或洒灌，宜在 12:00 之前或 16:00 之后避开高温时段进行；冬季气温较低，需灌溉时，宜在 9:00 之后或 16:00 之前进行，并应防止结冰影响行人通行。

i. 夏季干燥时，易受日灼的树种应进行叶面和枝干喷雾，必要时可对部分树种进行疏果、疏叶处理，降低蒸腾作用。

j. 除地下穴外，浇水树堰高度不应低于 0.1m；树堰直径，有铺装地块的以预留池为准，无铺装地块的，乔木应以不小于树干胸径 10 倍，或树冠垂直投影的 1/2，且不小于 0.8m 为准。树堰应紧实、不跑水、不漏水。树堰内宜选择环保性覆盖物掩盖裸露土地。

k. 暴雨后应及时排除树木根部周围的积水。可采用开沟、埋管、打孔等排水措施及时对绿地和树池排涝。

l. 冬季寒冷地区，应适时浇灌返青水和封冻水，并浇足浇透。

## 思考与练习

**一、选择题**

1. 园林绿地土壤特点包括哪些（　　　）。

A. 自然土壤层次紊乱 　　　　　　　　B. 土壤中外来侵入体少

C. 土壤物理性状优 　　　　　　　　　D. 土壤中有机质和养分丰富

2. 根据树木根系分布状况与吸收功能，施肥的水平位置一般应在树冠投影半径的（　　　）至滴水线附近。

A. 1/3　　　　　　　B. 1/2　　　　　　　C. 1/4　　　　　　　D. 1/5

3. （　　　）在土壤中移动性较强，所以浅施渗透到根系分布层内，被树木吸收。

A. 氮肥　　　　　　　B. 钾肥　　　　　　　C. 磷肥　　　　　　　D. 镁肥

4. 对于孤植乔木一般采用（　　　）灌溉方式。

A. 喷灌　　　　　　　B. 滴灌　　　　　　　C. 漫灌　　　　　　　D. 围堰灌溉

5. 土壤质地分为很多，其中（　　　）类的土壤适宜多数植物的生长。

A. 沙土　　　　　　　B. 壤土　　　　　　　C. 黏土　　　　　　　D. 沙砾土

6. 肥料三要素，指的是（　　　）。

A. C、H、O　　　　　B. N、P、K　　　　　C. N、P、Ca　　　　　D. N、P、Fe

**二、判断题**

1. 园林绿地土壤常为填充土，其土壤疏松，孔隙多，适宜植物生长。（　　　　　）

2. 园林树木对土壤的酸碱度有一定的适应范围。对于 pH 值过低的土壤，主要采用石灰改良。（　　　）

3. 有机肥要经过土壤微生物的分解逐渐为植物所利用，为速效性肥料。（　　　）

4. 新栽植的树木除连续灌三次水外，还必须连续灌水 3～5 年，以保证成活。（　　　）

5. 沙土地易漏水可"小水勤浇"，而黏土保水力强可增加灌水量和次数，增加通气性。（　　　）

6. 夏季浇水最好在早、晚进行，每次要浇透水，防止浇半截子水和表皮水。（　　　）

7. 秋季适当增加浇水，促进植物生长和木质化，以利越冬。（　　　）

8. 施肥后（尤其是追化肥），必须及时适量灌水，使肥料渗入土内。（　　　）

9. 基肥因发挥肥效较慢，应浅施，追肥肥效较快，则宜深施，供树木及时吸收。（　　　）

10. 园林树木养护中，针叶树、花灌木应当减少磷钾肥比例，增加氮素肥料。（　　　）

**三、填空题**

1. 园林绿地土壤改良一般多采用（　　　）、（　　　）、（　　　）、增施有机肥等措施。

2. 树木的观赏特性以及园林用途影响其施肥方案，一般说来，观叶、观形树种需要较多的（氮）肥，而观花、观果树种对（　　　）肥、（　　　）肥的需求量大。

3. 园林树木养护所用肥料一般可分（　　　）、（　　　）和微生物肥料。

4. 园林树木的排水方法通常有（　　　）、（　　　）、（　　　）和地面排水四种。

5. 根据肥料不同的施用位置，施肥方法可以分为（　　　）和（　　　）。

6. 土壤施肥的方法有（　　　）、（　　　）、（　　　）、淋施和打孔施肥。

7. 常用的园林树木灌水方法有（　　　）、（　　　）、（　　　）、（　　　）、（　　　）及滴灌。

**四、简答题**

1. 简述园林绿地土壤管理措施。

2. 简述园林绿地土壤改良措施。

3. 树木施肥应注意哪些事项？

4. 简述园林树木施肥的方法。

5. 简述树木灌水与排水的原则。

6. 树木灌水方法有哪几种？优缺点有哪些？

7. 树木排水的方法有哪些？

在线答题

## 2.1.2 园林树木整形修剪

### 2.1.2.1 园林树木整形修剪概述

修剪是指对植株的某些器官，如芽、干、枝、叶、花、果等进行剪截、疏除或其他处理的操作。

整形是指为提高园林植物观赏价值，按其习性或人为意愿而修整成为各种优美的形状与树姿的操作。

整形是目的，修剪是手段，两者紧密相关，常常结合在一起进行，是统一于栽培目的之下的技术措施。一般来说，整形着重于幼树及新植树木，修剪则贯穿于树木一生中。

通过合理修剪，可以培育优美树形。树木修剪多在早春和晚秋进行全面修剪，剪除枯死枝、徒长枝、下垂枝、病虫枝、交错枝、重叠枝，使枝条分布均匀、节省养分、调节株势、控制徒长、接受光照、空气流通，从而使株形整齐、姿态优美。

（1）修剪时间

① 冬季修剪。落叶树从落叶至春季萌发前修剪称冬季修剪或休眠期修剪（一般在 12 月至翌年 2 月）。耐寒力差的树种最好在早春进行，以免伤口受风寒之害。一般采用截、疏、放等修剪方法。

注意事项：冬季严寒的地区，修剪后伤口易受冻害，以早春修剪为宜，但不应过晚。

有伤流现象的树种，应在 5～10 月进行修剪，避过春季伤流期，如葡萄必须在落叶后防寒前修剪，核桃、枫杨、元宝枫等在 10 月落叶前修剪为宜。

② 夏季修剪。夏季修剪在生长季进行，故又叫生长期修剪（一般在 4～10 月）。从芽萌动后至落叶前进行，也就是新梢停止生长前进行。一般采用抹芽、除蘖、摘心、环剥、扭梢、曲枝、疏剪等修剪方法。

注意事项：此期若剪去大量枝叶，对树木尤其是花果树的外形有一定影响，故宜尽量从轻。

（2）修剪工具

园林树木整形修剪常用修剪工具如图 2.1-2 所示。

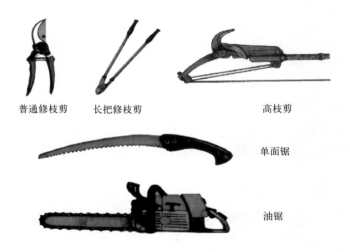

图 2.1-2　常用修剪工具

① 剪。适用于较细枝条的剪截。

a. 圆口弹簧剪：即普通修枝剪，适用于剪截 3cm 以下的枝条。

b. 小型直口弹簧剪：适用于夏季摘心、折枝及树桩盆景小枝的修剪。

c. 高枝剪：装有一根能够伸缩的铝合金长柄，可用于手不能及的高空小枝的修剪。

d. 大平剪：又称绿篱剪、长刃剪，适用于绿篱、球形树和造型树木的修剪，它的条形刀片很长、刀面较薄，易形成平整的修剪面，但只能用来平剪嫩梢。

e. 长把修枝剪：其剪刃呈月牙形，没有弹簧，手柄很长，能轻快修剪直径 1cm 以内的树枝，适用于高灌木丛的修剪。

② 锯。适用于较粗枝条的剪截。

a. 手锯：适用于花、果木及幼树枝条的修剪。

b. 单面修枝锯：适用于截断树冠内中等粗度的枝条，弓形的单面细齿手锯锯片很窄，可以伸入到树丛中去锯截，使用起来非常灵活。

c. 双面修枝锯：适用于锯除粗大的枝干，其锯片两侧都有锯齿，一边是细齿，另一边是由深浅两层锯齿组成的粗齿。在锯除枯死的大枝时用粗齿，锯截活枝时用细齿。

d. 高枝锯：适用于修剪树冠上部较大枝。

e. 油锯：适用于特大枝的快速、安全锯截。

应用传统的工具来修剪高大树木，费工费时还常常无法完成作业任务，在城市树木管护中已大量采用移动式升降机辅助作业，能极有效地提高工作效率。

不同树木应用的修剪工具是不一样的，如表 2.1-3 所示。

表 2.1-3　不同的树木应用的修剪工具

| 序号 | 类别 | 修剪工具 |
| --- | --- | --- |
| 1 | 乔木 | 高枝剪、高枝锯、截枝剪、截锯、小枝剪、人字梯、手套、牵引绳索、斗车、警示牌、安全带、安全绳、安全帽、工作服、胶鞋等 |
| 2 | 灌木 | 绿篱机、绿篱剪、小枝剪、手套、扫把、垃圾铲、斗车、垃圾袋、警示牌等 |

（3）整形方式

园林树木整形修剪主要是为了保持合理的树冠结构，维持树冠上各级枝条之间的从属关系，促进整体树势的平衡，达到观花、观果、观叶和赏形等目的。整形的方式依据园林树木在园林中的不同用途分别采用自然式整形、人工式整形和自然人工混合式整形。

① 自然式整形。一株树木整体形成的姿态叫作株形，由树干发生的枝条集中形成部分叫树冠。各种树种在自然状态有大致固定的株形，叫作自然式株形。以自然生长形成的树冠为基础，仅对树冠生长作辅助性的调节和整理，使之形态更加优美自然。各个树种因分枝习性、生长状况不同，形成了各式各样的树冠形式，在保持树木原有的自然冠形基础上，适当修剪，称自然式整形。自然式整形能体现园林树木的自然美。自然式的树形可分为如下几种类型。

a. 塔形（圆锥形）：是单轴分枝的植物形成的冠形之一，有明显的中心主干，如雪松、水杉、落叶松等。

b. 圆柱形：是单轴分枝的植物形成的冠形之一，中心主干明显，主枝长度从下至上相差甚小，故植株上下几乎同粗，如塔柏、杜松、龙柏、铅笔柏、蜀桧等。

c. 圆球形：是合轴分枝的植物形成的冠形之一，如元宝枫、栾树、樱花、杨梅、黄刺玫等。

　　d. 卵圆形：中央领导干不明显，整体朴实浑厚，给人亲切感，如壮年期的桧柏、加杨等。

　　e. 垂枝形：有一段明显的主干，所有枝条似长丝垂悬，如龙爪槐、垂柳、垂枝榆、垂枝桃等。

　　f. 拱枝形：主干不明显，长枝弯曲成拱形，如迎春、连翘等。

　　g. 丛生形：主干不明显，多个主枝从基部萌蘖而成。如贴梗海棠、棣棠、玫瑰、山麻秆等。

　　h. 匍匐形：枝条匍地生长。如偃松、偃柏等。

　　i. 倒卵形：如千头柏、刺槐等。

　　在研究和了解树种自然冠形的基础上，依据不同的树种灵活掌握，对有中央领导干的单轴分枝型树木，应注意保护顶芽，防止偏顶而破坏冠形；需抑制或剪除扰乱生长平衡、破坏树形的交叉枝、重生枝、徒长枝等，维护树冠的匀称完整。常见的自然式植物造型形式有以下几种。

　　a. 直干造型：利用一直向上伸长的树干与自然树冠的造型方式，适于树干直立乔木。

　　b. 双干造型：以直立而粗的干为主干，比其细而低的干为副干，由两根干构成树形的造型方式。

　　c. 曲干造型：模仿耐风雪而形成的树木姿态，使树干弯曲的造型方式。如果从苗木时开始用金属丝使其弯曲，造型比较易于实现。到成株时把植株倾斜栽植，把树干弯曲束缚在支柱上，经 4～5 年能完成曲干造型。

　　d. 斜干造型：把干呈斜向栽植，使枝水平伸展的整形方式，松树等采用这种造型。

　　e. 多干造型：以 3～5 根干构成的整形方式，干数如再多则称为丛生造型。

　　f. 丛生造型：使地表上多数干分枝呈丛生形的整形方式。

　　② 人工式整形。依据园林景观配置需要，适用于黄杨、小叶女贞、龙柏等枝密、叶小的树种。常见树形有规则的几何形体、不规则的人工形体，以及亭、门等雕塑形体，原在西方园林中应用较多，但近年来在我国也有逐渐流行的趋势。根据植物习性与环境特点，人工整形常见的类型有以下几种。

　　a. 圆锥形：把自然株形按圆锥形进行整形，或将直干造型的树冠修剪成圆锥形。

　　b. 圆筒形：由自然株形整形为圆筒形，或把直干整形的树木剪成圆筒形。

　　c. 球形：把树冠修剪成球形或半球形的整形方式。灌木剪枝时常采用这种整形方式。

　　d. 散球形：清理多余的分枝，把枝顶端的叶修剪成多个球形，整理后叶繁茂的部分称为球。

　　e. 车字形：直立的干把树冠繁茂部分串成分层球状的整形方式，因树形似"车"字而得名。

　　f. 层云形：把枝条左右交互留下并修剪成球状的整形方式，是由"车"字原形变化而来。

　　g. 竹筒形：把由直立干长出的横枝于近基部全部剪断的方法，把由切口处长出的枝条修剪成球状，有珍珠状的感觉。它适于占空间较大的树木整枝。

h. 镶边主干型：把直立长出的横枝从基部剪掉的整形方法。用于缩小枝过于扩张的大树树冠的整形。

i. 垂枝形：是由主干长出的顶枝及横枝自然下垂的一种整形。

j. 象形：修剪成动物或几何形状的整形。用于萌芽力旺盛、叶茂密的树种。

k. 偏冠形造型：使曲干形与斜干形树的下部枝伸长，为用于水池边等处像布景似的整形方法。在日式庭园中常见到。

l. 棚架型：把攀缘性树木的藤蔓牵引到棚架上的整形方法。

m. 篱笆型：把攀缘性树木的藤蔓诱引到篱笆上为半绿篱状的整形方法。

n. 柱干型：把攀缘性树木的藤蔓绕在原木或杆上的整形方法。可以不太占空间地进行培育。

③ 自然人工混合式整形。在自然树形的基础上，结合观赏和树木生长发育要求而进行的整形方式。

a. 杯状形：树木仅一段较低的主干，主干上部分生 3 个主枝，均匀向四周排开；每个主枝各自分生 2 个，没侧枝再各自分生 2 枝，而成 12 枝，形成"三股、六杈、十二枝"的树形。杯状形树冠内不允许有直立枝、内向枝的存在，一经出现必须剪除。此种树形方式适用于轴性较弱的树种，在城市行道树中较为常见。

b. 自然开心形：是上述杯状形的改造形式，不同处仅是分枝较低，内膛不空，3 个主枝分布有一定间隔，适用于轴性弱、枝条开展的观花、观果树种，如碧桃、石榴等。

c. 中央领导干形：在强大的中央领导干上配列疏散的主枝。适用于轴性强、能形成高大树冠的树种，如白玉兰、梧桐及松柏类乔木等，在庭荫树、景观树栽植应用中常见。

d. 多主干形：在 2～4 个领导干上分层配列侧生主枝，形成规则优美的树冠，能缩短开花年龄，延长小枝寿命。多适用于观花乔木和庭荫树，如紫薇、蜡梅、桂花等。

e. 冠丛形：适用于迎春、连翘等小型灌木，每灌丛自基部留主枝 10 余个。每年新增主枝 3～4 个。剪掉老主枝 3～4 个，促进灌丛的更新复壮。

f. 架形：属于垂直绿化栽植的一种形式，常见于葡萄、紫藤、凌霄、木通等藤本树种。整形修剪方式由架形而定，常见的有篱壁式、棚架式、廊架式等。

g. 绿篱：适用于杜鹃、冬青、女贞、黄杨、珊瑚树等小型的枝叶繁茂、常绿、耐修剪的乔灌木。利用植物本身的自然特性，经过人工的整形修剪形成不同的绿篱形式。

h. 矮绿篱、并生绿篱：把列植灌木修剪整形而成的绿篱。高度在 1m 以下的叫作低绿篱，高度 1～2m 的称为并生绿篱。

i. 高绿篱：兼有防风、防潮功能的造型，为 3～5m 高的绿篱。也可与低绿篱组合成两层绿篱。

（4）修剪方法

树木修剪的基本方法可以概括为"截、疏、伤、变、放"五字诀。

① 截。又称短剪，指对一年生枝条的剪截处理。枝条短截后，养分相对集中，可刺激剪口下侧芽的萌发，增加枝条数量，促进营养生长或开花结果。短截程度对产生的修剪效果有显著影响（图 2.1-3）。

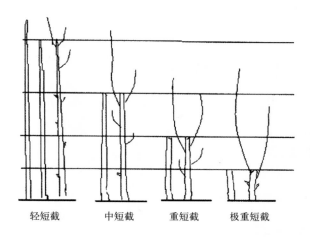

图 2.1-3　不同程度短截新枝及其生长

a. 轻短截：剪去枝条全长的 1/5～1/4，主要用于观花、观果类树木强壮枝的修剪。枝条经短截后，多数半饱满芽受到刺激而萌发，形成大量中短枝，易分化更多花芽。

b. 中短截：自枝条长度 1/3～1/2 的饱满芽处短截，使养分较为集中，促使剪口下发生较多的营养枝，主要用于骨干枝和延长枝的培养及某些弱枝的复壮。

c. 重短截：自枝条中下部，全长 2/3～3/4 处短截，刺激作用大，可促使基部隐芽萌发，适用于弱树、老树和老弱枝的复壮更新。

d. 极重短截：仅在春梢基部留 2～3 个芽，其余全部剪去，修剪后会萌生 1～3 个中、短枝，主要应用于竞争枝的处理。

e. 回缩：又称缩剪，指对多年生枝条（枝组）进行短截的修剪方式。在树木生长势减弱、部分枝条开始下垂、树冠中下部出现光秃现象时采用此法，多用于衰老枝的复壮和结果枝的更新，促使剪口下方的枝条旺盛生长或刺激休眠芽萌发长枝，达到更新复壮的目的（图 2.1-4）。

f. 截干：对主干粗大的主枝、骨干枝等进行的回缩措施称为截干，可有效调节树体水分吸收和蒸腾平衡间的矛盾，提高移栽成活率，在大树移栽时多见。此外，可利用逼发隐芽的作用，进行壮树的树冠结构改造和老树的更新复壮。

g. 摘心：是摘除新梢顶端生长部位的措施，摘心后削弱了枝条的顶端优势，改变营养物质的输送方向，有利于花芽分化和结果。摘除顶芽可促使侧芽萌发，从而增加了分枝，促使树冠早日形成。而适时摘心，可使枝、芽得到足够的营养，充实饱满，提高抗寒力。

② 疏。又称疏删或疏剪，即从分枝基部把枝条剪掉的修剪方法。疏剪能减少树冠内部的分枝数量，使枝条分布趋向合理与均匀，改善树冠内膛的通风与透光，增强树体的同化功能，减少病虫害的发生。并促进树冠内膛枝条的营养生长和开花结果。

疏剪的主要对象是弱枝、病虫害枝、枯枝、交叉枝、干扰枝、萌蘖枝、下垂枝等各类枝条。特别是树冠内部萌生的直立性徒长枝，芽小、节间长、粗壮、含水分多、组织不充实，宜及早疏剪以免影响树形；但如果有生长空间，可改造成枝组，用于树冠结构的更新、转换和老树复壮。

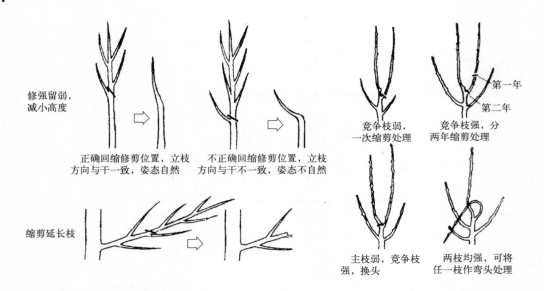

图 2.1-4  回缩方法示意图

疏剪强度是指被疏剪枝条占全树枝条的比例，剪去全树 10% 枝条的为轻疏，强度达 10%～20% 的称中疏，疏剪 20% 以上枝条的则为重疏。实际应用时，疏剪强度依树种、长势和树龄等具体情况而定。一般情况下，萌芽力强、成枝力强的树种，可多疏枝；幼树宜轻疏，以促进树冠迅速扩大；进入生长与开花盛期的成年树应适当中疏，以保持营养生长与生殖生长的平衡，防止开花、结果的大小年现象发生；衰老期的树木，为保持有足够的枝条组成树冠，应尽量少疏；花冠木类，轻疏能促进花芽的形成，有利于提早开花（图 2.1-5）。

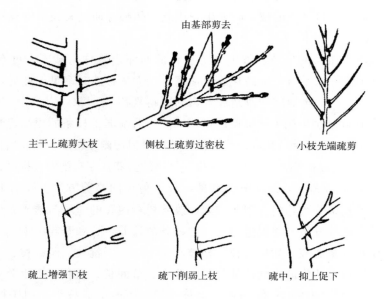

图 2.1-5  疏剪方法示意图

此外，疏剪还包括抹芽和去蘖。

a. 抹芽：抹除枝条上多余的芽体，可改善留存芽的养分状况，增强其生长势。

b. 去蘖（又称除萌）：榆叶梅、月季等易生根蘖的园林树木，生长季期间要随时去除萌蘖，以免扰乱树性，影响接穗树冠的正常生长。

③ 伤。用各种方法损伤枝条的韧皮部和木质部，以达到削弱枝条的生长势、缓和树势的方法称为伤。伤枝多在生长期内进行，对局部影响较大，而对整个树木的生长影响较小，是整形修剪的辅助措施之一，主要方法如下。

a. 环状剥皮（环剥）：用刀在枝干或枝条基部的适当部位，环状剥去一定宽度的树皮，以在一段时期内阻止枝梢碳水化合物向下输送，有利于环状剥皮上方枝条营养物质的积累和花芽分化，这适用于发育盛期开花结果量较小的枝条（图 2.1-6）。

b. 刻伤：用刀在芽（或枝）的上（或下）方横切（或纵切）而深及木质部的方法，刻伤常在休眠期结合其他修剪方法施用。主要方法如下。

（a）目伤：在芽或枝的上方进行刻伤，伤口形状似眼睛，伤及木质部以阻止水分和矿质养分继续向上输送，以在理想的部位萌芽抽枝；反之，在芽或枝的下方进行刻伤时，可使该芽或该枝生长势减弱，但因有机营养物质的积累，有利于花芽的形成（图 2.1-7）。

图 2.1-6　环状剥皮

图 2.1-7　目伤

（b）纵伤：指在枝干上用刀纵切而深达木质部的方法，目的是减少树皮的机械束缚力，促进枝条的加粗生长。纵伤宜在春季树木开始生长前进行，实施时应选树皮硬化部分，小枝可纵伤一条，粗枝可纵伤数条。

（c）横伤：指对树干或粗大主枝横切数刀的刻伤方法，其作用是阻滞有机养分向下输送，促使枝条充实，利用花芽分化达到促进开花、结实的目的。作用机理同环剥，只是强度较低而已。

c. 折裂：曲折枝条使之形成各种艺术造型，常在早春芽萌动始期进行。先用刀斜向切入，深达枝条直径的 1/2～2/3 处，然后小心地将枝弯折，并利用木质部折裂处的斜面支撑定位，为防止伤口水分损失过多，往往在伤口处进行包裹（图 2.1-8）。

d. 扭梢和折梢（枝）：生长期内将生长过旺的枝条，特别是着生在枝背上的徒长枝，扭转弯曲而未伤折的称扭梢；折伤而未断离的则称折梢。扭梢和折梢均是部分损伤传导组织以阻碍水分、养分向生长点输送，削弱枝条长势以利于短花枝的形成（图 2.1-9）。

图 2.1-8 枝条折裂      图 2.1-9 折梢和扭梢

④ 变。是变更枝条生长的方向和角度，以调节顶端优势为目的的整形措施，并可改变树冠结构，有屈枝、弯枝、拉枝、抬枝等形式，通常结合生长季修剪进行，对枝梢施行屈曲、缚扎或扶立、支撑等技术措施。直立诱引可增强生长势；水平诱引具中等强度的抑制作用，使组织充实易形成花芽；向下屈曲诱引则有较强的抑制作用，但枝条背上部易萌发强健新梢，须及时去除，以免适得其反（图 2.1-10、图 2.1-11）。

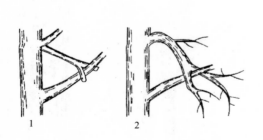

图 2.1-10 撑枝
1—支棍；2—活支棍

图 2.1-11 拉枝

⑤ 放。营养枝不剪称为放，也称长放或甩放，适宜于长势中等的枝条。长放的枝条留芽多，抽生的枝条也相对增多，可缓和树势，促进花芽分化。幼树、旺树常以长放缓和树势，促进提早开花、结果。丛生灌木也常应用此措施，如连翘，在树冠上方往往甩放3～4 根长枝，形成潇洒飘逸的树形，长枝随风飘曳，观赏效果极佳。

⑥ 其他。包括摘叶、摘蕾、摘果、断根等。

a. 摘叶（打叶）：主要作用是改善树冠内的通风透光条件，提高观果树木的观赏性，防止枝叶过密，减少病虫害，同时起到催花的作用。如丁香、连翘、榆叶梅等花灌木，在8 月中旬摘去一半叶片，9 月初再将剩下的叶片全部摘除，在加强肥水管理的条件下，则可促其在国庆节期间二次开花。而红枫的夏季摘叶措施，可诱发红叶再生，增强景观效果。

b. 摘蕾：实质上为早期进行的疏花、疏果措施，可有效调节花果量，提高存留花果的质量。如杂种香水月季，通常在花前摘除侧蕾，而使主蕾得到充足养分，开出漂亮而肥硕的花朵；聚花月季，往往要摘除侧蕾或过密的小蕾，使花期集中，花朵大而整齐，观赏效果增强。

c. 摘果：摘除幼果可减少营养消耗、调节激素水平，枝条生长充实，有利花芽分化。对紫薇等花期延续较长的树种栽培，摘除幼果，花期可由 25 天延长至 100 天左右；丁香开花后，如不是为了采收种子也需摘除幼果，以利来年依旧繁花。

d. 断根：在移栽大树或山林实生树时，为提高成活率，往往在移栽前 1～2 年进行断根，以回缩根系、刺激发生新的须根，有利于移植。进入衰老期的树木，结合施肥在一定范围内切断树木根系的断根措施，有促发新根、更新复壮的效用。

（5）修剪注意事项

① 剪口与剪口芽。具体注意事项如下。

a. 剪口的处理：枝条短剪时，剪口可采用平剪口或斜剪口。平剪口位于剪口芽顶尖上方，呈水平状态，小枝短剪中常用。斜剪口 45°的斜面，从剪口芽的对侧向上剪，斜面上方与剪口芽齐平或稍高，斜面最低部分与芽基部相平，这样剪口创面较小，易于愈合，芽可得到充足的养分与水分，萌发后生长较快。疏剪的剪口应与枝干齐平或略凸，有利于剪口愈合（图 2.1-12）。

正确的剪法：平行于芽上方5～10mm，
芽生长后的枝较直，平滑

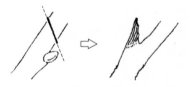

错误的剪法：大斜剪口，枝上留下尖茬

错误的剪法：平剪口离芽太远，
枝上留下平茬

错误的剪法：平行剪口离芽太近，
芽易枯死

图 2.1-12　剪口的位置示意图

b. 剪口芽的选留：剪口芽的方向、质量决定新梢生长方向和枝条的生长势。需向外扩张树冠时，剪口芽应留在枝条外侧，如欲填补内膛空虚，剪口芽方向应朝内；对生长过旺的枝条，为抑制它生长，以弱芽当剪口芽；扶弱枝时选留饱满的壮芽（图 2.1-13）。

c. 剪口芽距剪口距离：一般在 0.5cm 左右，过长水分养分不易流入，芽上段枝条易干枯形成残桩，雨淋日晒后易引起腐烂。剪口距芽太近，因剪口的蒸腾使剪口芽易失水干枯，修剪时机械挤压也容易造成剪口芽受伤。剪口距剪口芽的距离可根据空气湿度决定，

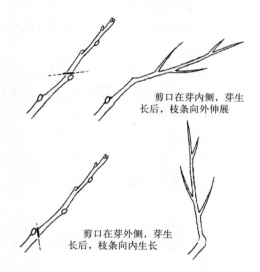

剪口在芽内侧，芽生
长后，枝条向外伸展

剪口在芽外侧，芽生
长后，枝条向内生长

图 2.1-13　剪口芽的位置与来年新枝的方向

干燥地区适当长些，湿润地区适当短些。

②　大枝剪除。对较粗大的枝干，回缩或疏枝时常用锯操作。首先从枝干基部下方向上锯入深达枝粗 1/3 左右，再从上方锯下，则可避免劈裂与夹锯。大枝锯除后，留下的剪口较大而且表面粗糙，因此应用利刀修削平整光滑，以利愈合。同时涂抹防腐剂等，保护伤口防止腐烂。

疏剪大枝必须在分枝点处剪去，仅留分枝点处凸起的部位，这样伤口小。修剪时防止留残桩，否则不易愈合并易腐烂（图 2.1-14）。

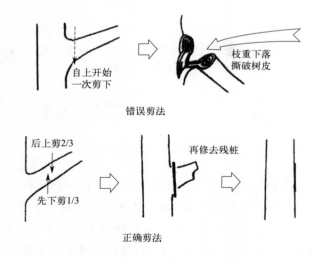

自上开始
一次剪下

枝重下落
撕破树皮

错误剪法

后上剪2/3

再修去残桩

先下剪1/3

正确剪法

图 2.1-14　大枝剪除方法示意

③ 剪口保护。短截与疏枝的伤口不大时，可以任其自然愈合。但如果用锯切除大的枝干，则会造成伤口面比较大，表面粗糙，常因雨淋，病菌侵入而腐烂。因此伤口要用锋利的刀削平整，用 2% 的硫酸铜溶液消毒，最后涂保护剂，起防腐、防干和促进愈合的作用，效果较好的保护剂有保护蜡和豆油铜素剂。

a. 保护蜡：用松香 2500g、蜡黄 1500g、动物油 500g 配制。先把动物油放入锅中加温火，再将松香粉与蜡黄放入，不断搅拌至全部熔化，熄火冷却后即成。使用时用火熔化，蘸涂锯口。熬制过程中防止着火。

b. 豆油铜素剂：可用豆油 1000g、硫酸铜 1000g 和熟石灰 1000g 制成。先将硫酸铜与熟石灰加入油中搅拌，冷却后即可使用。此外，调合漆、黏土浆也有一定的效果。

## 2.1.2.2　园林树木整形修剪技术操作

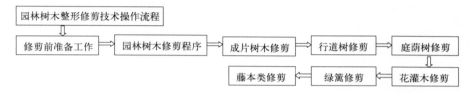

（1）修剪前准备工作

在对园林树木修剪之前应做好准备工作。首先，应调查所要修剪树木的基本情况。然后，在调查研究的基础上制订修剪计划，比如确定修剪树木的范围、要使用的修剪方法、修剪的时间安排、修剪所需工具以及材料设备的购置和维修保养、修剪的工作人员组成及人员培训、修剪所需费用的预算、制订修剪的安全操作规程、明确修剪废物的处理办法以及修剪工作相关内容等。

（2）园林树木修剪程序

园林树木修剪程序概括地说就是"一知、二看、三剪、四检查、五处理"。

① "一知"。坚持上岗前培训，使每个修剪人员知道修剪操作规程、规范及每次修剪作业的目的和特殊要求。包括每一种树木的生长习性、开花习性、结果习性、枝势强弱、树龄大小、周围生长环境、树木生长位置（行道树、庭荫树等）、花芽多少等，都在动手前讲清楚、看明白，然后再进行操作。

② "二看"。修剪前，先观察树木，从上到下，从里到外，四周都要观察。根据对树木"一知"情况，再看前一年修剪后新生枝生长强弱、多少，决定今年修剪时，留哪些枝条，决定采用短截还是疏枝，是轻度还是重度。做到心中有数后，再动手进行修剪操作。

③ "三剪"。根据因地制宜、因树修剪的原则，应用疏枝、短截两种基本修剪方法或其他辅助修剪方法进行合理修剪。经验告诉我们，剪绿篱和色块应从外沿定好起点位置，由外向内修剪，高大乔木由上向下修剪，灌丛型花灌木由冠外向丛心修剪。这样可以避免差错或漏剪，保证修剪质量和提高速度。

④ "四检查"。检查修剪是否合理，有无漏剪与错剪，以便修正或重剪。

⑤ "五处理"。修剪下的枝条及时集中运走，保证环境整洁。枝条要求及时处理，如

粉碎、堆肥，对病虫危害枝及叶应集中销毁，避免病虫蔓延。直径超过 4cm 以上的剪锯口，应用刀削平，涂抹防腐剂促进伤口愈合。锯除大树枝时应注意保护皮脊。

（3）不同园林用途树木的修剪

① 成片树木修剪。成片树木的修剪整形，主要是维持树木良好的干性和冠形，解决通风透光条件，修剪比较粗放。对于杨树、油松等主轴明显的树种，要尽量保护中央领导枝。当出现竞争枝（双头现象）时，只选留一个；如果领导枝枯死折断，树高尚不足10m，则应于中央干上部选一强的侧生嫩枝，扶直，培养成新的中央领导枝。

适时修剪主干下部侧生枝，逐步提高分枝点。分枝点的高度应根据不同树种、树龄而定。同一分枝点的高度应大体一致，而林缘分枝点应低留，使呈现丰满的林冠线。

对于一些主干很短，但树已长大，不能再培养成独干的树木，也可以把分生的主枝当做主干培养。逐年提高分枝，呈多干式。

对于松柏类树木的修剪整形，一般是采用自然式的整形。在大面积人工林中，常进行人工打枝，将处在树冠下方生长衰弱的侧枝剪除。

② 行道树的修剪。行道树一般为具有通直主干、树体高大的乔木树种。由于城市道路情况复杂，行道树养护过程中必须考虑的因素较多，除了一般性的营养与水分管理外，还包括诸如对交通、行人的影响，与树冠上方各类线路及地下管道设施的关系等。因此在选择适合的行道树树种的基础上，通过各种修剪措施来控制行道树的生长体量及伸展方向，以获得与生长立地环境的协调，就显得十分重要。

行道树修剪中应考虑的因素一般包括以下几种。

a. 枝下高：为树冠最低分枝点以下的主干高度，以不妨碍车辆及行人通行为度，同时应充分估计到所保留的永久性侧枝，在成年后由于直径的增粗距地面的距离会降低，因此必须留有余量。枝下高的标准，我国一般为城市主干道在 2.5～4m 之间，城郊公路以3～4m 或更高为宜。枝下高的尺寸在同一条干道上要整齐一致。

b. 树冠开展性：行道树的树冠，一般要求宽阔舒展、枝叶浓密，在有架空线路的人行道上，行道树的修剪作业是城市树木管理中最为重要也是投入最大的一项工作。行道树的修剪要点为，根据电力部门制订的安全标准，采用各种修剪技术，使树冠枝叶与各类线路保持安全距离，一般电话线为 0.5m，高压线为 1m 以上。

行道树的主要修剪形状包括以下几种。

a. 杯状形修剪：枝下高 2.5～4m，应在苗圃中完成基本造型，定植后 5～6 年内完成整形。离建筑物较近的行道树，为防止枝条扫瓦、堵门、堵窗，影响室内采光和安全，应随时对过长枝条进行短截或疏剪。生长期内要经常进行除萌，冬季修剪时主要疏除交叉枝、并生枝、下垂枝、枯枝、伤残枝及背上直立枝等（图 2.1-15）。

b. 开心形修剪：适用于无中央主轴或顶芽自剪、呈自然开展冠形的树种。定植时，将主干留 3m 截干；春季发芽后，选留 3～5 个不同方位、分布均匀的侧枝并进行短截，促使其形成主枝，余枝疏除。在生长季，注意对主枝进行抹芽，培养 3～5 个方向合适、分布均匀的侧枝；来年萌发后，每侧枝再选留 3～5 枝短截，促发次级侧枝，形成丰满、匀称的冠形（图 2.1-16）。

图 2.1-15　杯状形修剪

图 2.1-16　开心形修剪

c. 自然式冠形修剪：在不妨碍交通和其他市政工程设施且有较大生长空间条件时，行道树多采用自然式整形方式，如塔形、伞形、卵球形等。

③ 庭荫树的修剪。庭荫树的枝下高无固定要求，若依人在树下活动自由为限，以 2.0～3.0m 以上较为适宜；若树势强旺、树冠庞大，则以 3～4m 为好，能更好地发挥遮阴作用。一般认为，以遮阴为目的庭荫树，冠高比以 2/3 以上为宜。整形方式多采用自然形，培养健康、挺拔的树木姿态，在条件许可的情况下，每 1～2 年将过密枝、伤残枝、病枯枝及扰乱树形的枝条疏除一次，并对老、弱枝进行短截。需特殊整形的庭荫树可根据配置要求或环境条件进行修剪，以显现更佳的使用效果。

④ 花灌木的修剪。具体内容如下。

a. 因树势修剪：幼树生长旺盛宜轻剪，以整形为主，尽量用轻短截，避免直立枝、徒长枝大量发生，造成树冠密闭，影响通风透光和花芽的形成；斜生枝的上位芽在冬剪时剥除，防止直立枝发生；一切病虫枝、干枯枝、伤残枝、徒长枝等用疏剪除去；丛生花灌木的直立枝，选择生长健壮的加以摘心，促其早开花。壮年树木的修剪以充分利用立体空间、促使花枝形成为目的。休眠期修剪，应疏除部分老枝，选留部分根蘖，以保证枝条不断更新，适当短截秋梢，保持树形丰满。老弱树以更新复壮为主，采用重短截的方法，齐地面留桩刈除，使其焕发新枝。

b. 因时修剪：落叶灌木的休眠期修剪，一般以早春为宜，一些抗寒性弱的树种可适当延迟修剪时间。生长季修剪在落花后进行，以早为宜，有利于控制营养枝的生长，增加全株光照，促进花芽分化。对于直立徒长枝，可根据生长空间的大小，采用摘心的办法培养二次分枝，增加开花枝的数量。

c. 根据树木生长习性和开花习性进行修剪。

（a）春花树种：连翘、榆叶梅、碧桃、迎春、牡丹等先花后叶树种，其花芽着生在一年生枝条上，修剪在花残后、叶芽开始膨大尚未萌发时进行。修剪方法因花芽类型（纯花芽或混合芽）而异，如连翘、榆叶梅、碧桃、迎春等可在开花枝条基部留 2～4 个饱满芽进行短截；牡丹则仅将残花剪除即可。

（b）夏秋花树种：如紫薇、木槿、珍珠梅等，花芽在当年萌发枝上形成，修剪应在休眠期进行；在冬季寒冷、春季干旱的北方地区，宜推迟到早春气温回升即将萌芽时进行。在二年生枝基部留 2~3 个饱满芽重剪，可萌发出茁壮的枝条，虽然花枝会少些，但由于营养集中，因此会产生较大的花朵。对于一年开两次花的灌木，可在花后将残花及其下方的 2~3 芽剪除，刺激二次枝条的发生，适当增加肥水则可二次开花。

（c）花芽着生在二年生和多年生枝上的树种：如紫荆、贴梗海棠等，花芽大部分着生在二年生枝上，但当营养条件适合时，多年生的老干亦可分化花芽。这类树种修剪量较小，一般在早春将枝条先端枯干部分剪除；生长季节进行摘心，抑制营养生长，促进花芽分化。

（d）花芽着生在开花短枝上的树种：如西府海棠等，早期生长势较强，每年自基部发生多数萌芽，主枝上亦有大量直立枝发生，进入开花龄后，多数枝条形成开花短枝，连年开花。这类灌木修剪量很小，一般在花后剪除残花，夏季修剪对生长旺枝适当摘心，抑制其生长，并疏剪过多的直立枝、徒长枝。

（e）一年多次抽梢、多次开花的树种：如月季，可于休眠期短截当年生枝条或回缩强枝，疏除交叉枝、病虫枝、纤弱枝及过密枝；寒冷地区可行重短截，必要时进行埋土防寒。生长季修剪，通常在花后于花梗下方第 2~3 芽处短截，剪口芽萌发抽梢开花，花谢后再剪，如此重复。

⑤ 绿篱的修剪。绿篱又称植篱、生篱，由萌枝力强、耐修剪的树种呈密集带状栽植，具有防范、分隔和模纹观赏的作用。树种不同、形式不同、高度不同，采用的整形修剪方式也不一样。

绿篱的高度依其防范对象来决定，有绿墙（160cm 以上）、高篱（120~160cm）、中篱（50~120cm）和矮篱（50cm 以下）。对绿篱进行高度修剪，一是为了整齐美观，二是为使篱体生长茂盛，长久保持设计的效果。

a. 自然式绿篱的修剪：多用在绿墙、高篱、刺篱和花篱上。为遮掩而栽种的绿墙或高篱，以阻挡人们的视线为主。这类绿篱采用自然式修剪，适当控制高度，并剪去病虫枝、干枯枝，使枝条自然生长，达到枝叶繁茂，以提高遮掩效果。

以防范为主结合观赏栽植的花篱、刺篱，如黄刺玫、花椒等，也以自然式修剪为主，只略加修剪。冬季修去干枯枝、病虫枝，使绿篱生长茂密、健壮，能起到理想的防范作用。

b. 整形式绿篱的修剪：中篱和矮篱常用于绿地的镶边和组织人流的走向。这类绿篱低矮，为了美观和丰富景观，多采用几何图案式的整形修剪，如矩形、梯形、倒梯形、篱面波浪形等。修剪平面和侧面枝，使高度和侧面一致，刺激下部侧芽萌生枝条，形成紧密枝叶的绿篱，显示整齐美。绿篱每年应修剪 2~4 次，使新枝不断发生，每次留茬高度 1cm，至少也应在"五一"劳动节、"十一"国庆节前各修剪一次。第一次必须在 4 月上旬修完，最后一次在 8 月中旬修剪（图 2.1-17）。

整形绿篱修剪时，要顶面与侧面兼顾，从篱体横面看，以矩形和基大上小的梯形较

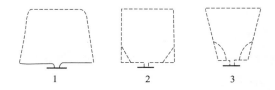

图 2.1-17　绿篱修剪整形的侧断面

1—梯形（合理）；2——一般的修剪形式（长方形），下方易秃空；3—倒梯形，错误的形式，下枝极易秃空

好，上部和侧面枝叶受光充足，通风良好，生长茂盛，不易产生枯枝和中空现象，修剪时，顶面和侧面同时进行。只修顶面会造成顶部枝条旺长，侧枝斜出生长。

⑥ 图案色块修剪。常用于大型模纹花坛、高速公路互通区绿地的修剪。图案式修剪要求边缘棱角分明、图案的各部分植物品种界限清楚、色带宽窄变化过渡流畅、高低层次清晰。为了使图案不致因生长茂盛形成边缘模糊的现象，应采取每年增加修剪次数的措施，使图案界限得以保持。

（4）园林树木修剪整形注意事项

① 在修剪前要做好技术培训和安全教育工作，以确保修剪工作顺利、安全地进行。

② 在修剪的过程中应全程进行技术和安全的监督与管理。如在上树修剪时，所有用具、机械必须灵活、牢固，以防发生事故。修剪行道树时应对高压线路特别注意，并避免锯落的大枝砸到行人与车辆。此外，修剪工具应锋利，以防修剪过程中造成树皮撕裂、折枝、断枝。修剪病枝的工具，还需用硫酸铜消毒后再修剪其他枝条，以防交叉感染。

③ 修剪结束后对修剪过的树木应全面详细地检查验收。检查验收要求对修剪工作中存在的问题及时进行纠正，对整个修剪工作要做全面的总结，总结经验吸取教训。

## 2.1.2.3　园林树木修剪整形质量验收

园林树木修剪整形质量验收参考《园林绿化养护标准》（CJJ/T 287—2018）。

（1）园林树木养护质量等级

园林树木养护质量等级应符合表 2.1-4 的规定。

表 2.1-4　园林树木养护质量等级

| 项目 | 质量要求 | | |
| --- | --- | --- | --- |
| | 一级 | 二级 | 三级 |
| 整体效果 | ①树林、树丛群落结构合理,植株疏密得当,层次分明,林冠线和林缘线清晰饱满;<br>②孤植树树形完美,树冠饱满;<br>③行道树树冠完整,规格整齐、一致,分枝点高度一致,缺株≤3%,树干挺直;<br>④绿篱无缺株,修剪面平整饱满,直线处平直,曲线处弧度圆润 | ①树林、树丛群落结构基本合理,林冠线和林缘线基本完整;<br>②孤植树树形基本完美,树冠基本饱满;<br>③行道树树冠基本完整,规格基本整齐,无死树,缺株≤5%,树干基本挺直;<br>④绿篱基本无缺株,修剪面平整饱满,直线处平直,曲线处弧度圆润 | ①树林、树丛具有基本完整的外貌,有一定的群落结构;<br>②孤植树树形基本完美、树冠基本饱满;<br>③行道树无死树,缺株≤8%,树冠基本统一,树干基本挺直;<br>④绿篱基本无缺株,修剪面平整饱满,直线处平直,曲线处弧度圆润 |

（2）园林树木整形修剪养护质量标准

园林树木修剪应符合下列规定。

① 应根据树木生物学特性、生长阶段、生态习性、景观功能要求及栽培地区气候特点，选择相应的时期和方法进行修剪。

② 修剪树木前应制订修剪技术方案，包括修剪时间、人员安排、岗前培训、工具准备、施工进度、枝条处理、现场安全等，做到因地制宜，因树修剪，因时修剪。

③ 应遵照先整理、后修剪的程序进行。先剪除无须保留的枯死枝、徒长枝，再按照由主枝的基部自内向外并逐渐向上的顺序进行其他枝条的修剪。

④ 剪、锯口应平滑，留芽方位正确，切口应在切口芽的反侧呈 45°倾斜；直径超过 0.04m 的剪锯口应先从下往上进行修剪，并应及时保护处理。

⑤ 修剪工具应定期维护并消毒。

⑥ 树木应按照乔木类、灌木类、绿篱及色带和藤木类划分，各类树木的修剪方法各不相同。

a. 乔木类修剪应符合下列规定。

（a）乔木修剪应主要修除徒长枝、病虫枝、交叉枝、并生枝、下垂枝、扭伤枝、枯枝和残枝。

（b）树林应修剪主干下部侧枝，逐渐提高分枝点。相同树种分枝点的高度应一致，林缘树木的分枝点应低于林内树木。

（c）主干明显的树种，应注意保护中央主枝，原中央主枝受损时应及时更新培养；无明显主干的树种，应注意调配各级分枝，端正树形，同时修剪内膛细弱枝、枯死枝、病虫枝，达到通风透光。

（d）孤植树应以疏剪过密枝和短截过长枝为主，造型树应按预定的形状逐年进行整形修剪。

（e）行道树的修剪除应按以上要求或特殊景观设计要求操作外，还应符合下列规定：同一路段、同一品种的行道树树型和分枝点高度应保持一致；树冠下缘线的高度应保持一致，且不影响车辆、行人通行。道路两侧的树冠边缘线应基本在一条直线上；路灯、交通信号灯、架空线、变压设备等附近的枝叶应保留出安全距离，并应符合现行行业标准《城市道路绿化设计标准》（CJJ/T 75—2023）的有关规定。

b. 灌木类修剪应符合下列规定。

（a）单株灌木，应保持内高外低、自然丰满形态；单一树种灌木丛，应保持内高外低或前低后高形态；多品种的灌木丛，应突出主栽品种并留出生长空间；造型的灌木丛，应使外形轮廓清晰，外缘枝叶紧密。

（b）短截突出灌木以外的徒长枝，应使灌丛保持整齐均衡。下垂细弱枝及地表萌生的地蘖应及时疏除，灌木内膛小枝应疏剪，强壮枝应进行短截。（c）花落后形成的残花、残果，当无观赏价值或其他需要时宜尽早剪除。

（d）花灌木修剪除应按以上要求或景观设计要求操作外，还应根据开花习性进行修剪，并注意保护和培养开花枝条，具体修剪方法应符合下列规定：当年生枝条开花灌木，休眠期修剪时，对于生长健壮的花芽饱满枝条应长留长放，花后短截，促发新枝；1 年数次开花灌木，花落后应在残花下枝条健壮处短截，促使再次开花。二年生枝条开花的灌木，休眠期应根据花芽生长位置进行整形修剪，保留观赏所需花枝和花芽，生长季应在花落后 10～15d 根据枝条健壮程度，选好留芽方向和位置，将已开花枝条进行中度或重度短截，疏剪过密枝。多年生枝条开花灌木，修剪应培育新枝和保护老枝，剪除干扰树形并影响通风透光的过密枝、弱枝、枯枝或病虫枝。

（e）栽植多年的丛生灌木应逐年更新衰老枝，疏剪内膛密生枝，培育新枝。栽植多年的有主干的灌木，每年应交替回缩主枝主干，控制树冠。

c. 绿篱及色带修剪应符合下列规定。

（a）绿篱及色带的修剪应轮廓清晰，线条流畅，基部丰满，高度一致，侧面平齐。

（b）道路交叉口及分车绿化带中的绿篱修剪高度应符合现行行业标准《城市道路绿化设计标准》（CJJ/T 75—2023）的有关规定。

（c）生长旺盛的植物，整形修剪每年不应少于 4 次；生长缓慢的植物，整形修剪每年不应少于 3 次。

（d）绿篱及色带在符合安全要求高度的前提下，每次修剪高度较前一次应有所提高；当绿篱及色带修剪控制高度难以满足要求时，则应进行回缩修剪。

（e）修剪后残留绿篱和地面的枝叶应及时清除。

d. 藤木类修剪应符合下列规定。

（a）攀缘棚架上的藤木，种植后应进行重剪，每株促发几条健壮主蔓，及时牵引，疏剪过密枝、病弱衰老枝、干枯枝，使枝条均匀分布架面；有光脚或中空现象时，应采用局部重剪、曲枝蔓诱引措施来弥补空缺。

（b）匍匐于地面的藤木应视情况定期翻蔓，清除枯枝，疏除老弱藤蔓。

（c）钩刺类藤木，可按灌木修剪方法疏枝，生长势衰弱时，应及时回缩修剪、复壮。

（d）观花藤木应根据开花习性修剪，并应注意保护和培养开花枝条。

⑦ 树木修剪应安全作业，并应符合下列规定。

a. 作业机械应保养完好，运行正常；修剪工具应坚固耐用。

b. 树上作业应选择无风或风力较小且无雨雪天气进行，四级及以上大风不得进行作业。

c. 作业时应按要求在作业区设置警示标志，当占用道路修剪时应办理行政许可，树上修剪人员、地面防护人员、枝叶清理人员的防护用品应符合安全要求。

d. 树上作业应对修剪人员进行岗前培训，应一人一树修剪，不得在两株或多株树体间攀爬，截除大枝应有人员指挥操作。

e. 在高压线附近作业，应请供电部门配合，并应符合安全距离要求，避免触电。

f. 高空机械作业车修剪时，应符合高空作业相关要求。

✐ **思考与练习** ·······

**一、选择题**

1. "自然开心形"的整形方式，属于（　　）。

A. 自然式 　　　　B. 人工式 　　　　　C. 几何体式 　　　　D. 自然人工混合式

2. （　　）剪去枝条全长的 1/5～1/4，主要用于观花、观果类树木强壮枝的修剪。

A. 轻短截 　　　　B. 中短截 　　　　　C. 重短截 　　　　D. 极重短截

3. （　　）自枝条长度 1/3～1/2 的饱满芽处短截，使养分较为集中，促使剪口下发生较多的营养枝，主要用于骨干枝和延长枝的培养及某些弱枝的复壮。

A. 轻短截 　　　　B. 中短截 　　　　　C. 重短截 　　　　D. 极重短截

4. 修剪时，剪口距剪口芽的距离是（　　）cm 比较合适。

A. 3 　　　　　　B. 0.5～1 　　　　　　C. 2 　　　　　　D. 0.1

5. 在城市主干道上，行道树的枝下高一般在（　　）m 之间，且枝下高的尺寸在同一条干道上要整齐一致。

A. 1.8～2.0 　　　B. 2.5～4 　　　　　C. 3～5 　　　　　D. 2.0～3.0

6. 春季开花的落叶灌木，应在（　　）立即进行修剪。

A. 冬季 　　　　　B. 春季萌芽前 　　　C. 春季开花后 　　　D. 夏季

**二、填空题**

1. 整形的方式依据园林树木在园林中的不同用途分别采用（　　）、（　　）和自然人工混合式整形。

2. 树木修剪的基本方法可以概括为（　　）、（　　）、（　　）、（　　）、放五字诀。

3. 伤枝多在生长期内进行，是整形修剪的辅助措施之一，主要的方法有（　　）、（　　）及扭梢和折梢。

4. 枝条短剪时，剪口可采用（　　）或（　　）。

5. 修剪的程序有（　　）、（　　）、（　　）、（　　）、（　　）。

**三、简答题**

1. 园林树木整形修剪的意义是什么？

2. 园林树木的主要修剪方法有哪些？

3. 大枝疏剪的切口位置及疏剪的方法是什么？

4. 园林树木的主要修剪工具有哪些？

5. 行道树和庭荫树的修剪方法有哪些？

在线答题

## 2.1.3　园林树木树体保护

### 2.1.3.1　园林树木树体保护概述

（1）树木保护与修补

① 树木受损的原因。树木的树干和骨干枝上，往往因病虫害、冻害、日灼等自然灾害及机械损伤等造成伤口。伤口有两类，一类是皮部伤口，包括内皮和外皮；另一类是木

质部伤口，包括边材、心材或二者兼有。这些伤口如不及时保护、治疗、修补，经过长期雨水侵蚀和病菌寄生，易使内部腐烂形成树洞。另外，树木经常受到人为的有意无意的损坏，如在树干上刻字留念或拉枝折枝等，所有这些损伤对树木的生长都有很大影响。因此，对树体的保护和修补是非常重要的养护措施。

② 树木的保护和修补原则。树体保护首先应贯彻"防重于治"的原则，做好各方面预防工作，尽量防止各种灾害的发生，同时还要做好宣传教育工作，使人们认识到保护树木人人有责。对树体上已经造成的伤口，应该早治，防止扩大，应根据树干上伤口的部位、轻重和特点，采用不同的治疗和修补方法。

③ 树木伤口保护剂的种类。树木伤口保护剂的种类有接蜡、松香清油合剂、豆油铜素剂、松桐合剂、沥青涂剂等，但由于成本比较高、配制工作较复杂，因此使用较少。目前生产上常采用树木伤口愈合涂抹剂，不但对伤口有保护和防腐的作用，还能增加杀菌和伤口治愈功能。同时精简了工作步骤，节省了人工。

（2）园林树木常见灾害

园林树木在生长发育过程中经常会遭受低温伤害、日灼、风害、旱害、雪害等自然灾害的威胁，此外某些市政工程、建筑、人为的践踏和车辆的碾压及不正确的养护措施等均会导致对树木造成伤害。

① 自然灾害，主要包括以下几种。

a. 低温伤害：低温既可伤害树木的地上或地下组织与器官，又可改变树木与土壤的正常关系，进而影响树木的生长与生存。低温危害主要有以下几种。

（a）冻裂，一般不会直接引起树木的死亡，但是由于树皮开裂，木质部失去保护，容易招致病虫，特别是木腐菌的危害，不但严重削弱树木的生活力，而且造成树干的腐朽形成树洞。

（b）冻拔，其发生与树木的年龄、扎根深浅有很密切的关系。树木越小，根系越浅，受害越严重，因此幼苗和新栽的树木易受害。

（c）冻旱，这是一种因土壤冻结而发生的生理性干旱。一般常绿树木由于叶片的存在，遭受冻旱的可能性较大。常绿针叶树受害后，针叶完全变褐或者从尖端向下逐渐变褐，顶芽易碎，小枝易折。

（d）冻害，这种低温危害对园林树木的引种威胁最大，直接影响到引种成败。应该注意的是同一植物的不同生长发育状况，对抵抗冻害的能力有很大的不同，以休眠期最强，营养生长期次之，生殖期抗性最弱。

（e）霜害，即由于温度急剧下降至0℃，甚至更低，空气中的饱和水汽与树体表面接触，凝结成冰晶，使幼嫩组织或器官产生伤害的现象。

b. 日灼：通常苗木和幼树常发生根颈部灼伤，对于成年树和大树，常在树干上发生日灼，使形成层和树皮组织坏死。通常树干光滑的耐阴树种易发生树皮灼伤。日灼的发生也与地面状况有关，在裸露地、沙性土壤或有硬质铺装的地方，树木最易发生根颈部灼伤。

c. 风害：树木抗风性的强弱与其生物学特性有关。树高、冠大、叶密、根浅的树种抗风力弱；而树矮、冠小、根深、枝叶稀疏而坚韧的树种抗风力较强。

d. 旱害：干旱少雨地区，常生长季节缺水，干旱成灾。干旱对树木生长发育影响很大，会造成树木生长不正常，加速树木的衰老，缩短树木的寿命。

e. 雪害：是指树冠积雪太多，压断枝条或树干的现象。通常情况下，常绿树种比落叶树种更易遭受雪灾，落叶树如果叶片未落完前突降大雪，也易遭雪害。

② 其他危害，主要包括以下几种。

a. 填方：植物的根系在土壤中生长，对土层厚度是有一定要求的，过深与过浅对树木生长均不利。由于填方，根系与土壤中基本物质的平衡受到明显的破坏，最后造成根系死亡。随之地上部分的相应症状也越来越明显，这些症状出现的时间有长有短，可能在一个月出现，也可能几年之后还不明显。

b. 土壤紧实度和地面铺装：人为的践踏、车辆的碾压、市政工程和建筑施工时地基的夯实及低洼地长期积水等均造成土壤紧实度的增加。此外，用水泥和砖石等材料铺装地面，做得不合理也会对树木生长发育造成严重的影响。

c. 化雪盐对树木的影响：在北方，冬季经常下雪，路上的积雪被碾压结冰后会影响交通的安全，所以常常用盐促进冰雪融化。冰雪融化后的盐水无论是溅到树木的干、枝、叶上，还是渗入土壤侵入根系，都会对树木造成伤害。

### 2.1.3.2　园林树木树体保护技术操作

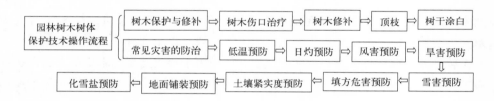

（1）树木保护与修补

① 树木伤口治疗。对于枝干的伤口，首先用锋利的刀刮净削平四周，使皮层边缘呈弧形，再用消毒剂（2%～5%硫酸铜、0.1%升汞溶液、石硫合剂原液）消毒，最后涂抹树体伤口愈合保护剂。此外，由于风折使树木枝干折裂，应立即用绳索捆缚加固，然后消毒、涂保护剂。

② 树木修补，具体内容和方法如下。

a. 树皮修补：对于伤口面积较小的枝干，可在生长季节（6～8月）移植同种树的新鲜树皮。先对伤口进行清理，然后从同种树上切取与创伤面相等的树皮，创伤面与切好的树皮对好压平后，涂以10%萘乙酸，再用塑料薄膜捆紧即可，操作越快越好。

b. 树洞修补：为了防止树洞继续扩大和发展，可采取以下方法进行修补。

（a）清理伤口：用美工刀、凿子、钻头、小铲子等工具彻底清除腐烂坏死部分，洞口要光滑平整，不能伤害树木的新鲜组织。再用高压水枪对腐烂部位进行冲洗清理。冲洗后再进行修边处理，并用海绵将树洞内的水彻底吸收干净。

（b）消毒杀菌：对清理后的伤口进行消毒杀菌，防止细菌滋生。常用的消毒剂有硫酸铜溶液、甲醛溶液和高锰酸钾溶液等。常见杀菌剂包括木醋液、竹醋液等。杀菌剂涂抹完成后应保证伤口的自然通风。

（c）防腐防蚀：对树洞进行防腐处理，可避免滋生细菌，造成腐烂。常用的防腐剂有桐油、冬青乳油、山苍子油和松香等。一些化学药剂也可以起到防腐的作用。

（d）树洞填充：填充时要将整个树洞塞满，但不能对树洞造成压迫。一般来说，需要填充的树洞是树体的木质部，不能填到树干的韧皮部，以防阻止韧皮部伤口继续生长。为避免后期出现积水，填充可分层进行。将每层的填充物向洞口稍稍倾斜，中间用防水材料分隔。当树洞较大时，为防止树洞坍塌，可在洞内或洞口用钢管进行支撑。常见的填充材料有水泥、木炭、发泡剂、轻量土等。发泡剂是目前常用的填充材料之一，用它填充树洞可以有效避免水分的渗入。此外，它具有较强的抗压能力，可起到较好的支撑作用，发泡剂一般作为搭配材料与木材等其他填充物一起使用。

（e）封口处理：树洞填充好便可进行封口处理。封口常用的材料有网状铁丝、木板、电镀锡钢板、玻璃钢等。封口前需要对洞口的填充物先做一个简单的处理，保证其不会对封口产生干扰。封口应保证洞口密闭光滑。封好后在表面刷上一层防水胶。网状铁丝封口常与水泥石灰搭配使用封堵洞口。木板是用于无需填充树洞的封口材料，可以帮助通风。玻璃钢是木板封洞的辅助材料，可以帮助木板与树木树皮更好地贴合。此外，其他封口材料如铝盖板、麻刀灰、水泥、发泡剂、二丁酯等也可以用于填充树洞的表层处理。

（f）仿生树皮：想要继续发挥后续景观价值的树木，在封口完成后，还会对洞口进行装饰，贴仿生树皮。一般用以美化树体的材料有白灰乳胶、玻璃钢树皮等。白灰乳胶是一种黏合剂，除去自身的黏合作用，还可以美化树洞。将其涂在封口处，用小刀刻画可制造出贴合树皮的纹路，然后涂上事先调好的漆。玻璃钢树皮是利用原树树皮的模具制成，因此它与原树洞口的纹理更相似。但是耗费时间精力财力均较大，一般只对特别珍贵的古树使用。表层处理完成后同样需注意进行防水防菌的处理。

（g）黏合：黏合贯穿于整个树洞修补的过程之中，填充、封口、表层处理都离不开黏合剂的使用，常用的黏合剂有水胶、白灰乳胶、紫胶脂、水玻璃、二丁酯、聚醋酸乙烯树脂胶等。各类黏合剂的配方不同，使用特性也不尽相同，使用时可根据需要黏合的位置、应达到的黏合效果进行选择。

③顶枝。大树或古树如树身倾斜不稳，大枝下垂者需设支柱撑好，支柱可采用金属、木桩、钢筋混凝土材料。支柱应有坚固的基础，上端与树干连接处应有适当形状的托杆和托碗，并加软垫，以免损伤树皮。设支柱时一定要考虑到美观，与周围环境协调。将几个主枝用铁索连结起来也是一种有效的加固方法。

④树干涂白。涂白时间一般在 10 月下旬至 11 月中旬，6 月下旬至 7 月中旬之间。涂白剂可自行配制也可直接购买。配制的配方是：水 10 份，生石灰 3 份，石硫合剂原液 0.5 份，食盐 0.5 份，油脂（动植物油均可）少许。配制时要先化开石灰，把油脂倒入后充分搅拌，再加水拌成石灰乳，最后放入石硫合剂及盐水，也可加黏着剂，能延长涂白的期限。

具体要求：涂白剂的配制要准确，注意生石灰的纯度，选择纯度高的；要统一涂白高度，隔离带行道树统一涂白高度为 1.2～1.5m，其他按 1.2m 进行，同一路段、区域的涂白高度应保持一致，以达到整齐美观的效果；涂液时要干稀适当，对树皮缝隙、洞孔、树权等处要重复涂刷，避免涂刷流失、刷花刷漏、干后脱落。

（2）常见灾害的防治

① 低温预防。选择抗寒的树种或品种，贯彻适地适树的原则，这是减少低温伤害的根本措施。乡土树种和经过驯化的外来树种或品种，已经适应了当地的气候条件，具有较强的抗逆性，应是园林栽植的主要树种。

加强抗寒栽培，提高树木抗性。加强栽培管理，生长后期控制灌水，及时排涝，适量施用磷、钾肥，有利于组织充实，延长营养物质积累的时间，提高木质化程度，增强抗寒性。

加强树体保护，减少低温危害。具体方法如下。

a. 灌冻水防寒：一般的树木采用浇"冻水"和灌"春水"防寒。冻前灌水，保证冬季有足够的水分供应，对防止冻旱十分有效。掌握浇灌冻水的时机，即夜冻昼化阶段灌足一次冻水。

b. 覆土防寒：主要用于灌木小苗、宿根花卉，封冻前，将树身压倒，覆 30～40cm 的细土，拍实。

c. 根颈培土：冻水灌完后，结合封堰在树根部培起直径 50～80cm、高 30～40cm 的土堆。

d. 扣筐、扣盆：一些植株比较矮小的露地花木，如牡丹、月季等，可以采用扣筐、扣盆的方法。

e. 架风障：在上风方向架设风障，风障要超过树高。

f. 涂白：见前文"树木保护与修补"内容。

g. 护干：新植落叶乔木和小灌木用草绳或用稻草包干或包冠。

h. 树冠防寒：北方引种的阔叶常绿的火棘、枸骨，江南的常绿树如枇杷、海枣等抗寒能力低的树种，可在冬季冰冻期来临前，用保暖材料将树冠束缚后包扎好，待气温回升后再拆除。

i. 地面覆盖物防寒：在树干周围撒布稻草或泥炭、锯末等保温材料覆盖根区，能提高土温而缩短土壤冻结期，有利于根部吸水，及时补充枝条水分。

② 日灼预防。选择耐高温、抗性强的树种或品种栽植。加强综合管理，促进根系生长，改善树体状况，增强抗性。生长季要防止干旱、病虫危害，合理施用化肥，特别是增施钾肥。可树干涂白，地面覆盖，也可用稻草捆缚树干。

③ 风害预防。应选择深根性、耐水湿、抗风能力强的树种。株行距要适度，最好选用矮化植株栽植。合理整形修剪，做到树形、树冠不偏斜，冠幅体量不过大。在易受风害的地方，特别是在台风和强热带风暴来临之前，在树木的背风面用竹竿、钢管、水泥柱等支撑物进行支撑，用铁丝、绳索扎缚固定。

④ 旱害预防。选择栽植抗旱性强的树种、品种和砧木，营造防护林。做好养护管理，采取中耕、除草、培土、覆盖等既有利于保持土壤水分，又利于树木生长的技术措施。

⑤ 雪害预防。通过培育措施促进树木根系的生长，以形成发达的根系网。修剪要合理，侧枝的着力点较均匀地分布在树干上，这种自然树形承载力强。合理配置，栽植时注意乔木与灌木、高与矮、常绿与落叶之间的合理搭配，增强群体的抗性。对易遭雪害的树木进行必要的支撑。下雪后及时摇落树冠积雪。

⑥ 填方危害预防。当填土较浅时，在栽植园林树木前，应对人工填土进行更换；对已经栽植的园林树木，如果填土不当，可以在铺填之前，在不伤或少伤根系的情况下疏松土壤、施肥、灌水，并用沙砾、沙或沙壤土进行填充。对于填土过深的园林树木，需要采取完善的工程与生物措施进行预防。一般园林树木可以设立根区土壤通气系统。

⑦ 土壤紧实度预防。做好绿地规划，合理开辟道路。做好维护工作，可以做栅栏将树木围护起来，以免人流踩压。将压实地段的土壤用机器或人工进行耕翻，疏松土壤。还可在翻耕时适当加入有机肥，既能增加土壤松软度，又能增大土壤肥力。

⑧ 地面铺装预防。采用通气透水的步道铺装方式，铺装后砖与砖之间不加勾缝，利于通气；另外，在人行道上采用水泥砖间隔铺砌，空挡处填砌不加沙的砾石混凝土，也有较好的效果。也可以将砾石、卵石、树皮、木屑等铺设在行道树周围，既有益于园林树木生长，又具有美化的效果。

⑨ 化雪盐预防。严格控制化雪盐的合理用量，绝不要超过 $40g/m^2$，一般 $15\sim25g/m^2$ 就足够了。此外，通过改进现有的路牙结构并将路牙缝隙封严，以阻止化雪盐水进入植物根区。开发无毒的氯化钠和氯化钙替代物，使其既能溶解冰雪又不会伤害园林植物，如在铺装地上铺撒一些粗粒材料，同样能加快冰和雪的溶解。

（3）园林树木树体保护的注意事项

① 树体保护应遵循防重于治的原则，做好各方面预防工作，尽量防止各种灾害的发生，同时做好保护树木人人有责的宣传教育工作。

② 应加强日常巡护，对出现倒伏、歪斜的园林树木要及时进行扶正。

③ 夏季高温天气，对易受高温危害的树木应采取遮阴、喷水等措施，避免太阳直射造成的日灼伤害。

④ 汛期来临前对浅根性、树冠庞大、枝叶过密的乔木进行加固或修剪。

⑤ 易积水的绿地在雨季来临前采取防涝措施。

⑥ 冬季降雪量较大时，应及时除去乔木、灌木上的积雪。

⑦ 树体上的伤口应该采取不同的治疗和修补方法进行早处理，防止扩大。

### 2.1.3.3 园林树木树体保护质量验收

园林树木树体保护质量验收参考《园林绿化养护标准》（CJJ/T 287—2018）。

（1）园林树木树体保护管理标准

园林树木树体保护管理标准应符合表 2.1-5 的规定。

表 2.1-5 园林树木树体保护管理标准

| 等级 | 保护管理标准 |
| --- | --- |
| 一级 | 乔木生长健壮，树冠丰满，无枯死树及枯死枝，无徒长枝、平行枝、下垂枝和萌蘖枝，无倒伏树木，树体无悬挂物、附着物；灌木植株饱满，无枯死株，修剪及时合理；绿篱无缺株断条，篱下无杂草，绿篱及整形树木修剪及时，枝叶茂密、整齐美观；垂直绿化植物生长旺盛，无缺株断条，整齐美观 |
| 二级 | 乔木生长良好，树冠丰满，枯死树比例小于 3%，有枯死枝树比例小于 5%，无萌蘖，无倒伏树木，树体无悬挂物、附着物；灌木无枯死株，修剪及时合理；绿篱无明显缺株断条，篱下无杂草，绿篱及整形树木修剪及时，整齐美观；垂直绿化植物生长旺盛，整齐美观 |
| 三级 | 乔木、灌木、藤本植物生长较好，枯死株比例小于 5%，无倒伏树木 |

（2）园林树木树体保护技术要求

① 树木的安全防护。树木的安全防护应根据树木根系特点（深根系、浅根系）、树龄、树木体量、树木生长状况、树木位置和气候特点等，在灾害性天气来临前提前进行。

a. 新植树木应设置保护架。

b. 行道树或其他有人群活动绿地周围，树龄较大、枯死枝较多或被蛀干害虫危害的树木，应结合冬季修剪，在春季盛行风来临之前进行枯死枝、虫蛀枝的修剪，树冠较大的浅根性乔木，应在雨季来临之前进行支撑加固，或对树冠进行适度修剪。

c. 对生长势衰弱老龄树木树干上的孔洞，应及时采用具有弹性的环保材料进行封堵。

d. 及时扶正倒伏及倾斜的树木，踩实根际土壤、加固树木保护架。

e. 及时修剪行道树可能影响车辆及行人的下垂枝条。

f. 重要景区和历史文化名园应安装避雷设备，加强对古树名木的安全保护。

g. 冬季降雪量较大时，及时清除针叶树和树冠浓密的乔木、灌木上的大量积雪。

h. 干旱风大的春季，应采取封山育林、设防火隔离带、加强野外用火管理等措施，防止火灾敏感区绿地及风景林地火灾的发生。

② 防寒。园林树木防寒应根据植物种类和立地条件等因素，采取物理防寒和生理防寒等措施。

a. 历年发生轻微冻害的低矮灌木可以采取根部培土防寒和套袋防寒等方法；孤植高大乔木可以采取树干涂白或树干缠绕植物绷带、草绳等方法防寒；群植树木可以采用防风障防寒。

b. 春夏季节，园林树木旺盛生长阶段，加强水肥管理，提高生长势，以提高园林树木的越冬抗寒能力。

c. 通过夏末或秋初增施磷肥、钾肥和浇灌封冻水等措施提高园林植物的抗寒能力。

③ 融雪剂安全管理。

a. 冬季降雪之前，对道路两侧的绿化带及行道树设置挡雪板或挡雪布。

b. 严禁在道路绿化带内及行道树树池内堆放含有融雪剂的残雪，如发现应及时清理。

c. 每年早春、初夏和入冬季节，结合春灌、旱季浇水和冬灌，对道路绿化带内的树木和行道树浇灌酸性有机液态肥。

## ✎ 思考与练习

**一、判断题**

1. 掌握浇灌冻水的时机，即夜冻昼化阶段灌足一次冻水。（　　）

2. 树体上的伤口应该采取不同的治疗和修补方法进行早处理，防止扩大。（　　）

3. 采取中耕、除草、培土、覆盖等技术措施可以预防涝害。（　　）

4. 选择耐高温、抗性强的树种，合理施用化肥，特别是增施氮肥可预防日灼。（　　）

5. 冬季要严格控制化雪盐的合理用量，绝不要超过 $50g/m^2$，一般 $30\sim40g/m^2$ 就足够了。（　　）

6. 对于枝干的伤口，首先用锋利的刀刮净削平四周，再进行消毒，最后涂抹树体伤口愈合保护剂。（　　）

**二、简答题**

1. 低温危害的类型有哪些？各有什么特点？
2. 低温预防的主要措施有哪些？
3. 简述降低化雪盐危害的措施。
4. 简述树干涂白液配方及配制方法。

在线答题

## 2.1.4　园林树木病虫害防治

### 2.1.4.1　园林树木病虫害防治概述

（1）园林树木虫害种类及防治方法

① 食叶害虫。园林树木食叶害虫的种类繁多，主要有鳞翅目的刺蛾、灯蛾、尺蛾、舟蛾、枯叶蛾、毒蛾、夜蛾等；鞘翅目的叶甲等。它们的为害特点：一是为害健康的植株，猖獗时能将叶片吃光，削弱树势，为蛀干害虫的侵入提供适宜的条件。二是大多数食叶害虫营裸露生活，受环境因子影响大，其虫口密度变动大。三是多数种类繁殖能力强，产卵集中，易暴发成灾，并能主动迁移扩散，扩大为害的范围。

### 美国白蛾　*Hyphantria cunea*

【寄主】糖槭、桑树、白蜡、榆树、花曲柳、臭椿、杨、柳、枫杨、悬铃木等。

【形态特征】成虫白色中型蛾子，雌蛾翅纯白色；雄蛾前翅翅面多散生黑褐色斑点，也有的个体无斑。老熟幼虫体长 28～35mm，体色为黄绿色至灰黑色，背部两侧线之间有一条灰褐色至灰黑色宽纵带，体侧面和腹面灰黄色，背部毛瘤黑色，体侧毛疣上着生白色长毛丛，混杂有少量的黑毛，有的个体生有暗红色毛丛（图 2.1-18）。

图 2.1-18　美国白蛾成虫和幼虫（见彩图）

【生活习性】该虫在我国 1 年发生 2 代，以蛹在树干皮缝及墙缝、树干孔洞及枯枝落叶层中结薄茧越冬。翌年 5 月上旬越冬蛹羽化成虫，第 1 代幼虫期在 6 月至 7 月上旬，第 2 代幼虫于 8 月上旬孵化，9 月中旬化蛹。成虫具有趋光性。初孵幼虫至 4 龄前吐丝结成网幕，营群集生活。进入 5 龄后分散取食。

**【防治方法】**

物理机械防治：幼虫在 4 龄前群集于网幕中，人工摘除网幕。5 龄后，在离地面 1m 处的树干上围草诱集幼虫化蛹，再集中烧毁。根据成虫具有趋光性的特点，于成虫羽化期设置灯光诱杀，还可用性引诱剂诱杀成虫。

化学防治：喷洒 25％灭幼脲 3 号胶悬剂 2000～3000 倍液、10％烟碱乳油 600～800 倍液，1％苦参碱可溶性液剂 800～1000 倍液、90％晶体敌百虫 800 倍液、1.8％阿维菌素乳油 3000～5000 倍液等。

生物防治：释放周氏啮小蜂防治美国白蛾。

## 黄刺蛾　*Cnidocampa flavescens*

**【寄主】**梨、苹果、杏、杨、柳、榆、槭、刺槐、枫杨等。

**【形态特征】**成虫头和胸黄色，前翅有 2 条暗褐色斜线在翅尖上汇合于一点呈倒"V"字形，后翅灰黄色（图 2.1-19）。老熟幼虫，体长 19～25mm，头小，黄褐色，胸、腹部肥大，黄绿色，体背上有 1 块紫褐色"哑铃"形大斑。体两侧下方还有 9 对刺突，刺突上生有毒毛。

**【生活习性】**此虫在辽宁、陕西等地 1 年发生 1 代，在北京、江苏、安徽等地 1 年发生 2 代。以老熟幼虫在小枝分叉处、主侧枝以及树干的粗

图 2.1-19　黄刺蛾成虫（见彩图）

皮上结茧越冬。翌年 4～5 月间化蛹，5～6 月出现成虫。成虫羽化多在傍晚，产卵多在叶背。卵期 7～10d。幼虫有 7 龄。7 月份老熟幼虫吐丝和分泌黏液作茧化蛹。

**【防治方法】**

物理机械防治：消灭越冬虫茧；设置黑光灯诱杀成虫。初孵幼虫有群居习性，可人工摘除虫叶，消灭幼虫。

化学防治：幼虫期喷施 50％马拉硫磷乳油或 50％杀螟硫磷乳油 1000～2000 倍液、90％敌百虫乳油或 25％亚胺硫磷 1500～2000 倍液、菊酯类农药 5000～6000 倍液，均能取得较好防治效果。

生物防治：如上海青蜂、赤眼蜂、刺蛾紫姬蜂等。

## 蓝目天蛾　*Smerinthus planus*

**【寄主】**杨、柳、榆、苹果、梨、李、杏、核桃等。

**【形态特征】**成虫触角黄褐色栉齿状（雄虫发达）。前翅有数条横线，顶端有云状纹，中部近前缘有 1 半月形斑；后翅中央为紫红色，近后缘处有 1 大形眼状斑，其周围为淡紫灰色，中央为深蓝色。老熟幼虫体长 60～90mm，绿色或黄绿色，头顶尖，两侧各具 1 黄色条纹。胸部和腹部 1～8 节的两侧各具 1 条由细小颗粒所形成的黄色斜纹线（图 2.1-20）。

图 2.1-20  蓝目天蛾成虫和幼虫（见彩图）

【生活习性】在东北、西北、华北 1 年发生 2 代，以蛹在根际土壤中越冬。翌年 5 月中旬成虫羽化，卵多散产在叶背或枝条上。卵期 7～14d。6 月上旬幼虫孵化为害，7 月下旬第 1 代成虫羽化，成虫具趋光性；8 月份为第 2 代幼虫为害期，9 月上旬幼虫入土 8cm 左右化蛹越冬。

【防治方法】

物理机械防治：可设置灯光诱杀成虫；利用幼虫受惊易掉落习性，击落幼虫并集中销毁。

园林栽培防治：根据天蛾有土中化蛹习性，可翻土杀死越冬蛹。

生物防治：喷洒苏云金杆菌乳剂 500～800 倍液。

化学防治：虫口密度大时，可喷 50％辛硫磷乳油 1000～1500 倍液，90％敌百虫乳油 800～1000 倍液，20％菊杀乳油 2000 倍液。

## 槐尺蛾  *Semiothisa cinerearia*

【寄主】国槐等。

【形态特征】成虫通体黄褐色，前翅有明显的 3 条黑色横线，近顶角处有一长方形褐色斑纹。后翅只有 2 条横线，中室外缘上有一黑色小点。初孵幼虫，黄褐色，随着取食虫体逐渐变绿色，老熟幼虫身体紫红色。幼虫生有胸足 3 对、腹足 1 对、臀足 1 对，头壳和身体上有黑点或不同长短的黑色线条（图 2.1-21）。

图 2.1-21  槐尺蛾成虫、幼虫（见彩图）

【生活习性】1 年 3～4 代，以蛹在土壤 2～3cm 深处越冬。翌年 5 月上中旬槐树萌芽时越冬代成虫羽化。卵经 6～8d 孵化幼虫，幼虫期 4 龄。幼虫常以臀足攀附枝干挺直躯体伪装成绿枝状以麻痹天敌。幼虫有吐丝下垂习性，故又称"吊死鬼"。成虫有趋光性。

**【防治方法】**

物理机械防治：可消灭虫源，结合肥水管理，冬、春季在根部附近挖过冬蛹，及时捕杀落地准备化蛹的幼虫；根据成虫具有趋光性，用黑光灯诱杀成虫是行之有效的方法。

生物防治：可喷洒苏云金杆菌乳剂 600 倍液。

化学防治：幼虫期选择 90％敌百虫晶体 1500 倍液、20％氰戊菊酯 2000 倍液、2.5％溴氰菊酯 4000 倍液等进行常量喷雾均有良好效果。低龄幼虫期喷洒 20％除虫脲（灭幼脲一号） 3000 倍液。

### 舞毒蛾 *Lymantria dispar*

**【寄主】**栎、杨、柳、榆、桦、槭、杏、苹果、山楂、落叶松等。

**【形态特征】**成虫雌、雄异形。雌蛾体污白色。前翅有 4 条黑褐色锯齿状横线、中室端部横脉上有"＜"形黑纹（开口向翅外缘），内方有一黑点。后翅斑纹不明显。雄蛾体瘦小，茶褐色。前翅翅面上具有与雌蛾相同的斑纹。老熟幼虫头黄褐色，具"八"字形黑纹，胴部背线两侧的毛瘤前 5 对为黑色，后 6 对为红色，毛瘤上生有 1 棕黑色短毛（图2.1-22）。

图 2.1-22　舞毒蛾雌成虫、雄成虫、幼虫（见彩图）

**【生活习性】**1 年 1 代，以完成胚胎发育的幼虫在卵内越冬。卵块在树皮上、梯田堰缝、石缝等处。翌年 4～5 月树发芽时开始孵化。6 月上、中旬幼虫老熟后大多爬至白天隐藏的场所化蛹。成虫于 6 月中旬至 7 月上旬羽化，盛期在 6 月下旬。雄虫有白天飞舞的习性（故得名）。

**【防治方法】**

物理机械防治：在秋、冬或早春，消灭越冬虫卵；可绑毒绳阻止幼虫上下树。因地制宜地设置灯光诱杀成虫；幼虫越冬前，可在干基堆草诱杀幼虫。

生物防治：毒蛾的天敌很多，如绒茧蜂、黑卵蜂、姬蜂等，应注意保护利用。另外，毒蛾类幼虫容易被核型多角体病毒所感染，在幼虫发生期喷洒病毒液或将被病毒感染的虫尸磨碎稀释后喷洒。

化学防治：幼虫期采用 50％杀螟硫磷乳油、90％敌百虫晶体 1000 倍液、2.5％溴氰菊酯乳油 4000 倍液、25％灭幼脲悬浮液 2500～5000 倍液进行喷杀，均会取得很好的防治效果。

## 杨扇舟蛾 *Clostera anachoreta*

【寄主】杨、柳。

【形态特征】成虫体淡灰褐色。前翅灰白色，顶角处有一块赤褐色扇形大斑，斑下有一黑色圆点，翅面上有灰白色波状横线 4 条。后翅灰白色，较浅。雄虫腹末具分叉的毛丛。老熟幼虫头部黑褐色，背面淡黄绿色，两侧有灰褐色纵带。第 1、8 腹节背中央各有一个黑红色瘤。

【生活习性】发生代数因地而异，1 年 2~8 代。以蛹结薄茧在土中、树皮缝和枯叶卷苞内越冬。成虫有趋光性。卵产于叶背，单层排列呈块状。初孵幼虫有群集习性，3 龄以后分散取食，常缀叶成苞，夜间出苞取食。老熟后在卷叶内吐丝结薄茧化蛹。

【防治方法】

物理机械防治：可结合松土、施肥等挖除越冬蛹。人工摘除卵块、虫苞。利用黑光灯诱杀成虫。

生物防治：保护和利用天敌，如黑卵蜂、舟蛾赤眼蜂、小茧蜂等。有条件的可使用青虫菌、苏云金杆菌等微生物制剂。

化学防治：初龄幼虫期喷施杀螟硫磷乳油 1000 倍液、90% 晶体敌百虫 1500 倍液、50% 辛硫磷乳油 1500 倍液、25% 氰戊菊酯乳油 3500~4000 倍液。

## 黄褐天幕毛虫 *Malacosoma neustria testacea*

【寄主】杨、柳、榆、桦、苹果、梨、山楂、桃、李、杏、落叶松等。

【形态特征】雄成虫体色浅褐色，雌成虫体色深褐色。雄成虫前翅中央有 2 条平行的褐色横线，雌成虫前翅中央有一条深褐色宽带。幼虫头部灰蓝色，胴部背面中央有一明显白带，两边是橙黄色横线，气门黑色，体背各节具黑色长毛（图 2.1-23）。

图 2.1-23 黄褐天幕毛虫成虫、幼虫（见彩图）

【生活习性】每年发生 1 代，以幼虫在卵壳中越冬。翌年 4 月下旬梨、桃树开花时幼虫从卵壳中钻出，先在卵环附近为害嫩叶，并在小枝交叉处吐丝结网张幕而群聚网幕上为害。6 月上中旬老熟幼虫寻找密集叶丛结茧化蛹。蛹经 10~13d 羽化成虫。雌虫交尾后寻找适宜的当年生小枝产卵，卵粒环绕枝干排成"顶针"状。

【防治方法】

物理机械防治：可结合修剪、肥水管理等消灭越冬虫源；人工摘除卵块或孵化后尚群集的初龄幼虫及蛹茧。灯光诱杀成虫。幼虫越冬前，干基绑草绳诱杀。

生物防治：用白僵菌、青虫菌、松毛虫杆菌等微生物制剂使幼虫致病死亡。保护、招引益鸟。

化学防治：发生严重时，可喷洒 2.5％溴氰菊酯乳油 4000～6000 倍液、50％磷胺乳剂 2000 倍液、25％灭幼脲三号 1000 倍液喷雾防治。

## 紫榆叶甲 *Ambrostoma quadriimpressum*

【寄主】榆树。

【形态特征】成虫头及足深紫色，有蓝绿色光泽，前胸背板及鞘翅紫红色与金绿色相间，有很强的金属光泽（图 2.1-24）；幼虫、老熟幼虫体黄白色，头部褐色，头顶有 4 个黑点，前胸背板亦有 2 个黑点，背中线淡灰色，其下方有 1 条淡黄色纵带，周身密被颗粒状黑色毛瘤。

【生活习性】1 年发生 1 代，以成虫在浅土层中越冬。翌年 4 月下旬至 5 月上旬交尾产卵，5 月幼虫孵化，共 4 龄；6 月上中旬老熟幼虫入土化蛹；6 月下旬新成虫出土为害；7 月上旬至 8 月当气温达 30℃时，成虫有越夏习性，气温下降又继续上树为害；10 月以后成虫下树入土越冬。成虫不善飞行，有迁移为害习性。

【防治方法】

物理机械防治：早春叶甲出蛰上树及 8 月成虫解除夏眠上树之前，用绑毒绳的方法阻杀成虫。

生物防治：保护和利用天敌，如跳小蜂、寄生蝇及食虫鸟等。

图 2.1-24 紫榆叶甲成虫（见彩图）

化学防治：卵期用 50％辛硫磷乳油 1000～1500 倍液喷雾；幼虫、成虫期喷 90％晶体敌百虫 800～1000 倍液、20％菊杀乳油 2000 倍液或 2.5％溴氰菊酯乳油 4000～6000 倍液均有良好防治效果。

② 枝干害虫。枝干害虫是园林树木的一类毁灭性害虫。常见的有鳞翅目的木蠹蛾科、透翅蛾科、鞘翅目的天牛科、象甲科等。枝干害虫为害枝梢及树干，除成虫期进行补充营养、寻找配偶和繁殖场所时短暂营裸露生活外，其余大部分生长发育阶段均营隐蔽性生活，在树木主干内蛀食、繁衍，不仅使输导组织受到破坏而引起植物死亡，而且在木质部内形成纵横交错的虫道降低了木材的经济价值。

## 光肩星天牛 *Anoplophora glabripennis*

【寄主】杨、柳、榆、糖槭、桑、苦楝等。

【形态特征】成虫，前胸两侧各有刺状侧刺突 1 个，鞘翅基部光滑，每翅具大小不同的白绒毛斑约 20 个。初孵幼虫乳白色，老熟幼虫体带黄色，前胸大而长，背板后半部

"凸"字形区色较深，其前沿无深色细边（图 2.1-25）。

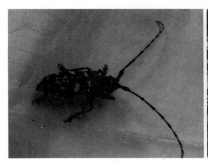

图 2.1-25　光肩星天牛成虫、幼虫（见彩图）

【生活习性】1 年发生 1 代，少数 2 年 1 代，以幼虫在树干内越冬。越冬的老熟幼虫翌年直接化蛹，越冬幼虫 3 月下旬开始活动取食，4 月底 5 月初开始在隧道上部做略向树干外倾斜的椭圆形蛹室化蛹。6 月上旬咬羽化孔飞出，6 月中旬至 7 月上旬为盛期，10 月上旬还可见成虫活动。

【防治方法】

植物检疫：对可能携带危险性天牛的调运苗木、幼树实行检疫，检验是否带有天牛的卵、入侵孔、羽化孔、虫瘿、虫道和活虫体等，并按检疫法进行处理。

园林栽培防治：尽量避免栽植单一绿化树种。加强树木管理，定时清除树干上的萌生枝叶，保持树干光滑，改善通风透光状况。

物理机械防治：对有假死性的天牛可震落捕杀，也可组织人工捕杀。在树干 2m 以下涂白或缠草绳，防止天牛成虫在寄主上产卵。

生物防治：保护、利用天敌，如啄木鸟对控制天牛为害有较好的效果；在天牛幼虫期释放管氏肿腿蜂；也可用麦秆蘸取少许寄生菌粉与甲萘威的混合粉剂插入虫孔。

化学防治：a. 药剂喷涂枝干。对在韧皮部下为害尚未进入木质部的幼龄幼虫防效显著。常用药剂有 50％辛硫磷乳油、40％氧乐果乳油、50％杀螟硫磷乳油、25％杀虫脒盐酸盐水剂、90％敌百虫晶体 100～200 倍液，加入少量煤油、食盐或醋效果更好；涂抹嫩枝虫瘿时应适当增大稀释倍数。b. 注孔、堵孔法。对已蛀入木质部，并有排粪孔的大幼虫，如桑天牛、星天牛类等使用磷化锌毒签、磷化铝片、磷化铝丸等堵最下面 2～3 个排粪孔，其余排粪孔用泥堵死，进行毒气熏杀效果显著。用注射器注入 50％马拉硫磷乳油、50％杀螟硫磷乳油、40％氧乐果乳油 20～40 倍液；或用药棉蘸 2.5％溴氰菊酯乳油 400 倍液塞入虫孔。

防治成虫：对成虫有补充营养习性的，在其羽化期间用常用药剂 40％氧乐果乳油、2.5％溴氰菊酯乳油 500～1000 倍液喷洒树冠和枝干。

### 白杨透翅蛾　*Parathrene tabaniformis*

【寄主】各种杨、柳树。

【形态特征】成虫外形似胡蜂，青黑色，腹部有 5 条黄色横带。头顶 1 束黄毛簇，褐黑色前翅窄长，后翅全部透明。初龄幼虫淡红色；老熟幼虫黄白色，体长 30～33mm。

【生活习性】多为 1 年 1 代，以 3～4 龄幼虫在寄主内越冬。翌年 4 月中、下旬树液开始流动时为害，取食寄主的髓心。5 月上中旬老熟幼虫在树干内部向树的上部蛀化蛹室。6 月上中旬成虫羽化，将蛹壳的 2/3 带出羽化孔，遗留下的蛹壳长时间不掉，极易识别。

【防治方法】

植物检疫：对引进或输出的苗木要严格检疫，及时剪除虫瘿，以防止传播和扩散。

园林栽培防治：选用抗虫树种。

物理机械防治：可人工捕杀集中羽化的成虫。结合修剪铲除虫疤及周围的翘皮、老皮以消灭幼虫。

生物防治：保护利用天敌，在其羽化期减少农药使用，或用蘸白僵菌、绿僵菌的棉球堵塞虫孔。在成虫羽化期应用信息素诱杀成虫，效果明显。

化学防治：成虫羽化盛期，喷洒 40% 氧乐果 1000 倍液，或 2.5% 溴氰菊酯 4000 倍液，以毒杀成虫，兼杀初孵幼虫。幼虫越冬前及越冬后刚出蛰时用 40% 氧乐果和煤油以 1：30 倍液，或与柴油以 1：20 倍液涂刷虫斑或全面涂刷树干。幼虫侵害期如发现枝干上有新虫粪立即用上述混合药液涂刷，或用 50% 杀螟硫磷乳油与柴油液以 1：5 倍液滴入虫孔，或用 50% 杀螟硫磷乳油、50% 磷胺乳油 20～60 倍液在被害处 1～2cm 范围内涂刷药环。幼虫孵化盛期在树干下部间隔 7 天喷洒 2～3 次 40% 氧乐果乳油或 50% 甲胺磷乳油 1000～1500 倍液，可达到较好的防治效果。

## 杨干象　*Cryptorhynchus lapathi*

【寄主】杨、柳、桦树等。

【形态特征】成虫体长 8～10mm，长椭圆形，头部前伸，喙呈象鼻状，触角膝状。前胸背板两侧和鞘翅后端 1/3 处及腿节白色鳞片较密，并混生有直立的黑色毛簇。鞘翅后端 1/3 处向后倾斜，形成一个三角形斜面，雌成虫臀板末端尖形，雄成虫臀板末端圆形（图 2.1-26）。幼虫乳白色，渐变成乳黄色，弯曲。疏生黄色短毛，头黄褐色。前胸具一对黄色硬背板。足退化，在足痕处生有数根黄毛，胴部弯曲，略呈马蹄状。

【生活习性】多 1 年 1 代，以卵及初孵幼虫越冬。翌年 4 月中旬越冬幼虫开始活动，越冬卵也相继孵化为幼虫。幼虫先在韧皮部与木质部之间蛀道为害，于 5 月上旬钻入木质部为害化蛹。成虫发生于 6 月中旬到 7 月中旬，羽化期约 1 个月，成虫盛期为 7 月中旬。成虫假死性较强，多半在早晨交尾和产卵。将卵产于 2 年生以上幼树或枝条的叶痕裂皮缝的木栓层中。幼虫蛀道初期，在坑道

图 2.1-26　杨干象成虫（见彩图）

末端的表皮上咬一针刺状小孔，由孔中排出红褐色丝状排泄物。常由孔口渗出树液，坑道处的表皮颜色变深，呈油浸状，微凹陷。随着树木的生长，坑道处的表皮形成刀砍状一圈一圈的裂口，促使树木大量失水而干枯，并且非常容易造成风折。

**【防治方法】**

植物检疫：属国内检疫对象，应做好产地、调运检疫工作。

园林栽培防治：剪掉并烧毁被害枝条。

化学防治：于 4 月下旬至 5 月中旬用 40％氧乐果乳剂 10 倍液或白僵菌点涂幼虫排粪孔和蛀食的隧道，毒杀幼虫；在幼虫为害期，用打孔机在树干基部打孔深 1～1.5cm，每株打 4～6 孔，用注药器或注射器每孔注入 40％乐果乳油 1∶1 药液，距注药孔 3m 以内幼虫均可毒杀；于 6 月下旬至 7 月中旬每隔 10 天喷一次 2.5％溴氰菊酯 4000 倍液毒杀成虫。

## 芳香木蠹蛾（东方亚种）　*Cossus cossus orientalis*

**【寄主】**杨、柳、榆、槐、桦、白蜡、苹果、沙棘、槭、栎等。

**【形态特征】**成虫体粗壮、灰褐色。触角单栉齿状；头顶毛丛和鳞片鲜黄色，中胸前半部为深褐色，后半部白、黑、黄相间；后胸 1 条黑横带。前翅前缘 8 条短黑纹，中室内 3/4 处及外侧 2 条短横线，后翅中室白色，其余暗褐色，端半部具波状横纹。幼虫体粗壮，扁圆筒形。末龄幼虫头黑色，体长 58～90mm，胴体背面紫红色，腹面桃红色，前胸背板"凸"形的黑色斑中央具 1 白色纵纹（图 2.1-27）。

图 2.1-27　芳香木蠹蛾幼虫（见彩图）

**【生活习性】**2 年发生 1 代，第一年以幼虫在寄主内越冬，第二年幼虫老熟后至秋末，从排粪孔爬出，坠落地面，钻入土层 30～60mm 处做薄茧越冬，成虫 4 月下旬开始羽化，5 月上、中旬为羽化盛期，多在白天羽化，趋光性弱，性引诱力强，卵单产或聚产于树冠枝干基部的树皮裂缝、伤口、枝杈或旧虫孔处，无被覆物。初孵幼虫常几头至几十头群集为害树干及枝条的韧皮部及形成层，随后进入木质部，形成不规则的共同坑道。至 9 月中、下旬幼虫越冬，第二年继续为害至秋末入土结茧越冬。

**【防治方法】**

园林栽培防治：结合冬季修剪及时剪伐新枯死的带虫枝和树，消灭越冬幼虫。

物理机械防治：灯光诱杀成虫或刮除树皮缝处的卵块；根据其幼虫喜群居的特点，寻找新鲜粪屑之处，用细铁丝或其他利器从虫孔伸入钩杀幼虫。

化学防治：幼虫孵化后未侵入树干前，可喷施 20％菊杀乳油 2000 倍液或 50％杀螟硫磷乳油 1000～1500 倍液等杀初孵幼虫；幼虫初侵入期，往排粪屑处喷 20％菊杀乳油 150～200 倍液或涂刷 5～10 倍的菊杀乳油；对已侵入木质部蛀道较深的幼虫，可用棉球蘸 10 倍的 50％敌敌畏乳油塞入虫孔，外用黄泥封口，熏杀蛀孔内幼虫；树干涂白涂剂以防成虫产卵。

## 楸螟　*Omphisa plagialis*

**【寄主】**楸树、梓树、黄金树、臭梧桐等。

**【形态特征】**成虫体长 14～16mm，翅展 35～37mm。头部褐色，胸腹部灰褐色微带白色，翅白色，前翅基部有 2 条黑褐色锯齿状横纹，中室下方有 1 块不规则黑褐色大斑，近外缘处有深棕红色波状纹 2 条，后翅中横线黑褐色与前翅黑斑相接，前后翅亚外缘线和外缘线相连并弯曲成波状。老熟幼虫体长 15～20mm，灰白色略带红色，前胸背板黑褐色，各节有灰色毛斑，其上生有细毛（图 2.1-28）。

图 2.1-28　楸螟成虫、幼虫（见彩图）

【生活习性】1 年 1～2 代，以幼虫在一、二年生枝条或幼苗茎内越冬。翌年 4 月开始为害并化蛹。5 月上旬出现成虫，成虫有趋光性，夜晚产卵，卵散产于枝条尖端叶芽或叶柄间。5 月中旬幼虫孵化，初孵幼虫从嫩梢叶柄处钻入枝条内蛀食髓部，并从排粪孔排出黄白色虫粪和木屑，受害枝条萎蔫，随后干枯，梢尖变黑，弯曲下垂。6 月上旬幼虫老熟，在枝条内化蛹。6 月中、下旬，第 1 代成虫羽化。7 月份为第 2 代幼虫为害期。一直到 11 月份老熟幼虫在枝条内越冬。

【防治方法】

园林栽培防治：及时剪除虫株、虫果、受害枝梢，集中烧毁，消灭虫源。

物理机械防治：成虫羽化期用黑光灯诱杀。

生物防治：保护和利用天敌，招引益鸟、施放赤眼蜂等。

化学防治：幼虫期往树梢上喷 40%氧乐果乳油、50%杀螟硫磷乳油 1000 倍液或 2.5%溴氰菊酯乳油 1000 倍液；5、6 月间幼虫初为害期用 10%吡虫啉可湿性粉剂 500 倍液涂抹侵入孔。用磷化铝毒签插孔，杀死小幼虫。

③ 吸汁害虫。吸汁类害虫是园林植物害虫中较大的一个类群。常见的有同翅目的叶蝉类、蚜虫类、蚧虫类、木虱类等，半翅目的蝽类及蜱螨目的螨类等。吸汁类害虫吸取植物汁液，掠夺其营养，造成生理伤害，使受害部分褪色、发黄、畸形、营养不良，甚至整株枯萎或死亡。

### 白蜡蚧　*Ericerus pela*

【寄主】水蜡、白蜡、女贞等木樨科植物。

【形态特征】雌成虫无翅，体长 1.5mm，受精后虫体膨胀成半球形，外壳较坚硬，红褐色，上面散生大小不等淡黑色斑，腹面黄绿色（图 2.1-29）；触角 6 节，其中第 3 节最长。雄成虫体长 2mm，翅展 5mm，头淡褐色，触角丝状 10 节，腹部灰褐色，末端有等长的白蜡丝 2 根。若虫卵形，体长平均 0.70mm，宽 0.41mm。

【生活习性】在辽宁省每年发生 1 代，以受精雌成虫越冬。翌年春季随着树液流动和树芽膨大开始活动。4月下旬产卵，5 月初至 5 月 20 日为产卵盛期，5 月末为孵化盛期。孵化的若虫在母壳中短期停留后从臀裂处爬出。雌若虫先有一段不固定时间称为"游杆"，选择适宜叶片后转入"定叶"；雄若虫没有"游杆"习性，而直接"定叶"。5 月上旬为"定叶"盛期。定叶后取食汁液，雄若虫第 2d 体背出现白色蜡丝，经 5～7d 虫体为白色蜡质包被，又经 8～10d 蜕皮进入 2 龄；2 龄雄若虫离叶爬到枝条上群集不再移动，固定雄若虫开始二次蜕皮，此时放蜡，枝条上出现白色蜡层。9 月初成虫羽化，9 月中下旬为成虫盛期。雄成虫不擅飞翔，交尾后 1～2d 死亡。而受精雌成虫则在寄主枝条上越冬。

图 2.1-29　受精后的白蜡蚧雌成虫（见彩图）

【防治方法】

园林栽培防治：合理修剪，剪除过密枝条和虫枝，通风透光，减少虫口密度。

物理机械防治：将白蜡蚧栖息密度高的枝条剪除以降低越冬的虫口密度。

生物防治：注意保护和利用蜡蚧长角象、蚜小蜂、异色瓢虫、黑缘红瓢虫等天敌。

化学防治：初冬或早春树木休眠期枝干喷洒 3°Bé～5°Bé 石硫合剂，灭杀越冬若虫。初孵若虫期喷 3% 高渗苯氧威乳油 3000 倍液、10% 吡虫啉可湿性粉剂 2000 倍液防治。灌根，除去树干根际泥土，后用 40% 氧乐果乳油 100 倍液浇灌并覆土，或用 50% 久效磷乳油 500 倍液灌根，灌根后要及时浇水一次，以促使药液输导，提高杀虫效果。

## 秋四脉绵蚜　*Tetraneura akinire*

【寄主】榆树等。

【形态特征】无翅孤雌蚜体长 2.0～2.5mm，椭圆形，体杏黄色、灰绿色或紫色，体被呈放射状的蜡质绵毛，腹管退化；有翅孤雌蚜体长 2.5～3.0mm。头胸部黑色，腹部灰绿色至灰褐色，没有腹管。

【生活习性】1 年发生 9～10 代，以卵在榆树树皮缝内越冬。4 月下旬榆树发芽时越冬卵孵化，爬到嫩叶背面刺吸为害。被害部位初期为微小红斑，之后向上凸起，形成虫瘿（图 2.1-30）。5～6 月虫瘿裂开，有翅蚜从裂口中爬出，迁飞到禾本科植物和杂草根部为害；9 月下旬至 10 月上旬迁飞回榆树上为害，10月末产生无翅雌蚜和雄蚜，交尾并产卵越冬。

图 2.1-30　虫瘿（见彩图）

【防治方法】

园林栽培防治：清除榆树周围禾本科杂草，切断中间寄主，及时修剪徒长枝、过密枝，加强通风。苗圃地幼苗期初发生时可以人工剪出虫瘿。

生物防治：异色瓢虫成虫捕食若蚜。

化学防治：在早春干母产卵之前进，晚秋或榆树落叶后喷10％吡虫啉可湿性粉剂2000倍液、40％辛硫磷1000倍液、48％毒死蜱1000倍液、70％灭蚜硫磷1000倍液，可杀死虫体，减少虫口密度。

## 梨冠网蝽　*Stephanitis nashi*

【寄主】梨、苹果、海棠、李、桃、山楂等。

【形态特征】成虫体长约3.5mm，扁平，黑褐色；前胸两侧与前翅均有网状花纹，静止时两翅重叠，中间黑褐色斑纹呈"X"形。若虫形似成虫，腹部有锥形刺，初孵时白色，后渐成深褐色；共5龄，3龄后长出翅芽。

【生活习性】1年发生2～4代，世代重叠，以成虫在落叶间、枯老裂皮缝及根际土块中越冬。4月中旬成虫陆续出蛰活动，5月中旬各虫态同时出现，群集于较嫩的叶背吸食汁液，被害处堆积黄褐色排泄物，叶面呈现苍白色小斑，严重时呈黄褐色锈斑。7、8月为害最严重。

【防治方法】

园林栽培防治：清除林地枯枝落叶和杂草，集中烧毁。秋季绑草把诱集并消灭越冬成虫。

化学防治：成虫、若虫为害期，树冠喷洒10％吡虫啉2000倍液、1.8％阿维菌素2000倍液、40％氧乐果1000倍液等。

## 大青叶蝉　*Cicadella viridis*

【寄主】杨、柳、刺槐、白蜡、苹果、桑、枣、梧桐、桧柏等。

【形态特征】雌成虫体长9.4～10.1mm，雄成虫体长7.2～8.3mm，头胸部黄绿色，头顶有1对黑斑，复眼绿色。前胸背板淡黄绿色，其后半部深青绿色；小盾片淡黄绿色。后翅烟黑色，半透明。若虫共5龄，初孵化黄绿色，复眼红色。2～6h后，体色变淡黄、浅灰或灰黑色。3龄后出现翅芽，老熟若虫体长6～7mm。

【生活习性】我国北方1年发生3代，以卵越冬。越冬卵在3月下旬开始发育，卵体逐渐膨大。初孵若虫喜群聚取食，受惊后由叶面斜行或横行向叶背逃避，或跳跃而逃。成虫趋光性很强。

【防治方法】

园林栽培防治：加强管理，勤除草，清洁庭园，结合修剪，剪除受害枝以减少虫源。

物理机械防治：在成虫为害期，利用灯光诱杀，消灭成虫。

化学防治：在若虫、成虫为害期，可喷40％氧乐果、50％杀螟硫磷、50％辛硫磷乳油、25％亚胺硫磷乳油、90％晶体敌百虫1000～1500倍液，或2.5％溴氰菊酯乳油2000倍液。

## 朱砂叶螨　*Tetranychus cinnabarinus*

【寄主】海棠、丁香、桃、木槿、月季等。

**【形态特征】** 雌螨体长 0.55mm，体宽 0.32mm，体形椭圆，锈红色或深红色。雄螨体长 0.36mm，体宽 0.20mm。幼螨近圆形，半透明，取食后体色呈暗绿色，足 3 对。若螨椭圆形，体色较深，体侧有较明显的块状斑纹，足 4 对。

**【生活习性】** 年发生代数因地而异。每年可发生 12～20 代。在北方，主要以雌螨在土块缝隙、树皮裂缝及枯叶等处越冬，此时螨体为橙红色，体侧的黑斑消失。高温干燥利于朱砂叶螨的发生，降雨特别是暴雨，可冲刷螨体，降低虫口数量。

**【防治方法】**

园林栽培防治：销毁残株落叶，增强树势，高温干旱季节抗旱灌水。

物理机械防治：对木本植物，刮除粗皮、翘皮，结合修剪，剪除病虫枝条。

生物防治：叶螨天敌种类很多，注意保护瓢虫、草蛉、小花蝽等天敌。

化学防治：可喷施 1.8％阿维菌素乳油 3000～4000 倍液、15％哒螨灵乳油 1500 倍液、40％三氯杀螨醇乳油 1000～1500 倍液，对成螨、若螨、幼螨、卵均有效。

④ 地下害虫。详见草坪病虫害防治技术。

（2）园林树木常见病害种类及防治方法

① 叶部病害。园林树木叶部病害种类繁多。尽管叶部病害很少能引起园林树木的死亡，但叶片的病斑、花朵早落却严重影响园林树木的观赏效果，而且叶部病害还常导致园林树木提早落叶，减少光合作用产物的积累，削弱树木的生长势。常见症状类型有白粉、锈粉、叶斑、叶畸形、变色、漆斑等。

## 柳树白粉病

**【危害】** 危害柳属、杨属树木叶片，引起叶片白粉病。该病害在野生和栽培的树木上均有发生，危害程度中等。是园林树木常见病害。

**【症状】** 发病初期呈灰白色小斑，在叶表面产生一层灰白色粉质霉，逐渐蔓延到整个叶片。后期病斑由灰白色变成暗灰色，严重时病叶卷缩枯萎。最后在病斑上长出黑色的小球点（闭囊壳）（图 2.1-31）。

**【发病规律】** 病原菌以闭囊壳在落地病叶上越冬。翌年春季释放出孢子，萌发进行初侵染，产生分生孢子，6～8 月分生孢子反复发生侵染，9～10 月闭囊壳逐渐成熟。病害的发生与树势、密度、栽培环境有密切关系。

图 2.1-31　白粉病（见彩图）

**【防治方法】**

园林栽培防治：秋冬季结合清园扫除枯枝落叶，或结合修剪整枝除去病梢、病叶，并集中烧毁或填埋，以减少侵染来源。加强栽培管理，提高园林植物的抗病性；适当增施磷、钾肥，合理使用氮肥；种植不要过密，适当修剪，以利于通风透光；及时清除染病植株，摘除病叶，剪去病枝。

化学防治：发芽前喷施石硫合剂；生长季节用 25％三唑酮可湿性粉剂 2000 倍液、70％甲基硫菌灵可湿性粉剂 1000～1200 倍液、50％福美甲胂 800 倍液进行喷雾。每 7～10d 喷洒 1 次，连续 3～4 次。

## 海棠锈病

【危害】是海棠、苹果、梨、山楂等蔷薇科植物上常见的病害。常在春夏季造成海棠叶片形成枯斑，严重时造成早期落叶，在秋冬季造成柏（杉）类小枝形成木瘤而导致小枝枯死。

【症状】感病初期，叶片正面出现橙黄色、有光泽的小圆斑，病斑边缘有黄绿色的晕圈，其后病斑上产生针头大小的黄褐色小颗粒，即病菌的性孢子器。大约 3 周后病斑的背面长出黄白色的毛状物，即病菌的锈孢子器。

秋冬季病菌为害转主寄主桧柏的针叶和小枝，最初出现淡黄色斑点，随后稍隆起，最后产生黄褐色圆锥形角状物或楔形角状物，即病菌的冬孢子角。翌年春天，冬孢子角吸水膨胀为橙黄色的胶状物，犹如针叶树"开花"（图 2.1-32）。

【发病规律】病菌以菌丝体在桧柏上越冬，可存活多年。翌年 3、4 月份冬孢子成熟，春雨后，冬孢子角吸水膨大萌发产生担孢子，担孢子借风雨传播到海棠上，萌发产生芽管直接由表皮侵入；经 6～10d 的潜育期，在叶正面产生性孢子器；约 3 周后在叶背面产生锈孢子器。锈孢子借风雨传播到桧柏上入侵新梢越冬。

图 2.1-32　海棠锈病——叶片正面、背面症状及桧柏上黄色胶状物（见彩图）

该病的发生与气候条件关系密切。春季多雨气温低或早春干旱少雨发病轻，春季温暖多雨则发病重。该病发生与园林植物的配置关系十分密切。该病菌需要转主寄主才能完成其生活史，故海棠与桧柏类针叶树混栽可加重此病。

【防治方法】

园林栽培防治：合理配置园林植物是防止转主寄主的锈病发生的重要措施。为了预防海棠锈病，在园林植物配置上要避免海棠和圆柏类针叶树混栽；如因景观需要必须一起栽植，则应考虑将圆柏类针叶树栽在下风向，或选用抗性品种。此外，结合庭院清理和修剪，及时除去病枝、病叶、病芽并集中烧毁，清除侵染来源。

化学防治：在休眠期喷洒 3°Bé 石硫合剂可以杀死在芽内及病部越冬的菌丝体；生长季节喷洒 25％三唑酮可湿性粉剂 300～500 倍液，或 65％的代森锌可湿性粉剂 500 倍液，可起到较好的防治效果。

## 丁香褐斑病

【危害】是丁香上的一种重要病害。丁香感病后，叶片枯死、早落，使植株生长不良。

【症状】叶片上病斑常为不规则多角形，褐色，后期病斑中央变成灰褐色，边缘深褐色。病斑背面着生暗灰色霉层，发病严重时病斑上也有少量霉层。

【发病规律】病菌以子座或菌丝体在染病落叶上越冬，由风雨传播。雨水多、露水重、种植密度大、通风不良有利于病害的发生。

【防治方法】

园林栽培防治：彻底清除病株残体及病死植株，并集中烧毁。加强栽培管理，适当控制栽植密度，及时修剪，以利于通风透光；增施有机肥、磷肥、钾肥，适当控制氮肥，提高植株抗病能力。选用抗病品种和健壮苗木。

化学防治：休眠期在发病重的地块喷洒 3°Bé 的石硫合剂，或在早春展叶前喷洒 50％多菌灵可湿性粉剂 600 倍液。在发病初期及时喷施杀菌剂，如 50％硫菌灵可湿性粉剂 1000 倍液，或 50％福美甲胂可湿性粉剂 500 倍液，或 65％代森锌可湿性粉剂 500 倍液。

## 槭树漆斑病

【危害】主要危害茶条槭、五角枫、三花槭等植物的叶片，致叶片早落。

【症状】初发病时叶上产生点状褪绿斑，边缘紫红色，中央褐色，扩展后病斑呈圆形或近圆形至梭形大斑，后期病叶上现隆起的漆斑。漆斑彼此隔开或融合，形状不规则，有的呈黑色膏药状。

【发病规律】病菌以菌丝和子座内的分生孢子在病残体上越冬，春季开始形成子囊盘和子囊孢子，借雨水或水滴溅射传播进行初侵染，8 月中下旬病叶上现漆斑，产生子座，出现无性态。湿度大、树势差、土壤瘠薄时发病较重。

【防治方法】

园林栽培防治：秋季结合修剪注意剪除枯枝病叶，增强透风透光。

化学防治：发病初期喷 45％咪鲜胺水乳剂 1000 倍液或 75％百菌清可湿性粉剂 800 倍液。每隔 7～10d 用药 1 次，连续 2～3 次。


② 枝干病害。园林树木枝干病害种类虽不如叶、花、果病害多，但其危害性很大，轻者引起枝枯，重者导致整株枯死。如近年来在我国许多地方扩展蔓延到松材的线虫病，导致整片的松林枯死，已成为城市绿化的一大难题。枝干病害的症状类型主要有腐烂及溃疡、枯枝、肿瘤、萎蔫、立木腐朽等。不同症状类型的枝干病害，发展严重时，最终都能导致枝干的枯萎死亡。

## 杨树水疱型溃疡病

【危害】发生在杨、柳、刺槐、核桃等多种阔叶树干部上，引起干部溃疡病。该病害发生普遍，危害杨树干部形成溃疡，对树木正常生长发育影响很大，严重发病时也可导致树木死亡。

【症状】本病多发生在杨树等的枝干部。一般在皮孔的边缘形成水泡状溃疡，初为圆形，极小，不易识别，其后水泡变大，直径 0.5～2cm，泡内充满淡褐色液体，随后水泡破裂，液体流出，遇空气变成黑褐色，并把病斑周围染成黑褐色，最后病斑干缩下陷，中央有一纵裂小缝。严重受害的树木，病斑密集连接，植株逐渐枯死。有的病斑第 2 年会继续扩大，后期出现黑色针头状分生孢子器（图 2.1-33）。

**【发病规律】**于 4 月开始发病，5 月底至 6 月为发病第一高峰，病菌来源于上年秋季病斑上越冬的分生孢子和子囊孢子。7～8 月气温增高时病势减缓，9 月出现第二次高峰。病原菌来源于当年春季病斑形成的分生孢子，在 7～8 月雨季时，飞散萌发而侵染寄主。10 月以后停止发生。孢子主要通过树皮表面的机械伤口侵入，也可由皮孔或表皮直接侵入。

**【防治方法】**

园林栽培防治：减少假植时间，选育抗病树种造林，白杨派和黑杨派较为抗病。

化学防治：发病期喷洒 50％代森铵可湿性粉剂 200 倍液，或 50％多菌灵可湿性粉剂 200 倍液。每隔 7～10d 防治 1 次，连续喷药 3 次。秋防为主，结合春防。

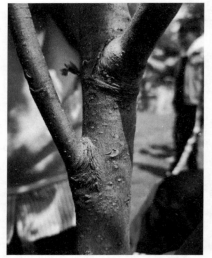

图 2.1-33　溃疡病（见彩图）

## 杨树烂皮病

**【危害】**发生在杨、柳等多种阔叶树干枝上，引起干枝烂皮病。本病害在园林绿化上发生非常普遍，危害十分严重，经常造成幼树、中幼树大面积死亡。

**【症状】**发生在树干及枝条上，表现为干腐及枯枝两种类型。干腐型主要发生在主干、大枝及枝干分叉处。初期病部呈暗褐色水肿状斑，皮层组织腐烂变软，病斑失水后树皮干缩下陷，有时龟裂，有明显的黑褐色边缘。后期病斑上生出许多针头状黑色小突起，即病菌分生孢子器，潮湿时从中挤出橘红色卷丝状分生孢子角。枯枝型主要发生在 1～4 年生幼树或大树枝条上，初期病部呈暗灰色，症状不明显，当病部迅速扩展绕枝干一周后，其上部枯死。枯枝上散生许多小黑点，即病菌的分生孢子器（图 2.1-34）。

图 2.1-34　烂皮病（见彩图）

**【发病规律】**病菌以菌丝、分生孢子器或子囊壳在病组织内越冬。翌年春季，产生分生孢子进行传播，孢子萌发通过各种伤口侵入寄主组织。每年 3 月中下旬开始发病，形成新病斑，老病斑继续扩展。4 月中旬至 5 月下旬为发病盛期，10 月停止发展。树皮含水量与病害有密切关系，树皮含水量低有利于病害的发生。

**【防治方法】**

园林栽培防治：及时清除病株或病死的枝条，燃烧处理。适度修剪，剪口要涂药保护。适地适树，选育抗病树种造林。

化学防治：发病前期用 50％多菌灵可湿性粉剂 200 倍液，或 70％甲基硫菌灵 200 倍液，或 10％大碱水或用 50 单位内疗素进行喷洒。喷前用刀具将病斑划破，以保证药液充分浸透病斑。早春防治结合秋防，每隔 7～10d 防治 1 次，连续 3～4 次。

## 国槐枯枝病

**【危害】** 危害国槐、龙爪槐等植物的枝条，一般多引起枯枝病。该病害主要发生在城市园林绿化栽植的国槐上，经常引起大部分枝条枯死，甚至导致整株枯死。

**【症状】** 发病初期，在国槐死亡的小枝条上出现微微隆起，不久可见小的隆起顶破表皮，露出黑色发亮的小黑点，大小为 0.5～2.0mm，小黑点常常 2～3 个连生在枝条上各个部位密集地出现，后期可见小黑点顶端破裂，出现孔口，严重发病的植株可以导致树冠上部整体死亡。

**【发病规律】** 病原菌以菌丝和少量未成熟的分生孢子器进行越冬。翌年 5 月开始释放孢子侵染枝条，不久导致枝条死亡，6～8 月枝条上陆续出现分生孢子器，8～9 月大量释放分生孢子，孢子借雨水飞溅和气流飞散传播。枝条发生冻害的部位极易被病菌侵入，地势低洼、栽培措施差、树势较差的情况下均发病较重。

**【防治方法】**

园林栽培防治：清除侵染源，在发病期间剪除发病的枝条，集中烧毁处理。适当栽植密度，及时排灌，适当施肥增加抗病的能力。

化学防治：可用 10％大碱水喷洒，或用 5°Bé 的石硫合剂喷洒，或用 75％的甲基硫菌灵 50 倍液进行喷洒。每 7～10d 防治 1 次，共 2～3 次。

③ 根部病害。

## 根癌病

**【危害】** 根癌病又称冠瘿病、根瘤病、肿根病等，受病菌侵染植物的根茎部或主根部位过度增生而形成瘿瘤。

**【症状】** 该病主要发生在幼苗和幼树的干基部与根部，有时也发生在根的其他部分。初期在被害处形成灰白色瘤状物，与愈伤组织相似，比愈伤组织发育快。从初期表面光滑、质地柔软的小瘤逐渐增大成不规则状，表面由灰白色变成褐色至暗褐色的大瘤（最大可达 30cm）。大瘤表面粗糙且龟裂，质地坚硬，表层细胞枯死，并在瘤的周围或表面产生一些细根。最后，大瘤的外皮可脱落，露出许多突起状小木瘤，内部组织紊乱。

**【发病规律】** 病菌在病瘤、土壤或土壤中的寄主残体内越冬。存活 1 年以上，2 年内得不到侵染机会即失去生活力。可通过水、地下害虫等自然传播。远距离传播主要是通过带病苗木、插条、接穗或幼树等人为调运进行。病菌由伤口侵入，在寄主皮层组织内繁殖，产生吲哚类化合物刺激细胞增生形成瘤状物。在微碱性、黏重、排水不良的土壤及埋条繁殖苗木、切接苗木和幼苗上发病重。病害在 22℃左右发展较快，侵入 2～3 个月就能显症。

【防治方法】

园林栽培防治：加强产地检疫，发现带疫苗木应及时销毁。建立无病圃地，使用无病苗木。在苗木生产过程中少造成各种伤口。

物理机械防治：在寄主植物生长期间，对发病轻的或价值高的植株可切除病瘤，并用石硫合剂或波尔多液涂抹伤口；对发病重价值低的植株拔除销毁。

<h3 style="text-align:center">根结线虫病</h3>

【危害】是发生在植物根系上的一种严重病害，病菌分布范围极为广泛。由于根系上寄生大量线虫，消耗根系的营养而致使植物根系的吸收功能下降，生长势降低，严重者凋萎或枯死。

【症状】在植物根系的主根和侧根上，形成圆形、单生或串生、大或小、初期瘤表面光滑而软、后期瘤表面粗糙而硬的瘤状物，生有细根毛。切开小瘤镜检，可见白色、线形或梨形的虫体。

【发病规律】东北每年发生 2 代。以卵和幼虫在根瘤内和土壤中越冬，次年春卵孵化及土壤中的幼虫开始从植物根部皮层侵入，并分泌激素刺激根系产生根瘤。线虫通过自身蠕动、土壤、灌水及工具等途径不断进行传播，扩大侵染为害。5 月在根系上能见到密集而膨大的小根瘤，夏秋季根瘤增多增大。幼虫常在 10～30cm 土层内活动，但以 10cm 上下最多。土壤湿度在 10%～17%，土温 20～27℃，最适线虫存活。

【防治方法】

植物检疫：勿栽植带线虫的苗木，发现病根及时处理，并用氯化苦等消毒土壤。

园林栽培防治：可轮作，一般根结线虫在没有活寄主情况下，只存活一年左右。

化学防治：种植前进行土壤处理，选用二溴氯丙烷、杀线虫烷乳剂等。如每亩（1 亩≈667m$^2$）用 2～3kg 的 80%二溴氯丙烷颗粒剂加 75～100kg 水进行土施。病株的处理，可在苗木周围穴施 15%涕灭威颗粒剂，2～6g/m$^2$，掺入 30 倍细土拌匀，分穴施在植株周围须根最多处，并覆土浇水。

## 2.1.4.2 园林树木病虫害防治技术操作

1）园林树木虫害鉴别及防治

（1）食叶害虫鉴别

① 材料准备，具体内容如下。

a. 用具：放大镜、镊子、喷雾器、烧杯、量筒等。

b. 生活史标本：杨扇舟蛾、黄刺蛾、舞毒蛾、美国白蛾、蓝目天蛾、槐尺蛾、黄褐天幕毛虫、柑橘凤蝶、紫榆叶甲、蔷薇三节叶蜂等。

c. 杀虫剂：溴氰菊酯、氰戊菊酯、敌百虫、灭幼脲、阿维菌素、烟·参碱以及青虫菌、白僵菌、苏云金杆菌等制剂。

② 食叶害虫类群鉴别，具体方法如下。

a. 观察各种食叶害虫标本，区分蝶、蛾、叶甲、叶蜂等各类害虫。

b. 根据书中描述，观察区分几种蝶、蛾、叶甲、叶蜂成虫。

c. 根据书中描述，区分各个类群食叶害虫的幼虫。

③ 食叶害虫为害观察。观察各种食叶害虫生活史标本，观察并区别各种食叶害虫的为害状，对各被害状进行认真描述。

④ 食叶害虫防治，具体方法如下。

a. 喷雾施药方法：根据食叶害虫的种类及各种杀虫剂的特点选择稀释倍数，合理配制药液。配制药液可采取二次稀释法，即先将农药溶于少量水中，待均匀后再加满水，可以使药剂在水中溶解更为均匀，效果更好。喷药时间宜选择在阴天或早上喷药。高大树木通常使用高压机动喷雾机喷雾，矮小花木常用小型机动喷雾机或手压喷雾器喷雾。

b. 喷雾施药要求：喷药时尽量成雾状，叶面附药均匀，喷药范围应互相衔接，打一次药，有一次效果。使用高射程喷雾机喷药时，应随时摆动喷枪，尽一切可能击散水柱，使其成雾状，减少药液流失。喷药前应作好调查，喷药后要作好防治效果检查，记好病害防治日记。配药浓度要准确，应按说明书的要求去做。严格遵守其中的"注意事项"，勿使用用标签失落不明的农药，避免发生药害。

（2）园林蛀干害虫鉴别

① 材料准备，具体内容如下。

a. 用具：放大镜、镊子、喷雾器、烧杯、量筒、注射器等。

b. 生活史标本：光肩星天牛、桃红颈天牛、栗山天牛、松墨天牛、青杨天牛、柏肤小蠹、白蜡窄吉丁、白杨透翅蛾、芳香木蠹蛾等。

c. 杀虫剂：溴氰菊酯、威雷微胶囊剂、触破微胶囊剂、氧乐果、丁醚脲、毒死蜱、杀虫双、双甲脒等。

② 蛀干害虫类群鉴别，具体方法如下。

a. 观察各种蛀干害虫标本，区分天牛、木蠹蛾、小蠹虫、吉丁虫、透翅蛾等各类害虫。

b. 根据书中描述，观察区分几种天牛、小蠹虫、吉丁虫的成虫。

c. 根据书中描述，区分各个类群钻蛀害虫的幼虫。

③ 蛀干害虫为害观察。观察各种蛀干害虫生活史标本，观察并区别各种蛀干害虫的为害状，对各为害状进行认真描述。

④ 钻蛀害虫防治，具体方法如下。

a. 注射施药方法：根据钻蛀害虫的种类及各种杀虫剂的特点选择稀释倍数，合理配制药液。配制药液采取二次稀释法，宜选择在阴天或早上喷药。用注射器将配好的药液注入虫孔内来防治树木主干及主枝上发生的蛀干害虫。

b. 注射施药要求：找准蛀食排粪孔，也可采取树干钻孔施药。钻孔部位在树基部 20cm 以上，打孔多个时，各孔之间的距离不少于 20cm，并且各孔之间应呈螺旋式排列上升。钻孔时钻头与树干成 45°角，最深处不能达到树木髓心。树干直径 5～10cm，可钻孔 2～3 个；树干直径 10cm 以上，可钻 3～5 个孔；最多可钻 7 个孔。下一次注射时，宜在原钻孔处进行。

注射时，虫孔、排粪孔内均要注满药液，注射后用泥团堵住孔口。一虫多孔时，应先堵塞注孔以上或以下的虫孔，然后注射。配药按规定的用药量准确配制和使用，不能用原药直接注射。

（3）园林吸汁害虫鉴别及防治

① 材料准备，具体内容如下。

a. 用具：放大镜、镊子、喷雾器、烧杯、量筒等。

b. 生活史标本：大青叶蝉、草履蚧、白蜡蚧、榆四脉棉蚜、梨冠网蝽、朱砂叶螨、梧桐木虱、白粉虱、杜鹃冠网蝽等。

c. 杀虫剂：吡虫啉、噻嗪酮、抗蚜威、毒死蜱、啶虫脒、噻虫嗪、噻虫啉、丁醚脲、杀虫双等。

② 吸汁害虫类群鉴别如下。

a. 观察各种吸汁害虫标本，区分叶蝉、蚧虫、蚜虫、木虱、粉虱、蓟马等各类害虫。

b. 根据书中描述，观察区分几种叶蝉、蚧虫、蚜虫的成虫。

c. 根据书中描述，区分各个类群吸汁害虫的幼虫（若虫）。

③ 吸汁害虫为害观察。观察各种吸汁害虫生活史标本，观察并区别各种吸汁害虫的为害状，对各为害状进行认真描述。

④ 吸汁害虫防治。根据吸汁害虫的种类及各种杀虫剂的特点选择稀释倍数，合理配制药液。配制药液和喷施方法、要求同食叶害虫防治。

（4）地下害虫鉴别及防治

详见草坪病虫害防治技术。

2）园林树木病害鉴别及防治

（1）园林树木叶部病害鉴别及防治

① 材料准备，具体内容如下。

a. 标本：各类叶部病害标本，包括叶斑病类、白粉病类、锈病类、煤污病类、灰霉病类和畸形叶部病害类的实物标本、玻片标本和照片。

b. 用具：放大镜、显微镜、培养皿、镊子、剪刀、刀片、挑针、蒸馏水、载玻片、盖玻片等。

② 观察各类叶部病害，包括观察病害症状和病原物。

a. 观察各类叶部病害症状。

（a）病状，仔细观察各类叶部病害的病斑分布、形状、大小、颜色、是否有轮纹等。

（b）病症，用放大镜观察其典型的病症，并且做好记录。

b. 观察各类叶部病害病原物。

（a）临时玻片标本的制作，取洁净的载玻片和盖玻片，在载玻片中央滴入 1 滴蒸馏水，用挑针从霉状物中挑取少量霉，或者用剪刀切取病组织，或者用刀片轻轻刮少量的白粉、锈粉等，使得材料在水中分散均匀，然后盖上盖玻片即可。

（b）镜下观察，将做好的临时玻片或永久性玻片放在显微镜下观察，详细记录其真菌的菌丝体、无性繁殖体或有性繁殖体的形态特征。

③ 防治叶部病害，具体内容和方法如下。

a. 根据调查结果，对照前面所学知识，制订病害防治方案。

b. 根据方案，开展防治。一般叶部病害采取的防治措施主要有以下几个方面。

（a）植物检疫：对可以随着种子、苗木调运进行远距离传播的病害，严格进行植物检疫。

（b）园林防治：包括选用抗病品种、植物配置、合理栽植密度、水肥管理、合理修剪、保证植株通风透光良好等园林栽培养护管理措施。

（c）生物防治：选用生物药剂开展病害防治。

（d）物理机械防治：包括清扫落叶、摘除病叶或病枝、高低温处理等。

（e）化学防治：一是对症下药，根据病害种类选取高效、低毒的环保型药剂；二是选择合适的用药方式，一般叶部病害采取喷雾法防治；三是确定用药时间，一般在发病初期及时喷药；四是计算用药剂量和药液量，首先根据防治对象的面积估算药液量，然后根据稀释倍数计算所需要的药剂量；五是配制药液，一般采用两步稀释法；六是喷药，力求做到均匀周到，不漏喷。

（2）园林树木枝干病害鉴别及防治

① 材料准备，具体内容如下。

a. 标本：包括腐烂病类、溃疡病类、枯枝病类、丛枝病类等枝干部病害类的实物标本、玻片标本以及照片等。

b. 用具：放大镜、显微镜、培养皿、镊子、剪刀、刀片、挑针、载玻片、盖玻片等。

② 观察各类枝干部病害，具体内容和方法如下。

a. 观察各类枝干部病害的症状，包括病状和病症。

（a）病状：仔细观察各类枝干部病害的分布、形状、大小、颜色、质地等病状。

（b）病症：用放大镜观察其典型的病症，并且做好记录。

b. 观察各类枝干部病害的病原物。

（a）制作临时玻片标本，取洁净的载玻片和盖玻片，在载玻片中央滴入 1 滴蒸馏水，用挑针从霉状物中挑取少量霉、用剪刀切取病组织，或用刀片轻轻刮少量的点粒等，使得材料在水中分散均匀，然后盖上盖玻片。

（b）镜下观察，将做好的临时玻片或永久性玻片放在显微镜下观察。详细记录其真菌的菌丝体、无性繁殖体或有性繁殖体的形态特征。

③ 防治枝干部病害，具体内容和方法如下。

a. 根据调查结果，对照前面所学知识，制订病害防治方案。

b. 根据方案，开展防治。一般枝干部病害采取的防治措施主要有以下几个方面。

（a）植物检疫：在进行苗木调运时对危险性的茎干病害进行检疫，严格剔除有病植株。

（b）园林防治：选用健壮苗木，加强苗木栽培前后的护理，包括移栽前的保湿遮阴、移栽后及时浇水等。科学进行园林养护，包括合理水肥管理、合理修剪、树干涂白等。

（c）生物防治：用生物药剂或自然拮抗菌等进行防治。

（d）物理机械防治：剪除病枝等。

（e）化学防治：应对症下药，根据病害种类选取高效、低毒的环保型药剂，然后选择合适的用药方式，一般枝干部病害采取涂抹药剂法防治。首先需要刮除病斑，然后涂抹药液。用刀子刮去病皮，刮成梭形，边缘光滑，利于愈合，刮的范围要超出病皮 2cm 左右。或者采用划线治疗法，即用刻刀在病斑上划出韭菜叶子一般宽的线条，深达木质部，然后在病皮上涂抹药。其次计算用药剂量和药液量。要根据防治对象的发病株数和面积，估算药液量，然后根据稀释倍数，计算所需要的药剂量。茎部用药剂浓度要高于叶部喷药。最后配制药液，一般采用两步稀释法。

（3）园林树木根部病害鉴别及防治

① 材料准备，具体内容如下。

a. 标本：各类根部病害标本，包括立枯病、猝倒病、根朽病、白绢病、紫纹羽病、白纹羽病、根结线虫病等根部病害类的实物标本、玻片标本以及照片等。

b. 用具：放大镜、显微镜、培养皿、镊子、剪刀、刀片、挑针、蒸馏水、载玻片、盖玻片等。

② 观察各类根部病害，包括观察症状和病原物。

a. 观察各类根部病害的症状。

（a）病状：仔细观察各类根部病害的形状、大小、颜色、质地等病状。

（b）病症：用放大镜观察其典型的病症，并且做好记录。

b. 观察各类根部病害的病原物。

（a）临时玻片标本的制作：取洁净的载玻片和盖玻片，在载玻片中央滴入 1 滴蒸馏水。用挑针、剪刀或者刀片取少量病组织，使得材料在水中分散均匀，然后盖上盖玻片。

（b）镜下观察：将做好的临时玻片或永久性玻片放在显微镜下观察。详细记录其真菌的菌丝体、无性繁殖体或有性繁殖体的形态特征。

③ 根部病害防治技术，具体内容如下。

a. 根据调查结果，对照前面所学知识，制订病害防治方案。

b. 根据方案开展防治，一般根部病害采取的防治措施主要有以下几个方面。

（a）植物检疫：严格剔除病株。

（b）园林栽培防治：改良土壤，创造适宜花木生长的土壤条件，拔除病株或者剪掉病根，然后对伤口进行处理。

（c）物理机械防治：剪除病根或砍除重病树。

（d）化学防治：对病树下的土壤进行消毒。根据不同的病害选用不同的药剂进行处理。

### 2.1.4.3　园林树木病虫害防治质量验收

园林树木病虫害防治质量验收参考《园林绿化养护标准》（CJJ/T 287—2018）。

（1）园林树木病虫害防治质量等级

园林树木病虫害防治质量等级应符合表 2.1-6 的规定。

**表 2.1-6　树木养护质量等级**

| 项目 | 质量要求 | | |
| --- | --- | --- | --- |
| | 一级 | 二级 | 三级 |
| 病虫害情况 | ①基本无有害生物危害状；②整体枝叶受害率≤8%，树干受害率≤5% | ①无明显有害生物危害状；②整体枝叶受害率≤10%，树干受害率≤8% | ①无严重有害生物危害状；②整体枝叶受害率≤15%，树干受害率≤10% |

（2）园林树木有害生物防治的原则、方法

① 应按照"预防为主，科学防控，依法治理，促进健康"的原则，做到安全、经济、及时、有效。

② 宜采用生物防治手段，保护和利用天敌，推广生物农药。

③ 应及时有效地采取物理防治手段，并及时剪除病虫枝。

④ 采用化学防治时，应选择符合环保要求及对有益生物影响小的农药，宜不同药剂交替使用。

⑤ 应及时对因干旱、水涝、冷冻、高温、飓风、缺肥等所致的生理性病害进行防治。

⑥ 应按照农药操作规程进行作业，喷洒药剂时应避开人流活动高峰期或在傍晚无风的天气进行。

⑦ 采用化学农药喷施，应设置安全警示标志，果蔬类喷施农药后应挂警示牌。

⑧ 不得使用国家明令禁止的农药进行有害生物防治。

⑨ 应严格管控国家颁布的林木病虫害检疫对象。

## 思考与练习

### 一、选择题

1. 下列害虫中，属于食叶害虫的是（　　）。

A. 透刺蛾　　　B. 黄刺蛾　　　C. 杨干象　　　D. 木蠹蛾

2. 下列害虫中，属于枝干害虫的是（　　）。

A. 美国白蛾　　B. 枯叶蛾　　　C. 木蠹蛾　　　D. 夜蛾

3. 下列害虫中，属于吸汁害虫的是（　　）。

A. 大青叶蝉　　B. 刺蛾　　　　C. 天幕毛虫　　D. 灯蛾

4. 下列（　　）害虫在当年生小枝上产卵，卵粒环绕枝干排成"顶针"状。

A. 美国白蛾　　B. 黄刺蛾　　　C. 黄褐天幕毛虫　　D. 槐尺蛾

5. 月季白粉病叶上的白粉是（　　）。

A. 病症　　　　B. 性状　　　　C. 病状　　　　D. 病态

6. 下列病害中，属于生理性病害的是（　　）。

A. 煤污病　　　B. 白绢病　　　C. 白粉病　　　D. 黄化病

7. 美国白蛾以（　　）在树干皮缝及墙缝、枯枝落叶层中越冬。

A. 卵　　　　　B. 幼虫　　　　C. 蛹　　　　　D. 成虫

8. 下列哪类幼虫常以臀足攀附枝干挺直躯体伪装成绿枝状以麻痹天敌，有吐丝下垂习性，故又称"吊死鬼"。（　　　　）

A. 霜天蛾　　　　B. 绿刺蛾　　　　C. 杨扇舟蛾　　　　D. 槐尺蛾

9. 成虫羽化时，将蛹壳的 2/3 带出羽化孔，遗留下的蛹壳长时间不掉，极易识别的是（　　　　）。

A. 黄褐天幕毛虫　　B. 白杨透翅蛾　　C. 光肩星天牛　　D. 杨干象

10. 下列哪种老熟幼虫体带黄色，前胸大而长，背板后半部"凸"字形区色较深，其前沿无深色细边。（　　　　）

A. 白杨透翅蛾　　　B. 芳香木蠹蛾　　　C. 沟眶象　　　　D. 光肩星天牛

**二、判断题**

1. 对因干旱、水涝、冷冻、高温、缺肥等所致的侵染性病害应进行及时防治。（　　　）

2. 一般叶部病害采取喷雾法防治，且在发病严重时期及时喷药防治。（　　　）

3. 喷药时间宜选择在晴天或中午喷药。（　　　）

4. 配药浓度要准确，应按说明书的要求去做，配制药液可采取二次稀释法。（　　　）

5. 高大树木可使用高压机动喷雾机喷雾，矮小花木常用手压喷雾器喷雾。（　　　）

**三、简答题**

1. 本地区主要的食叶害虫有哪些种类？如何进行防治？

2. 本地区主要的枝干害虫种类有哪些？如何进行防治？

3. 本地区主要的吸汁害虫种类有哪些？如何进行防治？

4. 常见杀虫剂的种类有哪些？

5. 简述杀虫剂的施用技术和要求。

6. 本地区主要的叶部病害有哪些种类？如何进行防治？

7. 本地区主要的枝干病害种类有哪些？如何进行防治？

8. 本地区主要的根部病害种类有哪些？如何进行防治？

9. 常见杀菌剂的种类有哪些？

10. 简述杀菌剂的施用技术和要求。

在线答题

## 2.1.5　古树名木养护管理

### 2.1.5.1　古树名木概述

（1）古树名木的概念

古树名木一般指在人类历史发展进程中保存下来的年代久远或具有重要科研、历史、文化价值的树木。中华人民共和国国家建设部 2000 年 9 月 1 日发布实施的《城市古树名木保护管理办法》规定，古树是指树龄在一百年以上的树木，名木是指国内外稀有的以及具有历史价值和纪念意义及重要科研价值的树木。《中国农业百科全书》对名木古树的内涵界定为："树龄在百年以上的大树，具有历史、文化、科学或社会意义的木本植物。"（图 2.1-35）

古树名木分为一级和二级。凡是树龄在 300 年以上，或者特别珍贵稀有，具有重要历史价值和纪念意义，以及重要科研价值的古树名木，为一级古树名木；其余为二级古树名木。古树名木往往两者兼任，当然也有名木不是古树或古树未有名的，但都应该加以重视、保护和研究。

（2）保护古树名木的意义

① 古树名木是名胜古迹的重要景观。古树名木苍劲古雅、姿态奇特，如北京天坛的"九龙柏"、团城的"遮阴侯"、中山公园的"槐柏合抱"、香山公园的"白松堂"、嵩山脚下的"大将军柏""二将军柏""三将军柏"等，因观赏价值极高而闻名中外。它们把祖国山河装点得更加美丽多娇，令无数中外游客流连忘返。

图 2.1-35　古树名木——黄帝手植柏（见彩图）

② 古树名木是历史的见证。我国有周柏、秦松、汉槐、隋梅、唐杏等之说，均可作为历史的见证；北京颐和园东宫门内的两排古柏，在靠近建筑物的一面保留着火烧的痕迹，那是八国联军侵华罪行的真实记录；潭柘寺院内有 1 棵银杏树，高 40m，胸径 4m，又称"帝王树"，据说是因清代乾隆皇帝来寺院拜佛而得名。

③ 古树、名木具有重要的文化艺术价值。不少古树曾使历代文人、学士为之倾倒，为之吟咏感怀，它们在中国文化史上有其独特的地位。如扬州八怪中的李鱓，曾有名画《五松图》，是泰山名木艺术的再现。此类为古树而作的诗画为数极多，都是我国文化艺术宝库中的珍品。

④ 古树名木是研究自然史的重要资料。古树好比一部极其珍贵的自然史书，那粗大的树干储藏着几百年、几千年的气象资料，可以显示自然环境的变迁。古树复杂的年龄结构常常能反映过去气候的变化情况。古树的存在就把树木生长、发育在时间上的顺序展现为空间上的排列，使人们能够把处于不同年龄阶段的树木作为研究对象，从中发现该树种从生到死的自然规律。

⑤ 古树名木对现今城市树种规划具有很大的参考价值。古树多为乡土树种，对当地气候和土壤条件及抗病虫害方面有很高的适应性，因此，城市树种选择首先要以乡土名贵树种为重点；其次，通过对适合于本地栽培的树种要积极引种驯化，以期从中选出优良新种。例如，北京的古树中侧柏最多，故宫和中山公园都有很多古侧柏，这说明侧柏是经受了历史考验的北京地区的适生树种。

（3）古树衰老的原因

古树按其生长来说，已经进入衰老更新期。世界上任何事物都有其生长、发育、衰老、死亡的客观规律，古树也不例外，但是古树衰老还与其他因素有关。经调查，古树衰老是内因与外因共同作用的结果。

① 内因。内因主要是树木自身因素导致，古树名木树龄大，自身生理机能下降，生

活力低，再加上树形较高大，树龄的老化使根部吸收水分、养分的能力与再生能力减弱，因而抗病虫害侵染力低，抗风雨侵蚀力弱，这是其衰败的内因。

② 外因。外因主要包括环境因素、人为因素、病虫害、自然灾害等。

a. 环境因素：一些古树分布于丘陵、山坡、墓地、悬崖等处，土壤贫瘠，水土流失严重，随着树体的生长，吸取的养分不能维持其正常生长，很容易造成严重的营养不良而衰弱甚至死亡。生长在城市中的古树名木，立地条件差，营养面积小，由于城市气候的变化，形成热岛效应等城市特有气候。这些都影响着古树名木的生长甚至加速其衰老死亡。

b. 人为因素：（a）工程建设的影响。城区改造、修路、架桥、建水库等各类工程建设过程中，由于对古树名木断根过频、过多，修剪过重，造成其衰败，直至死亡。（b）人为活动引起土壤板结。在城市、公园、名胜古迹等处，凡有古树名木之处，必是游人云集之所，游人频繁践踏，致使树体周围土壤板结，密度增大，严重影响土壤的气体交换、根系活动和正常生长。（c）各种污染的影响。古树名木周围的污染，不仅污染了空气及河流，也污染了土壤和地下水体，使树体周围土壤理化性质恶化，使其根系受到或轻或重的伤害。（d）人为造成的直接损害。烟熏、火烤、刻字留念、晨练攀拉，还有砍枝、撞击、移栽等行为直接导致树体受损。（e）管理不当影响。如修剪过重，超过了树的再生能力，施药浓度过大造成的药害，肥料浓度把握不当造成烧根，人为的破坏造成古树生长衰退。

c. 病虫害：古树由于年代久远，会遭受一些人为和自然的破坏造成各种伤残，如主干中空、破皮、树洞、主枝死亡，导致树冠失衡、树势衰弱而诱发病虫害。如得不到及时有效的防治，其树势衰弱的速度和程度会进一步加快和增强。如槐的介壳虫、天牛，油松的松毛虫等对古树的侵害较重。

d. 自然灾害：（a）极端气候原因。古树名木历经千百年风霜岁月，屡受严寒酷暑、大涝大旱等恶劣气候的侵袭，造成皮开干裂、根裸枝残等现象，使其生长不良，甚至濒临死亡。（b）雷电火灾等原因。古树一般树冠高大，如遇雷击，轻则树体烧伤、断枝、折干，重则焚毁，造成树体严重损坏。（c）持续干旱，枝叶生长量小，重者落叶，小枝枯死。（d）大雪易压折枝条，冰雹砸断小枝，削弱树势。

### 2.1.5.2 古树名木养护技术操作

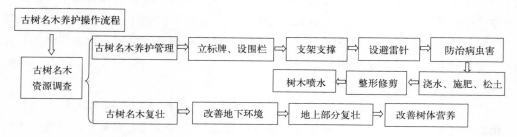

（1）古树名木资源调查

调查古树名木资源是为了掌握古树名木资源分布情况、生长生态情况，以便建立古树名木档案，相应地采取有效保护措施，使之充分发挥作用。

① 调查方法。采用实地踏勘，对本地区内树龄在百年以上的古树与名木进行每木调查。

② 调查内容：主要调查古树名木的树种、生长位置、树龄、树高、胸围、冠幅、生长势、立地条件、特殊状况描述、树木茎叶的描述与标本制作以及传记等。

③ 登记：在调查的基础上，根据古树名木等级划分依据，加以分级，做好登记、编号，并建立档案，设立标志。

④ 挂牌：金属牌上要求写出树种名称、所属科属、年龄、保护等级，以及树种所属保护管理部门、立牌年限。

（2）古树名木养护管理

① 立标牌、设围栏：有特殊历史价值和纪念意义的古树名木，应在古树名木生长处竖立说明牌作介绍。在距离树干 3～4m 处，或树干投影范围外设立围栏，地面做通气处理（图 2.1-36）。

② 设避雷针：据调查，千年古树大部分曾遭过雷击，有的在雷击后因未采取补救措施很快死亡。所以，高大的古树应加避雷针。如果遭受雷击，就立即将伤口刮平，涂上保护剂，并堵好树洞。

③ 防治病虫害：古树衰老，容易遭受病虫害的侵扰，加速死亡。名木古树病虫害防治应遵循"预防为主、综合防治"的方针，平时要追踪检查，做到"早发现，早预防，早治疗"。防治古树名木病虫害应采用专门的喷药器械和药剂。

④ 支架支撑：古树由于年代久远，主干或有中空，主枝常有死亡，造成树冠失去均衡，树体容易倾斜；又因树体衰老，枝条容易下垂，因而需用他物支撑。北京北海公园用两个半弧圈构成的铁箍加固，为了防止摩擦树皮用棕麻绕垫，用螺栓连接，以便随着干径的增粗而放松（图 2.1-37）。

图 2.1-36　设围栏（见彩图）

图 2.1-37　支架支撑（见彩图）

⑤ 灌水、松土、施肥：春季、夏季灌水防旱，秋季、冬季浇水防冻，灌水后应松土，一方面保墒，同时增加通透性。古树的施肥方法各异，可以在树冠投影部分开沟，沟内施腐殖土加稀粪，或施化肥。

⑥ 整形修剪：对一般古树的修剪，主要是将弱枝、病虫枝和枯死枝进行缩剪或剪除，既可改变古树的根冠比，集中供应养分，又利于发新枝。对名贵的古树，以轻剪、疏剪为主，基本保持原有的树形。对树势过于衰老的珍贵古树，最好不修剪，避免病菌的侵袭。

⑦ 树体喷水：由于城市空气浮尘污染，古树树体截留灰尘极多，影响观赏效果和光合作用，可以用喷水的方法加以清洗。但此项措施费工费水，只在重点区采用。

（3）古树名木的复壮

经过对古树的生长立地条件等因素进行调查，除了进行日常的养护管理外，还应该针对其树体具体情况采取多种措施改善其生长状况。

① 改善地下环境。进行改善地下环境复壮的目的是要促进树木根系生长。一般可采用换土、松土、地面铺梯形砖或草皮、埋条促根等措施来改善根的通气、透水状况。

a. 换土：换土时在树冠投影范围内，挖深50cm的环沟，暴露出来的根随时用浸湿的草袋子盖上，将原来的旧土与沙土、腐叶土、粪肥、锯末、少量化肥混合均匀之后填埋上。对排水不良地域的古树名木换土时，同时挖深3～4m的排水沟，下层填以大卵石，中层填以碎石和粗沙，再盖上无纺布，上面掺细沙和园土填平，使排水顺畅。

b. 松土：松土应在树冠投影外100cm进行，深度要求在40cm以上，需多次重复才能达到这一深度。对于有些古树不能进行深耕时，可观察根系走向，用松土结合客土等措施来改善根的生长条件。

c. 地面铺梯形砖或草皮：在地面上铺置上大下小的特制梯形砖，砖与砖之间不勾缝，留有通气道，下面用石灰砂浆衬砌，砂浆用石灰、沙子、锯末以1∶1∶0.5的比例配制。同时还可以在埋树条的上面铺设草坪或地被植物，改善土壤肥力，改善景观，或在其上面铺带孔的或有空花条纹的水泥砖。

② 地上部分复壮。地上部分复壮，指对古树名木树干、枝叶等的保护，并促使其生长，这是整体复壮的重要方面，同时还要考虑根系的复壮。

a. 支架支撑：古树因主干、主枝常有中空、死亡现象，树体衰老，枝条下垂，需用支架支撑。

b. 树体喷肥：由于城市空气被浮尘污染，古树名木树体截留灰尘极多，影响光合作用和观赏效果。对一些特别珍贵或生长衰退的古树名木可用0.5‰尿素进行树体喷肥。

c. 合理修剪：由于古树名木生长年限较长，有些枝条感染了病虫害，有些无用枝过多耗费营养，需进行合理修剪，并结合疏花果处理，以达到减少营养消耗、保护古树名木的目的。

d. 树体补伤填洞：因各种原因造成的树干上伤口长久不愈合，长期外露的木质部受雨水侵蚀逐渐腐烂，形成树洞，输导组织遭到破坏，影响了树体水分和养分的运输及贮存，缩短了树体寿命。详见前文树体保护与修补。

e. 树木注液：对于生长极度衰退的珍贵古树，可用活力素进行注射，也可自行配制注射液。

③ 改善树体营养，具体方法如下。

a. 挖沟施肥：以 N、P、K 混合肥为主，离树干 2.5m 处开宽 0.4m、深 0.6m 的半圆沟，施入量按 1m 沟长为准，撒施尿素 250g，磷酸二氢钾 125g，每年共施肥两次，一次于 3 月底，另一次于 6 月底。

b. 叶面施肥：能局部改善古树的营养状况，但稳定性较差。用生物混合药剂对古侧柏或古圆柏实施叶面喷施和灌根处理，能明显促进古柏枝叶与根系生长，增加枝叶中叶绿素及磷的含量，并增强耐旱力。

c. 根部混施生根剂：以树干为中心，在半径 7m 的圆弧上，挖长 0.6m、宽 0.6m、深 0.3m 的坑穴，施腐熟肥 15kg 加适量的生根剂，有利于根系生长。

（4）古树名木养护注意事项

① 根据古树年龄，确定保护等级，明确管理保护权限。

② 要根据古树名木生长地环境，以及树木生长发育状况，选择适宜的养护方法。

③ 古树名木生长在不利的特殊环境，需作特殊养护，进行特殊处理时需由管理部门写出报告，待主管部门批准后实施，施工全过程需由工程技术人员现场指导，并做好摄影或摄像资料存档。

④ 定期检查古树名木的病虫害情况，采取综合防治措施，认真推广和采用安全、高效低毒的农药及防治新技术，严禁使用剧毒农药。化学农药应按有关安全操作规程进行作业。

⑤ 树体高大的古树名木，周围 30m 之内无高大建筑的，应设置避雷装置。

⑥ 对古树名木要逐年做好养护记录、存档。

### 2.1.5.3  古树名木养护管理质量验收

古树名木养护管理质量验收参考《城市古树名木养护和复壮工程技术规范》（GB/T 51168—2016）。

（1）古树名木养护管理标准

古树名木生长势可分为正常、轻弱、重弱、濒危，其分级标准应符合表 2.1-7 的规定。

表 2.1-7  古树名木生长势分级标准

| 生长势分级 | 分级标准 | | |
|---|---|---|---|
| | 叶片 | 枝条 | 干皮 |
| 正常 | 生长正常的叶片占叶片总量 95% 以上 | 枝条生长正常、新梢数量多，无枯枝枯梢 | 干皮基本上完好，无坏死 |
| 轻弱 | 生长正常的叶片占叶片总量 70%～95% | 新梢生长偏弱，枝条有少量枯死 | 干皮局部有轻伤或少量坏死 |
| 重弱 | 生长正常的叶片占叶片总量 20%～70% | 新梢很少，枯枝多 | 干皮有局部坏死、腐朽或成为孔洞 |
| 濒危 | 生长正常的叶片占叶片总量 20% 以下 | 枯枝枯死较多 | 干皮多为坏死、严重腐朽或成为孔洞 |

（2）古树名木日常养护技术要求

① 补水。可采用土壤浇水或叶面喷水的方式。

a. 土壤浇水应符合下列规定：土壤浇水应在土壤干旱时适时浇水，寒温带、温带、晚温带地区应浇返青水和冻水，具体浇水时间可根据当地气候变化确定；土壤浇水应在树木多数吸收根分布范围内进行；遇有密实土壤、不透气硬质铺装等障碍因素时，应先改土后浇水。

b. 叶面喷水应符合下列规定：树木出现生理干旱时应进行叶面喷水；喷水时间应选择晴天的上午或者下午，不应在炎热的中午；叶面喷水宜选用清洁水；喷水宜使用雾化设施，均匀喷洒树冠。

c. 排水应符合下列规定：地表积水应利用地势径流或原有沟渠及时排出；土壤积水应铺设管道排出，如果不能排出，宜挖渗水井并用抽水机排水。

② 施肥。施肥可采用土壤施肥或叶面施肥的方式。施肥应符合下列规定：施肥前宜进行土壤和叶片的营养诊断。树木缺乏营养时，应进行施肥。应以土壤施肥为主，通过土壤施肥无法满足树木正常生长需要时，应进行叶面施肥。遇有密实土壤、不透气硬质铺装等不利因素时，应先改土后施肥。宜选用长效肥，每年施一次。寒温带、温带、暖温带地区宜春季施肥，热带、亚热带地区宜冬季施肥。

a. 土壤施肥应采用放射沟或穴的方式进行，放射沟或穴应符合下列规定：放射沟或穴应在多数吸收根分布范围内；宜在树冠垂直投影范围内均匀挖设 4～6 条，沟规格宜长 0.8～1.0m，宽 0.3～0.4m，深 0.4～0.5m；穴宜在树冠垂直投影范围内挖设 8～14 个，穴的长和宽宜为 0.3～0.4m、深 0.4～0.5m；应选用腐熟的有机无机复合颗粒肥、生物活性有机肥、微生物菌肥；有机无机复合颗粒肥用量宜为 0.2～0.5kg/m$^2$，生物活性有机肥和微生物菌肥施用量应按产品说明施用；应将肥料与土壤混匀，填入放射沟或穴，与原地表齐平后立即浇水。

b. 叶面施肥应符合下列规定：宜选用雾滴直径为 300～500pm（1pm＝10$^{-12}$m）的喷雾器，并均匀喷施叶片正反面；施肥种类应根据叶片缺素症状选择有针对性的叶面肥；在施用营养元素浓度上氮磷钾宜为 0.1％～0.2％，微量元素宜为 0.01％～0.04％；叶面施肥应每10d 喷一次，施肥次数应以达到叶片恢复基本正常为宜；施肥时间应选择晴天上午或下午，不应在炎热中午。

③ 有害生物防治。有害生物防治应符合下列规定：防治前应辨别有害生物种类，掌握生活史、发生规律及树体受害症状；防治措施可采用生物、物理、化学等方法，应以生物防治为主；抓住防治关键时机，做到科学、及时、有效防治；化学防治应做到人、树及环境安全。

害虫、病害的防治应符合《城市古树名木养护和复壮工程技术规范》（GB/T 51168—2016）的规定。

④ 树冠整理。树冠整理应符合下列规定：应有利于古树名木生长、发育和景观效果；应有利于改善古树名木透光条件，减少病虫害发生；应做到人、树安全，并使冠形与周围环境相协调。

树冠整理应分为枝条整理和疏除花果。

a. 枝条整理应遵守下列原则：应对枯枝、死杈和病虫害严重的枝条进行清除；应对伤残、劈裂和折断的枝条进行处理；枝条生长与房屋、架空电缆等发生矛盾时，应采取修剪等避让措施。

b. 枝条整理应符合下列规定：损伤枝条应剪除受伤部分，枯死枝条应剪除死亡部分，留茬长度应为 15～20mm；剪口应处理成光滑斜面，活体截面涂伤口愈合剂、死体截面涂伤口防腐剂。

c. 对开花、坐果过多已影响树势的树木应进行疏花、疏果，并应符合下列规定：应在初花期采用高压水枪喷洗等方法进行疏花；应在幼果期进行人工疏果。

⑤ 树体预防保护。古树名木树体预防保护包括人为伤害预防保护和自然灾害预防保护。

a. 人为伤害预防保护措施包括设置围栏、铺设铁箅子或木栈道，并应符合下列规定：对根系裸露、枝干易受破坏或者人为活动频繁的地方宜设置围栏。围栏宜设置在树冠垂直投影外延 5m 以外，围栏高度宜大于 1.2m。在城市人行道或者公园、风景名胜区等地人流多、踩踏严重的区域应铺设铁箅子或木栈道，长和宽宜大于 2m。

b. 自然灾害预防保护包括应对水灾、风灾、冻害、雪灾和雷灾的预防保护措施。

（a）水灾预防保护措施应符合下列规定：对位于河道、池塘边的古树名木，应设置石驳、木桩和植物砌筑生态驳岸保护；对于坡地、石质土等易冲刷地方的古树名木，应设立挡土墙；挡土墙结构安全、协调美观，不应使用混凝土材料。

（b）冻害及雪灾预防保护措施应符合下列规定：对易受冻害和处于抢救复壮期的古树名木，应在其根颈部盖草包、覆土或搭建棚架进行保护；对树冠覆盖积雪的古树名木应及时采用风力灭火器吹雪或竹竿抖雪等措施，去除积雪；不应在古树名木保护范围内使用融雪剂；不应在古树名木保护范围内堆放被融雪剂污染的积雪。位于道路附近的古树名木，宜设置围障，防止污染积雪溅入古树名木保护范围。

（c）位于空旷处、水陆交界处或周边无高层建筑物等存在雷击隐患的古树名木以及树体高大的古树名木应安装避雷设施。

## 思考与练习

**一、判断题**

1. 《中国农业百科全书》界定古树是指树龄在 50 年以上的树木。（　　）
2. 影响古树衰老的最主要原因是人为因素。（　　）
3. 古树一定是名木，反之，名木也一定是古树。（　　）
4. 树体高大的古树名木，周围 50m 之内无高大建筑的，应设置避雷装置。（　　）
5. 古树名木可采取叶面喷肥，施肥时间应选择晴天上午或下午，不应在炎热中午。（　　）

**二、填空题**

1. 造成古树衰老的外因主要包括（　　）、（　　）、（　　）、（　　）等。

2. 古树名木养护管理包括立标牌、设围栏、（　　）、（　　）、（　　）、（　　）、（　　）和树体喷水。

3. 古树名木地上部分复壮措施主要包括支架支撑、（　　）、（　　）、（　　）和树木注液。

### 三、简答题

1. 研究与保护古树名木有何意义？

2. 古树衰老的原因有哪些？

3. 古树名木的日常养护措施有哪些？

4. 古树名木综合复壮的措施有哪些？

在线答题

## 任务 2.2

# 设施空间绿化植物养护管理

### 🌐 知识点

① 了解屋顶绿化、垂直绿化的环境特点。

② 掌握屋顶绿化养护的土肥水管理、整形修剪和病虫害防治基本知识。

③ 掌握垂直绿化养护的土肥水管理、整形修剪和病虫害防治基本知识。

### ✹ 技能点

① 会编制屋顶绿化养护技术方案。

② 能根据方案做好屋顶绿化的土肥水管理、修剪整形、病虫害防治等养护工作。

③ 会编制垂直绿化养护技术方案。

④ 能根据方案做好垂直绿化的土肥水管理、修剪整形、病虫害防治等养护工作。

⑤ 能熟练并安全使用各类养护器具。

## 2.2.1　设施空间绿化植物养护概述

### 2.2.1.1　屋顶绿化植物养护

① 屋顶绿化环境特点。城市建筑屋顶空间开阔，表面光照强度大，接受日光照射时间长，温度升降快，昼夜温差大，夏季更炎热，冬季更寒冷。夏季大多数屋顶植物几乎处于全光照长时间高温条件下，冬季忍受比地面空气温度更低且相差最大可达18℃的低温，高温严寒是限制植物正常生长的主要因素之一。

建筑屋顶风速大，并随建筑物高度增大而增强，屋顶风速可比地面风速高2～3级，可加剧水分散失，降低空气湿度；因空气相对湿度小，更加寒冷干燥，植物极易发生冻害。一般屋顶的相对湿度比地面低10%～20%，使生长基质水分散失加速，植物蒸腾速率更高，更容易失水。

受载荷强度限制，屋顶植物选择时一般以浅根性植物为主，屋顶绿化土层薄，基质储水少，水分维持期短，为满足植物正常生长一般需更多浇灌。

② 屋顶绿化土壤、施肥、灌溉管理。理论知识详见 2.1.1.1 园林树木土肥水管理概述。

③ 屋顶绿化整形修剪。理论知识详见 2.1.2.2 园林树木整形修剪技术操作。

④ 屋顶绿化病虫害防治。理论知识详见 2.1.4.1 园林树木病虫害防治概述。

### 2.2.1.2 垂直绿化植物养护

① 垂直绿化环境特点。垂直绿化环境特点因不同垂直绿化形式所处的绿化位置不同而异。普遍具有光照强、极端高低温明显、温差大、风大、水分少、蒸发量大、承载力受限等特点。

a. 挑台绿化环境特点：远离地面，种植营养面积小，通常阳光充足，光照时间长，气流流动大，冬夏温差大，夏季温度较高，墙面辐射大，水分蒸发快，冬季易结冰，植物易干枯等。

b. 柱体、立交桥绿化环境特点：立柱、立交桥通常处于道路绿化中，大多数立地条件较差。城市中交通拥挤，废气、粉尘污染严重，噪声污染，桥面温度过高，土壤条件差。

c. 篱栏、墙面、护坡绿化环境特点：在墙脚、坡面、崖边等地，其环境条件较差，主要体现在土层浅薄，土量少，建筑垃圾多，土壤肥力低，保水或排水性差等方面。尤其是坡地绿化，由于坡面长期裸露，受到雨水的冲刷而被浸蚀，在受到冻土和霜柱的影响时，土层会发生崩落。

② 垂直绿化土壤、施肥、灌溉管理。理论知识详见 2.1.1.1 园林树木土肥水管理概述。

③ 垂直绿化整形修剪。理论知识详见 2.1.2.2 园林树木整形修剪技术操作。

④ 垂直绿化病虫害防治。理论知识详见 2.1.4.1 园林树木病虫害防治概述。

## 2.2.2 设施空间绿化植物养护技术操作

### 2.2.2.1 屋顶绿化植物养护技术操作

屋顶绿化需要通过养护管理来保证稳定的绿化效果。养护管理工作包括补植、水肥管理、除杂草、修剪、病虫害防治和防风防寒等工作。

① 补植。屋顶绿地枯萎、死亡、缺失的植株应及时更换、补苗；简单式屋顶绿化，没有及时返青的地方应当及时进行补植。

② 水肥管理。应采取控制水肥的方法或生长抑制技术，防止植物生长过旺而加大建

筑荷载和维护成本。灌溉间隔一般控制在 $10\sim15d$。简单式屋顶绿化一般基质较薄，应根据植物种类和季节不同，适当增加灌溉次数。植物生长较差时，可在植物生长期内按照 $30\sim50g/m^2$ 的比例，每年施 $1\sim2$ 次长效 N、P、K 复合肥。施肥应以长效肥、缓释肥和生物肥为主，薄施，尽量避免使用速效肥，防止植物疯长。

此外，要疏通排水，及时清除排水口的垃圾，做好定期清洁、疏导工作。防止屋顶渗水影响到下层居民的生活，特别是在旧建筑物上增建的屋顶花园更要注意这一点。

③ 除杂草。在屋顶花园中，常常会有杂草侵入，杂草一旦侵入，往往会形成优势种，破坏原来的景观。因此，应及时拔除杂草，清理枯草。

④ 修剪。屋顶花园中一些植物基部易发生落叶或干枯现象，有的会长出徒长枝，这时要及时对植物进行修剪，疏去枯枝，回缩徒长枝，以保持植物的优美外形，减少养分的消耗，使其不破坏设计意图。而且由于根冠平衡的原理，可以通过对树木花卉的整形修剪抑制其根部的生长，减少根系对防水层的破坏。根据植物的生长特性，进行定期整形修剪。

⑤ 病虫害防治。病虫害防治上应采用对环境无污染或污染较小的防治措施，如人工及物理防治、生物防治、环保型农药防治等措施。

⑥ 防风防寒。根据植物抗风性和耐寒性的不同，寒冷季节采取搭风障、支防寒罩和包裹树干等措施进行防风防寒处理。使用材料应具备耐火、坚固、美观的特点。

⑦ 屋顶安全检查。应经常对屋顶绿化进行巡视，检修屋顶绿化各种设施，保障建筑安全；检查灌溉系统，确保及时回水，防止水管冻裂；遇大雪等天气，应当组织人员及时排除降雪，减轻屋顶荷载，将雪载数值保持在正常荷载范围内，确保建筑及人员的安全；检查木本植物根系，避免其穿透防水层。

### 2.2.2.2　垂直绿化植物养护技术操作

（1）水分管理

水是攀缘植物生长的关键，在春季干旱天气时，直接影响植株的成活。掌握需水时期，是垂直绿化植物水分管理中的重要环节。

① 灌水，分为苗期灌水、抽蔓展叶旺盛期灌水、开花期灌水、果实膨大期灌水、越冬前灌水。

a. 苗期灌水：新植和近期移植的各类攀缘植物，应连续浇水，直至植株不灌水也能正常生长为止。由于攀缘植物根系浅、占地面积小，因此在土壤保水力差时或天气干旱季节，应适当增加浇水次数和浇水量。

b. 抽蔓展叶旺盛期灌水：一般情况下，这一时期需水最多，对植株的生长量有很大影响。该时期一般在夏初，有些垂直绿化植物一年内有多次枝蔓生长高峰，应注意充分供水。

c. 开花期灌水：垂直绿化植物的花期需水较多且比较严格，水分过少会影响花朵的舒展和传粉受精；水分过多会导致落花。

d. 果实膨大期灌水：观果垂直绿化植物，在果实快速膨大期需水较多；后期水分充足可增加果实产量，但会降低品质。

e. 越冬前灌水：多年生藤本植物在越冬前应浇足水，使其在整个冬季保持良好的水分状况。在冬季土壤冻结之地，灌防冻水可保护根系免受冻害，有利于防寒越冬。

② 排水。水淹比干旱对垂直绿化植物的危害更大，水涝 3～5d 就能导致植株死亡。尤其在闷热多雨季节，大雨之后存积的涝水，遇烈日暴晒，水温升高，植株更易因根系缺氧而死亡，故雨停后要尽快排水。

（2）施肥管理

垂直绿化植物类型、种类多样，功能要求不同，各地区的气候、土壤条件多样，因此施肥要求也不相同。

① 施肥的时间。秋季植株落叶后或春季发芽前施基肥，北方宜早，南方宜迟，北方尤宜秋季施用。对生长停止晚的宜迟，冬季土壤不冻结地区也可冬施。施追肥应在春季萌芽后至当年秋季进行，特别是 6～8 月雨水勤或浇水足时。

② 施肥的方法。施基肥应使用有机肥，施用量宜为 0.5～1.0kg/m² 。追肥可分为土壤追肥和叶面追肥两种。土壤追肥可分为穴施和沟施，每两周一次，每次施混合肥 0.1kg/m² ，施化肥 0.05kg/m² 。叶面施肥时，对以观叶为主的攀缘植物可以喷浓度为 5％的氮肥尿素，对以观花为主的攀缘植物喷浓度为 1％的磷酸二氢钾。叶面喷肥宜每半月一次，一般每年喷 4～5 次。

（3）土壤管理

垂直绿化应及时补充因雨水冲刷损伤的栽植池或栽植槽土壤；对板结土壤要及时中耕松土，及时清除杂草、清理枯草。除草应在整个杂草生长季节内进行，以早除为宜。在中耕除草时不得伤及攀缘植物根系。

（4）枝蔓牵引

牵引是垂直绿化景观塑造中最为重要的环节，关系到攀缘植物能够迅速上墙、上架，特别是地锦类植物，年生长量较大，还有些会达到 3～4m，如果未能及时牵引，将会影响后续的观赏效果。要根据植物的生长情况，及时绑扎并牵引到适宜的位置，由此呈现出更好的景观。

（5）病虫害防治

① 攀缘植物常见病虫害类型。常见病虫害有蚜虫、螨类、叶蝉、天蛾、斑衣蜡蝉、白粉病等。在防治上应贯彻"预防为主，综合防治"的方针。

② 病虫害防治方法。栽植时应选择无病虫害的健壮苗，勿栽植过密，保持植株通风透光，防止或减少病虫发生。栽植后应加强攀缘植物的水肥管理，促使植株生长健壮，以增强抗病虫的能力。及时清理病虫落叶、杂草等，消灭病源虫源，防止病虫扩散、蔓延。加强病虫情况检查，发现主要病虫害应及时进行防治。在防治方法上要因地、因树、因虫制宜，采用人工防治、物理防治、生物防治、化学防治等各种有效方法。在化学防治时，

要根据不同病虫对症下药。喷施药剂应均匀周到，选用对天敌较安全、对环境污染轻的农药。

（6）修剪整形

在垂直绿化中，修剪也是保证绿化效果的措施。冬春季以疏枝、回缩、清理枯枝、弱枝以及损伤枝为主，同时让造型保持原有状态；夏秋季以保持原有状态和在此基础上放长 2～3cm 再进行修剪，控制速生枝条，让苗木在秋季能储存水分和养分，在冬季时有利于抗寒。

① 棚架式。卷须类、缠绕类等藤本植物多采用此方法进行修剪。修剪时，于近地面处重剪，使其发数条强壮主蔓，然后人工牵引至棚顶，让其均匀分布形成荫棚，隔年疏剪病枝、老枝和过密枝即可。在东北、华北需藤蔓下架埋土防寒的地区，对于不耐寒的种类如葡萄，需每年下架，修剪清理后，选留结果母枝，缚捆主蔓埋于土中，明年再出土上架。

② 附壁式。适用于吸附类植物，如地锦、常春藤、凌霄等，包括吸附于墙壁、巨岩、假山等处。操作时只需将蔓藤牵引于墙面上即可自行依靠吸盘或吸附根逐渐爬满墙面。此外，在某些庭院中，有在壁前 20～50cm 处设立格架，在架前栽植植物的，如蔓性蔷薇等开花繁茂的种类多采用这种形式。修剪时要注意使壁面基部全部覆盖，各蔓枝在壁面上应均匀分布，不要相互交互重叠。修整中，最易出现的问题是基部空虚，不能维持基部枝条长期茂密。对此，可配合轻、重修剪以及曲枝诱引等措施，并且加强栽培管理。

③ 凉廊式。常用于卷须式及缠绕类植物，偶有用于吸盘式植物。因凉廊在两侧设有格子架，所以应先采用连续重剪抑主蔓促侧蔓等措施，勿使主蔓过早攀上廊顶，以防两侧下方空虚并均缚侧蔓于垂直格架。

④ 篱垣式。多用于卷须类和缠绕类植物。将主蔓按水平诱引，形成整齐的篱垣，每年对侧蔓进行短截。适合于形成长而较低矮的篱垣形式，称为水平篱垣式。如欲形成短距离的高篱，可行短截使水平主蔓上垂直萌生较长的侧蔓，可称为垂直篱垣式。

⑤ 缠柱式。应用时要求一定直径的适缠柱形物，并保护和培养主蔓，使能自行缠绕攀缘。对不能实现自缠的过粗的柱体，可行人工助牵引绕，直至能自行缠绕。在两柱间进行双株缠绕栽植，应在根际钉桩，结链绳分别呈环垂挂于两柱适合的等高处，牵引主蔓缠绕于绳链，形成连续花环状景观。

⑥ 悬垂式。对于自身不能缠绕又无特化攀缘器官的蔓生型种类，常栽植于屋顶、墙顶或盆栽置于阳台等处，使其藤蔓悬垂而下，对其只作一般的整形修剪，顺其自然生长。

⑦ 直立式。对于一些茎蔓粗壮的种类，如紫藤等，可以剪整成灌木式，呈直立状。这类形式适用于公园街道旁或草坪上，能收到较好的景观效果。

### 2.2.2.3　设施空间绿化植物养护注意事项

① 应定期检查植物支撑、牵引材料的稳固性，保证安全。

② 屋顶绿化修枝整形，要控制植物生长过大、过密、过高。

③ 定期疏通排水管道，特别要注意勿使植物的枝叶和泥沙混入排水管道，造成排水管道的堵塞。

④ 垂直绿化关键是要生长量，没有生长量就达不到绿化效果。所以，加强水肥管理至关重要。

⑤ 垂直绿化中，对于一些不耐寒的树种，如葡萄等，为保证其不受冻害安全越冬，在入冬前需进行地下埋土。

⑥ 叶面追肥一般应在上午 10 时前和下午 4 时后进行，干旱季节最好在傍晚或清晨喷施，以免溶液浓缩过快叶片难以吸收或溶液浓度变高而引起植株伤害。

### 2.2.3　设施空间绿化养护管理质量验收

设施空间绿化养护质量标准参考《园林绿化养护标准》（CJJ/T 287—2018）。

屋顶绿化养护一般规定参考《屋顶绿化规范》（DB11/T 281—2015）；垂直绿化养护一般规定参考《垂直绿化工程技术规程》（CJJ/T 236—2015）。

#### 2.2.3.1　设施空间绿化养护质量标准

设施空间绿化养护质量标准应符合表 2.2-1 的规定。

表 2.2-1　绿地养护管理标准

| 等级 | 养护标准 | | | |
|---|---|---|---|---|
| | 树木 | 花卉 | 草坪（地被） | 病虫害 |
| 一级 | 乔木生长健壮，树冠丰满，无枯死树及枯死枝，无徒长枝、平行枝、下垂枝和萌蘖枝，无倒伏树木，树体无悬挂物、附着物；灌木植株饱满，无枯死株，修剪及时合理；绿篱无缺株断条，篱下无杂草，绿篱及整形树木修剪及时，枝叶茂密、整齐美观；垂直绿化植物生长旺盛，无缺株断条，整齐美观 | 花卉栽摆及时，生长旺盛，花繁叶茂，不缺株，无倒伏，无枯死株，无残花败叶，无杂草 | 草坪和地被植物生长旺盛，无裸露地面。草坪纯度95%以上，高度低于10cm；自然草地的高度低于15cm | 蛀干害虫、食叶害虫为害株小于5%。其他病虫害不发生或轻度发生 |
| 二级 | 乔木生长良好，树冠丰满，枯死树小于3%，有枯死枝树木小于5%，无萌蘖，无倒伏树木，树体无悬挂物、附着物；灌木无枯死株，修剪及时合理；绿篱无明显缺株断条，篱下无杂草，绿篱及整形树木修剪及时，整齐美观；垂直绿化植物生长旺盛，整齐美观 | 花卉栽摆及时，生长旺盛，花繁叶茂，无明显缺株，无枯死株，无明显残花败叶，无杂草 | 草坪和地被植物生长良好，覆盖率95%以上。草坪纯度90%以上，高度低于15cm；自然草地的高度低于20cm | 蛀干害虫、食叶害虫为害株小于10%。无其他病虫害的严重发生 |
| 三级 | 乔木、灌木、藤本植物生长较好，枯死株小于5%，无倒伏树木 | 花卉生长较好，枯死株小于10% | 草坪和地被植物生长较好 | 蛀干害虫、食叶害虫为害株小于20%。其他病虫害不成灾 |

#### 2.2.3.2　设施空间绿化养护一般规定

（1）屋顶绿化养护一般规定

① 灌溉应符合下列规定：应根据植物种类、季节和天气情况及所处环境实施灌溉；

屋顶绿化宜采用少量频灌的方法进行灌溉；春季宜根据天气情况提早浇灌返青水；夏季应早晚浇水，避免中午暴晒时浇水；冬季应适当补水，以保证屋顶种植基质能达到的基本保水量。

② 施肥应符合下列规定：应通过控肥措施来控制屋顶绿化植物生长；可根据植物生长年份、植物生长周期和季节等情况，适当补充环保、长效的有机肥或复合肥；定期检查屋顶种植基质的厚度并及时补充。

③ 修剪应符合下列规定：应通过定期修剪控制植物生长，确保屋顶荷载和防风安全；应及时拔除外来野生的植物，避免危及屋面防水安全；选用多年生攀缘植物时，秋、冬两季应进行强修剪。

④ 清理与补植应符合下列规定：对生长不良、枯死或损毁的植物应及时更新或补栽，用于更新及补栽的植物材料应和原植株规格一致；生长季节应及时清除屋顶杂草，清理落叶残花，并及时清运。

⑤ 屋顶绿化病虫害防治宜采用物理防治和生物防治措施，亦可采用环保型农药防治。

⑥ 防护措施应符合下列规定：应根据屋顶植物种类、季节和所处环境不同，及时采取防风、防晒、防寒和防火措施；新植苗木或不耐寒的植物应采取搭设风障、包裹树干、阻燃覆盖物覆盖等御寒措施；多年生地被植物秋末冬初宜及时进行地上部修剪，以防火灾。

（2）垂直绿化养护一般规定

① 植物的修剪应符合下列规定：框架上的攀缘植物应及时牵引，疏剪过密枝、干枯枝，使枝条均匀分布架面；吸附类攀缘植物应及时剪去未能吸附且下垂的枝条；匍匐于种植槽的攀缘植物应视情况定期翻蔓，清除枯枝，疏除老弱藤蔓；钩刺类攀缘植物，可按灌木修剪方法疏枝，生长势衰弱时，应及时回缩修剪；观花攀缘植物应根据开花习性适时修剪，并注意保护和培养着花枝条。

② 植物灌溉应符合下列规定：应根据当地气候特点、垂直绿化工程类型、栽培基质性质、植株需水等情况，以适时、适量、适宜的方式进行灌水和排涝；灌溉用水水质应满足植物生长发育需求，并符合国家现行相关标准的规定；应采用节水灌溉设备和措施，并根据季节与气温调整灌溉量与灌溉时间。

③ 施肥应符合下列规定：应根据植物生长需要和土壤肥力情况，合理进行施肥；应使用卫生、环保、长效的肥料；应根据植物种类采用沟施、撒施、穴施、孔施或叶面喷施等施肥方式。

④ 有害生物防治应符合下列规定：应按照"预防为主，科学防控，依法治理，促进健康"的原则，做到安全、经济、及时、有效；宜采用生物防治手段，保护和利用天敌，推广生物农药；应及时有效地采取物理防治手段，并结合修剪技术剪除病虫枝，及时清理残花落叶和杂草；采用化学防治时，应选择符合环保要求及对有益生物影响小的农药，不同药剂应交替使用；应按照农药操作规程进行作业，喷洒药剂时避开人流活动高峰期。

⑤ 植物的修整与补植应符合下列规定：植株过密可进行移植或间伐；对人或构筑物构成危险的植株应去除；对自然死亡的植株应移除后补植；修整与改植时，宜选用与原有

种类一致，规格、形态相近的苗木。

## 思考与练习

**一、判断题**

1. 选择屋顶植物时一般以深根性植物为主，为满足植物正常生长一般需更多浇灌。（　　）

2. 高温严寒是限制屋顶绿化植物正常生长的主要因素之一。（　　）

3. 一般屋顶的相对湿度比地面低，生长基质水分散失加速，植物蒸腾速率高，更易失水。（　　）

4. 垂直绿化环境有光照强、极端高低温明显、温差大、水分少、蒸发量大、承载力受限等特点。（　　）

5. 屋顶绿化养护工作包括补植、水肥管理、除杂草、修剪、病虫害防治、防寒和屋顶安全检查等工作。（　　）

6. 屋顶绿化养护，施肥应以速效肥为主，薄施，促进植物快速生长。（　　）

7. 对于卷须类、缠绕类藤本植物，如葡萄、紫藤等，多采用开心形修剪整形。（　　）

8. 一般来说，水淹比干旱对垂直绿化植物的危害更大，尤其在闷热多雨季节，植株易因根系缺氧死亡。（　　）

9. 叶面追肥一般应在中午进行，以免溶液浓缩过快叶片难以吸收或溶液浓度变高而引起植株伤害。（　　）

10. 屋顶绿化修枝整形，要控制植物生长过大、过密、过高。（　　）

**二、选择题**

1. 卷须类、缠绕类等藤本植物多采用（　　）进行修剪。

A. 棚架式　　　　　B. 附壁式　　　　　C. 缠柱式　　　　　D. 悬垂式

2. 要培养垂直绿化植物骨干枝时，适于采用（　　）修剪方法。

A. 轻短截　　　　　B. 中短截　　　　　C. 重短截　　　　　D. 极重短截

3. 攀缘植物养护中，常见的白粉病可采用（　　）药剂进行有效防治。

A. 溴氰菊酯　　　　B. 草甘膦　　　　　C. 三唑酮　　　　　D. 磷酸二氢钾

4. 地锦、常春藤、凌霄等吸附类植物，可吸附于墙壁、巨岩、假山等处，一般采取（　　）进行修剪。

A. 棚架式　　　　　B. 附壁式　　　　　C. 缠柱式　　　　　D. 悬垂式

5. 屋顶绿化养护中，常见的蚜虫可采用（　　）药剂进行有效防治。

A. 多菌灵　　　　　B. 三唑酮　　　　　C. 2,4-D　　　　　D. 吡虫啉

**三、简答题**

1. 简述屋顶绿化的环境特点。

2. 如何正确进行屋顶绿化的整形修剪？

3. 如何正确进行屋顶绿化的防风防寒？

4. 如何做好屋顶绿化的土肥水管理技术？

5. 简述垂直绿化的环境特点。

6. 如何对垂直绿化植物进行施肥？

7. 简述垂直绿化植物常见病虫害的防治方法。

8. 简述不同垂直绿化类型的整形修剪方法。

9. 如何对垂直绿化植物进行枝梢牵引？

在线答题

# 任务 2.3
# 水生植物养护管理

## 知识点

① 掌握水生植物水位调节的方法。

② 掌握水生植物防风防寒的方法。

③ 掌握水生植物越冬管理的方法。

## 技能点

① 能根据具体的水生植物生长状况进行分析，提出水生植物日常养护的措施。

② 能根据养护的要求，对水生植物进行日常养护。

### 2.3.1 水生植物养护概述

水生植物一般生长迅速、适应性强，容易形成自然的植物群落，要做好日常修剪、施肥、病虫害防治等工作，保证水生植物生长健壮，景观效果得到充分发挥。

#### 2.3.1.1 水生植物的特点

① 具有发达的通气组织。水生植物体内具有发达的通气组织，可使进入体内的空气顺利地到达植株的各个部分，尤其是处于生长阶段的莲、睡莲等，以满足位于水下器官各部分呼吸和生理活动的需要。

② 植株的机械组织退化。水生植物的个体（除少数湿生植物外）不如陆生植物坚挺。因其器官和组织的含水量较高，故叶柄的木质化程度较低，植株体比较柔软，而水上部分的抗风力也差。

③ 根系不发达。一般来说，水生植物的根系不如陆生植物发达。这是因为水生植物的根系在生长发育过程中直接与水接触或在湿地中生活，吸收矿质营养及水分比较省力，导致其根系缺乏根毛，并逐渐退化。

④ 具有发达的排水系统。若水生植物体内水分过多，同样也不利于植株的正常生长

发育。但在夏季多雨季节，或气压低时，或植株的蒸腾作用较微弱时，水生植物依靠其体内的分泌系统将多余水分排出，以维持正常的生理活动。

⑤ 营养器官表现明显差异。有些水生植物的根系、叶柄和叶片等营养器官，为了适应不同的生态环境，在其形态结构上表现出明显的差异，如莲的浮叶和立叶。

⑥ 花粉传授存在变异。由于水体环境的特殊性，某些水生植物种类（如沉水植物）为了满足传授花粉的需要，产生了特有的适应性变异，如金鱼藻等沉水植物，具有特殊的有性生殖器官，能适应以水为传粉媒介的环境。

⑦ 营养繁殖能力强。营养繁殖能力强是水生植物的共同特点。如莲、睡莲、鸢尾等利用地下茎、根茎、球茎等进行繁殖；金鱼藻等可进行分枝繁殖。水生植物这种繁殖快的特点，对保持其种质特性、防止品种退化以及杂种分离都是有利的。

⑧ 种子幼苗始终保持湿润。水生植物长期生活在水环境中，与陆地植物种子相比，其繁殖材料如种子及幼苗，无论是处于休眠阶段，还是进入萌芽生长期，都不耐干燥，必须始终保持湿润，若干燥则会失去发芽力。

#### 2.3.1.2　水生植物养护水的要求

池、湖等景观水要保持清洁状态，并要严防外来污水的进入，避免形成恶性循环，造成生态系统的破坏。水生植物的养护主要是水分管理，只有保证合适的水体深度才能促使水生植物正常生长。水生植物依生长习性的不同，对水体的深度要求也不同，如沉水植物要求水位必须超过植株的高度，使茎叶自然伸展；挺水植物因茎叶会挺出水面，所以须保持 50～100cm 的水深；水边的植物只要保持土壤湿润，稍呈积水状态即可；水位高低决定着茎梗在水中生长的长短，要根据景观效果进行调整，使叶浮于水面呈自然状态。另外，水温也是严重影响水生植物生长的要素之一，过高和过低的水温都会破坏水中的含氧量，这样在水生植物生长时就会出现缺氧的情况，从而让水生植物出现病状，甚至死亡。

#### 2.3.1.3　水生植物的防风防冻

水生植物的木质化程度低，纤维素含量少，抗风能力差。耐寒的水生花卉直接栽在深浅合适的水边和池中，冬季不需保护，休眠期间对水的深浅要求不严。半耐寒的水生花卉栽在池中时，应在初冬结冰前提高水位，使根丛位于冰冻层以下，即可安全越冬。少量栽植时也可掘起贮藏，或春季用缸栽植，沉入池中，秋末连缸取出倒除积水。冬天保持缸中土壤不干，放在没有冰冻的地方即可。不耐寒的种类通常盆栽，沉到池中；也可直接栽到池中，秋冬掘出贮藏。

### 2.3.2　水生植物养护技术操作

（1）水位调节

水生花卉在不同的生长时期所需的水量也有所不同。调节水位应按照由浅到深、再由深到浅的原则。分栽时，保持5～10cm的水位，随着立叶或浮叶的生长，水位可根据植物的需要提高，一般在30～80cm。不能露地越冬的，冬季应移入室内储存或灌深水（冰冻层以下50cm）防冻越冬。

（2）施肥管理

除栽植时施以底肥外，在生长期要适当追肥。追肥一般在植物生长发育的中后期进行。可用浸泡腐熟后的人粪、鸡粪、饼肥等，一般需要2～3次。施肥时最好应用可分解的纸做袋装肥施入泥中。露地栽培可直接施入缸、盆中，这样吸收快。为防止对水体造成污染，多用化学肥料，采用叶面施肥的方法，要薄肥勤施。

（3）修剪

挺水、浮叶植物生长期应及时修剪清理枯叶、残花、过密枝叶。沉水、漂浮植物过密影响景观时，应及时进行打捞、清理。及时清除水体及岸边非目的性的和影响景观的水生植物。霜冻后枯死的植株需及时打捞清理。

（4）除草

由于水生植物在幼苗期生长较慢，所以不论是露地还是缸盆栽种，都要进行除草。从栽植到植株生长过程中，必须时时除草，特别是要防水绵的危害。可通过适量养鱼等措施，改善生物群落，控制藻类生物量，谨慎选用化学药品，以免产生二次污染。

（5）病虫害防治

为了减少水生花卉在栽培中的病虫害，各种土壤需进行消毒处理。消毒用的杀虫剂有400倍液乐果乳油、敌百虫等；杀菌剂有多菌灵、甲基硫菌灵1000～1500倍液等。

（6）越冬管理

越冬前，清理池塘中的枯枝落叶。北方寒冷地区冬季池塘可以通过提高水位，使花卉的地下器官在冰层下池底泥中越冬，也可于秋后枯黄时挖起，置于地窖、冷室等处越冬，翌年清明之后种植。

（7）其他措施

有地下根茎的水生花卉，一般须在池塘内建造种植池，以防根茎四处蔓延影响设计效果。漂浮类水生花卉常随风移动，使用时要根据当地的实际情况，如需要固定，可加拦网。

（8）水生植物养护技术操作注意事项

① 若同一水池中混合栽植各类水生植物，必须定时疏除繁殖快速的种类，以免覆满水面，影响其他水生植物的生长。

② 浮水植物常随风而动，种植后根据需要进行固定，维持株形。

③ 浮水植物花谢后沉入水中的花梗不能剪掉，以使它们完成结实阶段。

④ 要定时检查水生植物之间的密度，并且根据实际情况对其进行分株。

⑤ 定期观察水位情况，如水生植物长时间缺水或受淹，应重新进行栽植，使其恢复生长。

### 2.3.3 水生植物养护管理质量验收

水生植物养护管理质量标准参考《园林绿化养护标准》（CJJ/T 287—2018）。

#### 2.3.3.1 水生植物养护管理质量

水生植物养护管理质量应符合表 2.3-1 的规定。

表 2.3-1　水生植物养护管理质量

| 序号 | 项目 | 质量要求 | | |
|---|---|---|---|---|
| | | 一级 | 二级 | 三级 |
| 1 | 整体效果 | 景观效果美观，无残花败叶漂浮 | 景观效果明显，基本无残花败叶漂浮 | 景观效果明显 |
| 2 | 生长势 | ①植株生长健壮；<br>②叶色正常；观花、观果植株正常开花结果；<br>③枯死植株≤5% | ①植株生长良好；<br>②叶色正常；观花、观果植株正常开花结果；<br>③枯死植株≤10% | ①植株生长基本正常；<br>②观花、观果植株正常开花结果；<br>③枯死植株≤15% |
| 3 | 排灌 | 暴雨后 1d 内恢复正常水位 | 暴雨后 1d 内恢复正常水位 | 暴雨后 2d 内恢复正常水位 |
| 4 | 病虫害情况 | 基本无有害生物危害状，无杂草 | 无明显有害生物危害状，无杂草 | 无严重有害生物危害状 |
| 5 | 覆盖率 | ≥95% | ≥90% | ≥85% |
| 6 | 补植完成时间 | ≤3d | ≤7d | ≤10d |

#### 2.3.3.2 水生植物养护管理一般规定

① 水生植物修剪应符合下列规定：生长期应清除水面以上的枯黄部分，应控制水生植物的景观范围，清理超出范围的植株及叶片；同一水池中混合栽植的，应保持主栽种优势，控制繁殖过快的种类。

② 水生植物应根据植物种类及时灌水、排水，保持正常水位。

③ 浮叶类水生植物应控制水生植物面积与水体面积比例，其覆盖水体的面积不得超过水体总面积的 1/3。

④ 水生植物施肥应符合下列规定：基肥应以有机肥为主，点状埋施于根系周围淤泥中；追肥应以复合肥为主。叶面施肥可使用化学肥料。盆栽水生植物可在冬季拿出水面并应进行防寒保护，开春前可补施一次基肥，应在新叶长出后移入水中。观花水生植物，每年至少应追肥 1 次，点状埋施于根系周围淤泥中。

⑤ 水生植物有害生物防治应符合下列规定：有害生物防治的原则、方法应符合《园林绿化养护标准》（CJJ/T 287—2018）的规定。应选用对水生生物和水质影响小的药剂，水源保护区内不得使用农药。

⑥ 易被水中生物破坏的水生植物，宜在栽植区设置围网。

✎ **思考与练习** ·····································

**一、判断题**

1. 一般来说，水生植物的根系比陆生植物发达。（　　）

2. 营养繁殖能力强是水生植物的共同特点，对保持其种质特性、防止品种退化以及杂种分离都是有利的。（　　）

3. 水生植物与陆地植物种子相比，其种子及幼苗，无论是休眠阶段还是萌芽生长期，都始终保持湿润，否则会失去发芽力。（　　）

4. 水生植物的养护主要是水分管理，只有保证合适的水体温度才能促使水生植物正常生长。（　　）

5. 水生植物的木质化程度高，纤维素含量多，抗风能力强。（　　）

6. 水生花卉在不同生长时期所需的水量有所不同，调节水位应按照由深到浅、再由浅到深的原则。（　　）

7. 水生花卉除栽植时施以底肥外，在生长期不宜追肥。（　　）

8. 北方寒冷地区冬季池塘可以通过降低水位，使水生花卉的地下器官在冰层下池底泥中越冬。（　　）

9. 浮水植物花谢后沉入水中的花梗需要剪掉，避免其完成结实阶段。（　　）

10. 浮叶类水生植物其覆盖水体的面积不得超过水体总面积的1/2。（　　）

**二、简答题**

1. 简述如何完成水生植物的养护管理任务？

2. 简述水生植物养护的注意事项。

3. 简述水生植物具有的特点。

在线答题

# 任务 2.4
## 草本花卉养护管理

🌐 **知识点** ·····································

① 了解一二年生花卉、宿根花卉和球根花卉的生态习性。

② 掌握一二年生花卉、宿根花卉和球根花卉的灌溉与排水、施肥、整形修剪、松土除草等养护的方法。

③ 掌握宿根花卉越冬的方法。

④ 掌握球根花卉种球采收与贮藏的方法。

⑤ 掌握花卉病虫害防治的方法。

## 技能点

① 能熟练编制一二年生花卉的养护管理技术方案。

② 根据养护方案能实施一二年生花卉的养护管理操作。

③ 能熟练编制宿根花卉的养护管理技术方案。

④ 根据养护方案能实施宿根花卉的养护管理操作。

⑤ 能熟练编制球根花卉的养护管理技术方案。

⑥ 根据养护方案能实施球根花卉的养护管理操作。

⑦ 会熟练并安全使用各类养护的器具材料。

### 2.4.1　草本花卉养护管理概述

#### 2.4.1.1　一二年花卉生态习性

一年生花卉喜温暖，不耐冬季严寒，大多不能忍受 0℃ 以下的低温，生长发育在无霜期进行。因此主要在春季播种，又称春播花卉、不耐寒性花卉。

二年生花卉喜冷凉，耐寒性强，可耐 0℃ 以下的低温，要求春化作用，一般在 0～10℃ 下 30～70d 完成，自然界中越过冬天就通过了春化作用；不耐夏季炎热，因此主要在秋季播种，为耐寒性花卉。

大多数一二年生花卉为喜光植物，仅少部分喜半阴环境。喜肥沃、疏松、湿润的沙质土壤，在干燥、贫瘠、黏重土壤中生长差。多数一二年生花卉根系浅，不耐干旱，易受表土影响，要求土地湿润且不积水，应注意合理灌溉。

#### 2.4.1.2　宿根花卉生态习性

宿根花卉是露地生长的花卉，一般在春季发芽生长，夏秋季开花结实，冬季地上部分干枯，地下部分则进入休眠，第二年春季气温回升时又重复前一年的生命历程。宿根花卉根系较一二年生花卉强大，入土较深，一般生长强健、适应性强。但因种类繁多，在其生长发育过程中对环境条件的要求不同，其生态习性差异较大。

宿根花卉对光照、温度的要求不同：有的喜温暖，如夏季开花的玉簪、薄荷；有的喜阳光充足，如宿根福禄考、菊花；有的喜冷凉，如早春及春季开花的耧斗菜、芍药；有的喜微阴，如白及、荷包牡丹；有的喜半阴，如紫萼、落新妇。

宿根花卉对水分要求不同，因宿根花卉的地下根大，呈块状根或纺锤状根，在缺水时能释放出平时所储备的水分维持植株生长，一般较耐干旱，如萱草、常夏石竹；有的喜湿润环境，如鸢尾、千屈菜。

宿根花卉对土壤要求不严，除沙土和黏重土壤外，在大多数土壤中都能生长。宿根花卉在生态习性上的这些差异，为不同地域、不同环境的园林绿化提供了很大的可选性。

#### 2.4.1.3　球根花卉生态习性

（1）温度

秋植球根花卉喜冷凉气候，夏季需忌高温以度夏，冬季一般可耐 0℃ 低温。在夏季，不耐高温的球根花卉都需要置于不超过 30℃ 的阴凉通风环境中养护，以防株体腐烂。在冬季，有相当数量的球根花卉需要一定时间的低温刺激，才能在来年开花。春植球根花卉如美人蕉、唐菖蒲、姜荷花、晚香玉、大丽花，都喜较温暖环境。秋冬茎叶逐渐枯黄后进入休眠，可以采挖种球室内保护越冬，也可覆土深埋或者用草毡等覆盖物保护越冬。

在适生环境下，温度高有利于加快生长，生产上可通过控制温度，进行促生栽培或抑制栽培。维持恒温既可以保证周年生产也可以延长花卉观赏期。对于花期较短的水仙、风信子、郁金香等球根花卉，在初花之时维持 16℃ 恒温，可显著延长花期。

（2）水分

球根花卉地下部分含有充足的水分，能够长时间供应地上部分生长。平日无需大水，浇水时应当避免将水分灌入叶心，防止种球腐烂。土壤排水性好的土壤要遵循"见干见湿，浇则浇透"原则，较为黏重的土壤以"不干不浇，宁干勿湿"为佳。在休眠季节应严格控水，尤对于夏季休眠的种类，保持土壤微潮即可，避免因土壤高温高湿造成黑腐病。对根系怕水的植物，尽可能用叶面喷雾替代根部给水。

（3）养分

球根花卉变态膨大的地下部分是植株养分的主要供体，上一生长期储存的养分基本能满足下一轮生长需求，种植管理较为容易。球根花卉对肥料的需求往往不像其他草本植物显著，栽培过程中为了防止养分消耗大、花后缩球或者影响下一轮生长，通常在定植时埋入有机肥作为底肥。生长期可追施氮肥，每半个月结合浇水施用一次，在营养生长后期施用磷、钾肥，可有效促进开花。花后正常追施复合肥，可有效缓解开花结实导致的缩球现象。对于冬季休眠的球根花卉，可在每年秋季增施以磷钾为主的肥料，促进植株木质化，以利于安全越冬。

（4）光照

在冬季光照不足时，根据植物的需光性特点，可采用补光来维持植物正常生理机能，促进花大色艳。百合、水仙花等若光照不够，在营养生长期常表现为茎叶徒长，生殖生长期表现为花色较淡，花瓣较薄。风信子在水培或发生夹箭时，可将其置于黑暗环境下，促使其根系与花茎生长，待花茎抽出 5cm 左右之时，逐渐加强光照进行正常养护。

## 2.4.2　草本花卉养护技术操作

草本花卉养护技术操作流程大致如下，对于不同类别的草本花卉略有区别。

### 2.4.2.1　一二年生草本花卉养护技术操作流程

（1）灌水

一二年生花卉以"小水灌透"为原则，使水分慢慢渗入土中。灌水渗入土层的深度应达 30～35cm。清晨进行灌水为宜，这时水温和土温相差较小，蒸腾较低；傍晚灌水，湿叶过夜，易引起病菌侵袭。但在夏季炎热高温下，也可于傍晚灌水。

（2）施肥

一二年生草本花卉生育期短，植株比较矮小，对肥料的需求量相对较少。生产实践中，为减少栽培过程中追肥的次数，特别是为了改良土壤，应施用基肥。为了保持花期一致，且延长观赏期，可随水追肥，每半个月左右施一次氮磷钾复合液肥。

（3）除草松土

在花卉生长期内，要及时做好除草松土管理，一般要做到见草就除，除草即松土，保证"除早、除小、除了"。

（4）修剪整形

摘心，在生长期间进行多次摘心，促使多发枝条，全株呈低矮丛生状，花朵繁盛。如藿香蓟、矮牵牛、一串红、百日草、蝴蝶花、半枝莲等。

除残花，对于连续开花期长的花卉，如一串红、金鱼草、石竹类等，花后应及时摘除残花，不使其结实，同时加强水肥管理，以保持植株生长健壮，继续花开繁茂，延长花期。

（5）更换

作为重点美化而布置的一二年生花卉，全年需进行多次更换才可保持其鲜艳夺目的色彩。必须事先根据设计要求进行育苗，至含苞待放时移栽花坛，花后要清除更换。

## 2.4.2.2 宿根花卉养护技术操作流程

（1）灌溉

灌溉是宿根花卉养护管理的重要环节。灌溉用水以软水为宜，避免使用硬水，最好用河水、池塘水和湖水。井水温度往往和地面温度相差较大，一般应抽取存放一段时间后，再行使用。工业废水常有污染，对植物有害，不可利用。

（2）施肥

宿根花卉比木本植物对肥料养分更敏感。如果土壤养分不足、不全面，则会严重影响其开花，从而影响景观效果。

基肥以有机肥料为主，常用的有厩肥、堆肥、饼肥、骨粉、动物干粪等。通常宿根花卉堆肥施用量为 $1～2.25kg/m^2$，厩肥和堆肥常在整地时翻入土内；饼肥、骨粉和动物干粪可施入栽植沟或定植穴的底部。

追肥是满足宿根花卉不同生长发育阶段的需求。在生长旺盛期及开花初期，可进行叶面喷肥，常用的肥料有尿素、磷酸二氢钾、过磷酸钙等，喷施浓度一般不宜超过 $0.1\%～0.3\%$。对于一些花期较长的宿根花卉，在花期亦应适当给予追肥，以补充连续开花对养分的需要，以利于延长花期。

（3）中耕除草

松土和除草是花卉养护的重要环节。松土是为宿根花卉的根系生长和养分吸收创造良好的条件。松土的深度以宿根花卉根系的深浅生长时期而定，以防伤及花卉根系。松土时，株行中间处应深耕，近植株处应浅耕，深度一般为 3～5cm，中耕、除草和施肥可同时进行。

（4）修剪整形

很多宿根花卉一般不用修剪，自然生长，不用人为控制。有一部分宿根花卉品种花叶并茂，枝条生长迅速，茂密，自然生长植株较高，下部枝叶枯黄，植株易倒伏、杂乱，可通过适当的低剪使高度控制在适当的范围内，使枝叶细腻、花枝增多、花数增加、花期一致。有些宿根花卉为了表现其独特的观赏特点，必须采取一些修剪措施。其修剪的手法主要是摘心、除芽、曲枝、去蕾、修枝等。宿根花卉在越冬前剪除所有地上部分的枝叶。

（5）病虫害防治

宿根花卉在栽培过程中容易遭受多种真菌的危害，影响花卉的正常生长和景观效果。病害的防治关键是要选用耐病和抗病的优良品种，加强栽培管理，注意通风透光，合理施肥与浇水，提高花卉本身的抗性，同时避免高温、高湿等致病条件，如保持场地阳光充足、空气流通等。如果花卉病害发生，应立即隔离栽培并喷施农药，防止病害蔓延，将病株或发病枝叶销毁。宿根花卉虫害的综合防治主要用农药除虫或用生物法防治。

（6）支撑与绑扎

有些宿根花卉株形高大，上部枝、叶、花朵过于沉重，遇风易倒伏，应在初夏之前对其进行支撑。支撑材料可使用格栅支架、金属杆、竹竿、木条等。支撑高度应该在植物高度的1/2与峰值生长点之间。

（7）防寒越冬

宿根花卉防寒越冬是一项保护措施，保证其越冬存活和翌年的生长发育。宿根花卉防寒就是有针对性地保护其根茎生长点和蘖芽。常见防寒的方法如下。

① 覆盖法。在霜冻到来前，在地面上覆盖干草、落叶、泥炭土、蒲帘、塑料膜等，直到翌年春晚霜过后去除覆盖。

② 培土法。有些花卉在冬季来临时，地上的部分全部休眠，但单根茎生长点还在缓慢生长，如芍药、牡丹、八仙花等。可在这类花卉根部周围培土，起到保温、保墒作用。

③ 灌水法。秋季灌溉冻水，保护根茎越冬；早春提早浇灌返青水，防倒春寒，既可保墒又可提高地温。

### 2.4.2.3 球根花卉养护技术操作流程

（1）灌水排水

一年生球根花卉栽植时土壤湿度不宜过大，湿润即可。种球发根后发芽展叶，正常浇水，保持土壤湿润。二年生球根应根据生长季节灵活掌握肥水原则。原则上休眠期不浇水，夏秋季休眠的只有在土壤过分干燥时才给予少量水分，防止球根干缩即可。生长期则应供应充足水分。

球根花卉不耐积水，长期在潮湿的环境中根系易腐烂。如果地势过低，下雨或者浇水时易形成积水，需采取排水措施来保证土壤水分适宜，如炉渣、瓦砾或者直接安装排水管来实现排水。

（2）施肥

在旺盛生长季节定期施肥。基肥比例应减少，前期追肥以氮肥为主，在子球膨大时要控制氮肥施用量，适当增施磷、钾肥。开花后正是地下新球膨大充实的时期，要加强肥水管理。观花类球根植物应多施磷钾肥，观叶类球根植物应保证氮肥供应，但是不能过度。喜肥的球根花卉应稍多施肥料，休眠期不施肥。球根花卉对磷、钾肥较敏感，磷肥是球根花卉生长中所需的重要化学元素。

（3）除杂草

要及时清除杂草，人工除草要做到"除早、除小、除了"。多年生杂草需要连根拔除。若采用化学除杂草，则需要针对不同的球根花卉选择适宜的除草剂。施用时要注意施药时间、次数和浓度，同时要考虑到对环境和其他植物的安全性。

（4）修剪整形

对于可多年种植的球根花卉，花后如若不留种，应及时剪去残花，避免结实消耗养分。同时要剪除枯枝及病虫害枝，改善植株通风透光条件。对枝叶稀少的球根花卉，应保留花梗，利用花梗的绿色部分合成养分供新球生长。

（5）种球采收与贮藏

球根花卉停止生长进入休眠后，需要采收种球并进行贮藏，等过了休眠期再继续栽植。采收要注意时间，在生长停止、茎叶枯黄而没脱落时进行，过早过迟都不利于球根花卉的生长。还要注意土壤湿度，挖出种球后除去上面的土，翻晒一段时间，使球根表面充分干燥即可，夏季采收的话不要放在烈日下暴晒。

种球贮藏时，要注意除去附在种球上的杂物，比如残根病根都要去除，避免植物被感染，可利用防腐剂或草木灰来去除病斑，贮藏时最好混入药剂或用药液浸洗消毒。不同种类的种球贮藏手段也不同：对通风要求不高的要保持一定湿度，量少时可用盆、箱装，量大时堆放在室内，注意球根间填充干沙、锯末；而对通风要求高的就要保持充分干燥，铺上苇帘、席箔等。温度要求也不同，冬季贮藏保持在 4～5℃。另外贮藏球根时要防止鼠虫的危害。

## 2.4.2.4　草本花卉养护技术操作的注意事项

① 宿根花卉在孕蕾期和开花期应施加磷肥，促进开花，延长花期。

② 部分球根花卉的叶子比较少，养护时需要注意保护，避免损伤，否则影响光合作用，不利于开花和新球的生长，也影响观赏。

③ 球根花卉花后要及时剪除残花，以减少养分消耗，利于新球的充实。

④ 一些宿根花卉和球根花卉忌积水，积水会烂根，所以夏季多雨或阴雨天时，要注意及时排水。

⑤ 根据花卉自身生长发育规律和生态学特性，综合应用各种栽培措施可以调控花期。

⑥ 宿根花卉一般一次种植后不再移植，可多年生长，多次开花，因此，整地时应施足基肥，满足宿根花卉的正常生长需要。

⑦ 大部分宿根花卉在入冬前需要灌一次透水，提高环境的温度和湿度，以利于其安全越冬。

## 2.4.3 草本花卉养护质量验收

草本花卉养护质量标准参考《园林绿化养护标准》（CJJ/T 287—2018）。

### 2.4.3.1 草本花卉养护质量标准

草本花卉养护质量标准应符合表 2.4-1 的规定。

表 2.4-1　草本花卉养护质量标准

| 序号 | 项目 | 质量要求 | | |
|---|---|---|---|---|
| | | 一级 | 二级 | 三级 |
| 1 | 整体效果 | ①缺株倒伏的花苗≤3%；<br>②基本无枯叶、残花 | ①缺株倒伏的花苗≤7%；<br>②枯叶、残花量≤5% | ①缺株倒伏的花苗≤10%；<br>②枯叶、残花量≤8% |
| 2 | 生长势 | ①植株生长健壮；<br>②茎秆粗壮，基部分枝强健，蓬径饱满；<br>③花形美观，花色鲜艳，株高一致 | ①植株生长基本健壮；<br>②茎秆粗壮，基部分枝强健，蓬径基本饱满；<br>③株高一致 | ①植株生长基本健壮；<br>②茎秆粗壮，基部分枝强健，蓬径基本饱满；<br>③株高基本一致 |
| 3 | 排灌 | ①暴雨后 0.5d 内无积水；<br>②植株未出现失水萎蔫现象 | ①暴雨后 0.5d 内无积水；<br>②植株基本无失水萎蔫现象 | ①暴雨后 0.5d 内无积水；<br>②植株无明显失水萎蔫现象 |
| 4 | 病虫害情况 | ①基本无有害生物危害状；<br>②植株受害率≤5% | ①无明显有害生物危害状；<br>②植株受害率≤8% | ①无严重有害生物危害状；<br>②植株受害率≤10% |
| 5 | 杂草覆盖度 | ≤2% | ≤5% | ≤10% |
| 6 | 补植完成时间 | ≤3d | ≤7d | ≤10d |

### 2.4.3.2 草本花卉养护一般规定

① 花卉修剪的方法符合下列规定。

a. 一二年生花卉应根据分枝特性摘心。观花植株应摘除过早形成的花蕾或过多的侧蕾。叶片过密影响开花结果时应摘去部分老叶和过密叶。花谢后应去除残花和枯叶。

b. 花卉、宿根花卉应根据生长习性和用途进行摘心、除芽。休眠期应剪除残留的枯枝、枯叶。

c. 修剪不宜在雨后立即进行。

d. 修剪工具应消毒。

② 花卉灌溉与排水应符合下列规定。

a. 灌溉原则、灌水水质和灌溉方式应符合《园林绿化养护标准》（CJJ/T 287—2018）的规定。

b. 水应避免冲刷花朵。

c. 浅根性花卉浇水时应避免冲刷植物根系。

d. 应维护排水设施的完好，并注意及时排涝。

e. 夏季气候干燥炎热时应及时浇水；冬季寒冷地区的宿根花卉应注重返青水和封冻水的浇灌时期和灌水量。

③ 花卉施肥应符合下列规定。

a. 不同花卉植物种类（品种）的生长期和开花期进行追肥。每个生长周期内不应少于 2 次追肥。

b. 追肥宜采用缓释性的长效肥料。也可进行叶面追肥。

c. 其他施肥方式、方法应符合《园林绿化养护标准》（CJJ/T 287—2018）的规定。

④ 花卉的补植应在生长季进行，及时清理死株，并应按原品种、花色、规格补植。一二年生花卉花谢后失去观赏价值的应进行更换，补植时密度应符合设计要求。

⑤ 花卉有害生物防治应符合《园林绿化养护标准》（CJJ/T 287—2018）的规定。

⑥ 冬季寒冷地区，草本花卉可用覆盖塑料薄膜、培土等方式进行防护。

## 思考与练习

### 一、判断题

1. 多数一二年生花卉根系浅，不耐干旱，要求土地越湿润越好，应多灌溉。（　　）

2. 园林生产中可通过维持恒温，保证球根花卉的周年生产和延长花卉观赏期。（　　）

3. 球根花卉地下部分生长需要充足的水分，平日需要多浇水，且浇水时避免将水分灌入叶心，防止种球腐烂。（　　）

4. 对于冬季休眠的球根花卉，可在每年秋季增施以氮为主的肥料，促进植株木质化，以利于安全越冬。（　　）

5. 百合、水仙花等球根花卉若光照不够，在营养生长时常表现为茎叶徒长，生殖生长期表现为花色较淡，花瓣较薄。（　　）

6. 一二年生花卉在花后应及时摘除残花，同时加强水肥管理，可继续花开繁茂，延长花期。（　　）

7. 叶面喷肥，常用的肥料有尿素、磷酸二氢钾等，喷施浓度一般不宜超过 0.5% ～ 0.8%。（　　）

8. 宿根花卉虫害的综合防治主要用化学防治或用生物防治。（　　）

9. 种球采收宜在植株茎叶枯黄脱落时进行，过早过迟都不利于球根花卉的生长。（　　）

10. 宿根花卉在孕蕾期和开花期应施加磷肥，促进开花，延长花期。（　　）

### 二、简答题

1. 一二年生花卉养护管理的技术要点有哪些？

2. 总结宿根花卉的养护管理技术要点。

3. 简述常见露地栽培球根花卉养护管理要点。

4. 简述球根采收和贮藏技术要点。

在线答题

## 任务 2.5

# 草坪养护管理

## ⊕ 知识点

① 了解草坪修剪的目的和作用。
② 掌握草坪修剪的原则和方法。
③ 掌握草坪施肥方法。
④ 掌握草坪灌水、排水措施。
⑤ 掌握草坪病虫害防治方法。
⑥ 掌握草坪辅助养护措施。

## ✖ 技能点

① 会编制草坪养护管理技术方案。
② 能根据草坪养护管理技术方案，完成草坪养护工作。
③ 会熟练并安全使用草坪养护机具。

### 2.5.1　草坪养护管理概述

#### 2.5.1.1　草坪修剪

修剪是为了维护草坪的美观或达到某一特定目的，使草坪保持一定高度而进行的剪除多余草坪草枝条的作业。

（1）修剪高度

草坪修剪高度通常也称为留茬高度，是修剪后立即测得的地上茎叶的高度。留茬高度与草坪草的种类、用途、生长发育状况有关。一般来说，越精细的草坪，留茬高度越低。

① 常见草坪草修剪高度见表 2.5-1。

表 2.5-1　常见草坪草修剪高度

| 冷季型草坪草 | 修剪高度/cm | 暖季型草坪草 | 修剪高度/cm |
|---|---|---|---|
| 草地早熟禾 | 3.8~6.5 | 中华结缕草 | 1.3~5.0 |
| 多年生黑麦草 | 3.8~5.0 | 细叶结缕草 | 1.3~5.0 |
| 高羊茅 | 5.0~7.6 | 普通狗牙根 | 1.9~3.8 |
| 紫羊茅 | 2.5~6.5 | 野牛草 | 6.4~7.5 |
| 细叶羊茅 | 3.8~7.6 | 地毯草 | 1.5~5.0 |
| 匍匐剪股颖 | 0.5~1.3 | 假俭草 | 2.5~5.6 |

② 当草坪受到不利因素的压力时，最好是提高修剪高度，以提高草坪的抗性。在夏季，为了增加草坪草对炎热和干旱的忍耐度，冷季型草坪草的留茬高度应适当提高。如果要恢复昆虫、疾病、交通、践踏及其他原因造成的草坪伤害时，也应提高修剪高度。树下遮阴处草坪也应提高修剪高度，以使草坪更好地适应遮阴条件。此外，休眠状态的草坪，有时也可把草剪到低于忍受的最小高度。在生长季开始之前，应把草剪低，以利枯枝落叶的清除，同时生长季前的低刈还有利于草坪的返青。

③ 修剪高度与草坪用途见表 2.5-2。

表 2.5-2　修剪高度与草坪用途

| 用途 | 修剪高度/cm |
| --- | --- |
| 果岭草坪 | <0.5 |
| 运动场草坪 | 2～5 |
| 游憩草坪 | 4～6 |
| 一般草坪 | 8～13 |

（2）修剪原则

草坪修剪应遵循"1/3 原则"，即每次修剪掉的高度不能超过修剪前草坪草自然生长高度的 1/3。

（3）修剪频率

草坪的修剪频率取决于草坪草的生长速度。"1/3 原则"是草坪养护管理实践中确定修剪时间和频率的唯一依据。

① 草坪草的种类及品种。草坪草的种类及品种不同，形成的草坪生长速度不同，修剪频率也自然不同。生长速度越快，则修剪频率越高。在冷季型草中，多年生黑麦草、早熟禾等生长量较大，修剪频率较高。

② 草坪草的生育期。在温度适宜、雨量充沛的春季和秋季，冷型草坪草生长旺盛，一般每周需修剪 2 次，而在炎热的夏季，冷季型草坪草生长缓慢甚至停滞，每周修剪 1 次即可。暖季型草坪草则正相反，夏季需经常修剪，其他季节因温度较低，草坪草生长较慢，修剪频率可适当降低。

③ 草坪的养护管理水平。在草坪的养护管理过程中，水肥的供给充足、养护精细，生长速度比一般养护草坪要快，需要经常修剪。

④ 草坪的用途。草坪的用途不同，草坪的养护管理精细程度也不同，修剪频率自然有差异。用于运动场和观赏的草坪，质量要求高，修剪高度低，养护精细，需经常修剪。

（4）修剪方式

草坪修剪方式主要是机械修剪，机械修剪即使用剪草机修剪草坪。依据剪草机的工作原理，可将其分为旋刀式剪草机、滚刀式剪草机和割灌割草机 3 种。旋刀式剪草机主要用于修剪高于 2.5cm 的草坪；滚刀式剪草机则可用于修剪高度在 2.5cm 以下的草坪；割灌割草机主要用于其他修剪机械难以接近的地方，如树木周围和陡峭坡地的草坪。

修剪下的草屑中含有丰富的营养元素，如果草屑很短小，可以留在草坪上，不必清除。如果草屑较长，留在草坪上不仅影响美观，形成的草堆还会引起草坪草的死亡或引发病虫害，应收集起来运出草坪。

### 2.5.1.2 草坪施肥

（1）常用肥料类型

草坪肥料类型较多，一般分五大类：天然有机肥，速效肥，缓释肥，复合肥，肥料、除草剂、杀虫剂、杀菌剂四合一复合物。

① 天然有机肥。天然有机肥是一种完全肥料，含 N、P、K 三要素及其他微量元素，同时还可改良土壤，是应该广泛推广使用的肥料，主要分为厩肥、堆肥和绿肥。它的用量无严格要求，但使用必须是腐熟的肥料，并多作基肥。

② 速效肥。又称化学肥或无机肥。肥料成分浓，可溶于水，被植物吸收利用快。施用时必须严格控制浓度避免造成灼伤。

③ 缓释肥。指草坪专用肥。此类肥料肥效缓慢，但肥效可保持 2～6 个月，若与速效肥混合使用，可达到速效与长效结合的效果。

④ 复合肥。包括 N、P、K 三种成分的肥料。

⑤ 肥料、除草剂、杀虫剂、杀菌剂四合一复合物。此类复合物可节省人力，但价格高，不利于普及使用。

（2）施肥时期和频率

① 施肥时期。温度和水分状况均适宜草坪草生长的时期是最佳的施肥时间，而当环境胁迫或病害胁迫时应避免施肥。一般情况下，暖季型草坪在一个生长季节可施肥两次，在晚春进行一次施肥，第二次施肥时间宜在仲夏时节。在温带地区，冷季型草坪草春、秋季节生长旺盛，夏季生长缓慢，冬季枯黄休眠。适宜的施肥时间是春季和秋季，夏季则在需要时才施用少量氮肥，冬季无需施肥。

② 施肥频率。实践中，草坪施肥的频率常取决于草坪养护管理水平。低养护管理的草坪（1 年只施 1 次肥），冷季型草坪草秋季施用，暖季型草坪草初夏施用。中等养护管理的草坪，冷季型草坪草春、秋季各施用 1 次。暖季型草坪草春季、仲夏、秋初各施用 1 次。精细养护管理的草坪，在草坪草快速生长季节，冷季型、暖季型草坪草最好每月施 1 次。

（3）肥料用量

在所有肥料中，氮是首要考虑的营养元素。草坪氮肥用量不宜过大，否则会引起草坪徒长增加修剪次数，并使草坪抵抗环境胁迫的能力降低。一般高养护水平的草坪年施氮量为 $45\sim75g/m^2$，低养护水平的草坪年施氮量在 $6g/m^2$ 左右。草坪草的正常生长发育需要多种营养成分的均衡供给。磷、钾或其他营养元素不能代替氮，磷施肥量一般养护水平草坪为 $4.5\sim13.5g/m^2$，高养护水平草坪为 $9\sim18g/m^2$，新建草坪施用量为 $4.5\sim22.5g/m^2$。对禾本科草坪草而言，一般氮、磷、钾的比例宜为 4∶3∶2。

### 2.5.1.3　草坪灌水概述

（1）灌水时间

① 确定草坪是否需要灌水。

a. 植株观察法：草坪缺水时，叶色由亮变暗。进一步缺水则细胞膨压改变，叶片萎蔫，卷成筒管或叶色发白（叶肉细胞间隙充满空气），最后叶片枯黄。

b. 土壤含水量检测法：如果地面已变成浅白色，则表明土壤干旱，挖取土壤，当土壤干旱深到土层 10～15cm 时，需要灌水（土壤含水量充足时则呈现暗黑色）。

c. 仪器测定法：在草坪灌溉中利用多种电子设备辅助确定灌水时间，如使用张力计测定土壤含水量。

d. 土壤水分探头测定法：埋于草坪不同区域，来实时监测土壤水分变化。

② 最佳灌水时间。一天之中，何时灌溉要根据灌溉方式来确定。如果应用间歇喷灌（雾化度较高），则在阳光充足条件下灌溉最好。这样不仅能补充水分，而且能明显地改善小气候，有利于草坪蒸腾作用、气体交换和光合作用等，有助于协调土壤水、气、肥、热，利于根系及地下部营养器官的扩展。

若用浇灌、漫灌等，则需看季节。晚秋至早春，均以中午前后为好，此时水温较高灌后不伤根，气温也较高，可促进土壤水分蒸发、气体交换，提高土温，有利于根系的生长。

其余则以早晨为好，在具体时间的安排上，应根据气温高低、水分蒸发快慢来确定，气温高，蒸发快，则浇水时间可晚些，否则宜早些。使午夜前草坪地上部茎叶能处于无明水状态，防止草坪整夜处于潮湿状态导致病害发生。

（2）灌水量

① 灌水量的确定。草坪每次的灌水总量与土壤质地及季节有关。沙质土每次的灌水量宜少，灌溉次数应增加，所以维护草坪生长所消耗的总需水量较大；反之则相反。

检查土壤补充水分浸润土层的实际深度是断定适宜灌水量的有效方法。一般来说，当水湿润至 10～15cm 土层时，即已表明浇足了水。一旦测定了每次使土壤湿润到适当深度所需要的时间，就确定了这片草坪浇水所需的时间，从而也根据灌水强度确定了它的灌水量。

冷季型草坪草对水分的要求从高到低的顺序依次为：匍匐剪股颖、草地早熟禾、多年生黑麦草、紫羊茅、高羊茅等。暖季型草坪草对水分的要求从高到低依次为：假俭草、地毯草、狗牙根、结缕草等。

② 灌水频率的确定。幼坪灌水的基本原则是"少量多次"，成坪灌水的基本原则是"一次浇透，见干见湿"。灌水次数依据床土类型和天气状况确定，通常沙壤比黏壤易受干旱的影响，因而需频繁灌水。热干旱比冷干旱的天气需要灌水更多。草坪灌水频率无严格的规定，一般在生长季内，普通干旱情况下，每周浇水 1 次；在特别干旱或床土保水差时，则每周需灌水 2 次或 2 次以上。凉爽天气则可减至每隔 10d 左右灌 1 次。

### 2.5.1.4　草坪杂草防除

（1）草坪杂草的分类

草坪中的杂草种类繁多，按防治目的可以分为三个基本类型，即一年生禾草、多年生禾草和阔叶杂草。在进行防治过程中，通常采取以下分类方法。

① 一年生禾草类杂草。如牛筋草、马唐、香附子、狗尾草、稗草、一年生早熟禾等。

② 多年生禾草类杂草。如匍匐冰草、毛花雀稗等。

③ 阔叶杂草。如马齿苋、反枝苋、白车轴草、车前、酢浆草、蒲公英、独行菜等。

此外，按生物学特点，可将草坪杂草分为单子叶杂草和双子叶杂草（阔叶杂草）。

① 单子叶杂草。单子叶草坪杂草多属禾本科，少数属莎草科。其形态特征是无主根、叶片细长、叶脉平行、无叶柄，如马唐、狗尾草等。

② 双子叶杂草（阔叶杂草）。分属多个科的植物。与单子叶杂草相比，一般有主根、叶片较宽，叶脉多为网状脉，多具叶柄，如车前、反枝苋、荠菜等。

（2）草坪除杂草主要方法

① 物理防除，主要有手工除草、镇压防除、修剪防除等。

a. 手工除草：手工除草是一种传统的除草方法，污染少，在杂草繁衍生长以前拔除杂草可收到良好的防除效果。拔除的时间是在雨后或灌水后，将杂草的地上、地下部分同时拔除。

b. 镇压防除：对早春已发芽出苗的杂草，可采用重量为100~150kg的轻滚筒轴进行交叉镇压消灭杂草幼苗，每隔2~3周镇压1次。

c. 修剪防除：对于依靠种子繁殖的一年生杂草，可在开花初期进行草坪低修剪，使其不能结实而达到将其防除的目的。

② 化学防除。化学防除是草坪杂草防治的重要技术措施。对大部分多年生、深根性杂草，人工拔除难以根除，施用除草剂进行化学防除最为有效。其缺点为污染环境并对人类健康有害。化学防除的关键是除草剂的选择，应根据草坪类型、杂草种类、主要杂草发生消长规律选择除草剂，并采用适当的用药时间和方法。

## 2.5.1.5 草坪病虫害

（1）主要草坪病害识别与防治

### 褐斑病

【症状识别】真菌性病害。该病害发生早期往往是单株受害，受害叶片和叶鞘上病斑梭形、长条形，不规则，初期病斑内部青灰色水浸状，边缘红褐色，后期病斑变褐色甚至整叶水渍状腐烂。草坪上出现小的枯草斑块是该病害流行的前兆。枯草圈就可从几厘米扩展到几十厘米，甚至1~2m。由于枯草圈中心的病株可以恢复，结果使枯草圈呈现"蛙眼"状，即其中央绿色，边缘为枯黄色环带。

【发生规律】褐斑病是一种流行性很强的病害，如果条件适宜，只要有几片叶或几棵植株受害，就会很快造成草坪大面积受害，因此一旦发病就要及时防治。在枯草层较厚的老草坪，病菌较多，发病较多、较重。高温高湿、排水不良、过量施用氮肥、使植株旺长、组织幼嫩，都极易造成褐斑病的流行。

【防治方法】

栽培技术措施：及时清除枯草层、修剪后的残草和病残体，减少菌源。加强养护管理，要均衡施肥，增施磷、钾肥，避免偏施氮肥。科学灌水，避免漫灌。及时修剪，夏季修剪不要过低。过密草坪要及时打孔、梳草，以保持通风透光。

化学防治：可采用五氯硝基苯、代森锰锌、百菌清、甲基硫菌灵等药剂进行拌种。在发病初期可选择效果较好的药剂如 70％代森锰锌可湿性粉剂 800～1000 倍液、75％百菌清可湿性粉剂 600 倍液、70％甲基硫菌灵可湿性粉剂 1000 倍液等。可以喷雾使用，也可以灌根防治。

## 腐霉枯萎病

【症状识别】真菌性病害。草坪受害后倒伏，紧贴地面枯死。枯死圈呈圆形或不规则形，直径 10～50cm 不等，有人将其称为"马蹄"形枯斑。在病斑的外缘可见白色（有的腐霉菌品种会出现紫灰色）的絮状菌丝体。干燥时菌丝体消失，叶片萎缩变成红棕色，整株枯萎死亡，渐变成稻草色枯死圈。如当年不防治或防治不彻底，则次年枯死圈会继续扩大。

【发生规律】霉菌具有很强的腐生性，可在土壤、植物体内或病株残体上生存。高温高湿是该病发生的条件，白天气温 30℃以上，夜间温度在 20℃以上，相对湿度高于 90％且持续 14h 以上或有降雨天气则易发病。土壤含氮量高、生长茂盛的草坪最易感病，且受害严重。腐霉枯萎病主要的发生季节集中在 6～9 月份，当气温持续在 25℃以上，且水分充足，湿度达 90％持续 10h 以上时，病害大量发生。

【防治方法】

栽培技术措施：要适量灌溉，在温度适于病害发生的时候注意不能在傍晚或夜间浇水，可选择在清晨或午后灌溉，最好能采用喷灌。均衡施肥，氮肥不要过多。合理修剪，在病害大量发生的时候要适当提高草坪修剪高度。

化学防治：可用代森锰锌、噁霜灵等对种子进行药剂拌种。对已建草坪上发生的腐霉病，防治效果较好的药剂有多菌灵 500～1000 倍液、代森锰锌 500 倍液、甲基硫菌灵 1000 倍液等，每次间隔 7～10d，连续用药 2～3 次。此外，提倡药剂混合使用或交替使用，代森锰锌＋甲霜灵、代森锰锌＋噁霜灵＋乙磷铝、甲霜灵＋噁霜灵等混用。

## 锈病

【症状识别】真菌病害。发病早期阶段，在草坪草叶片表面上可看到一些橘黄色的斑点，在病斑上可清晰观察到含孢子的疱状突出物。随着病害的发展，病斑数逐渐增多，最后叶子表皮破裂，病菌孢子形成很小的橘黄色的夏孢子堆（黄色粉状物）。受害严重的草坪草从叶尖到叶鞘逐渐变黄，整体从远处看上去，草坪像生锈一样，如此时从草坪中走过，鞋和衣服上易沾满橘黄色锈粉（图 2.5-1）。

【发生规律】锈病是对草坪侵害最为严重的病害，空气温度过高、草坪密度大、灌水不当排水不畅、地表低洼积水、偏施氮肥等是其发病的主要原因。北方地区草坪锈病一般在 7 月

图 2.5-1　草坪锈病（见彩图）

底至 8 月初开始发生，7、8 月份是发病最严重的时期，并持续危害到 10 月。

【防治方法】

栽培技术措施：加强科学的养护管理，适量施氮肥，保持正常的磷、钾肥比例。合理浇水，避免草地湿度过大或过干燥，要见干见湿，避免傍晚浇水。保证草坪通风透光，抑制锈菌的萌发和侵入。

化学防治：夏末秋初是防治草坪锈病最关键的时期，发病初期，用 20％三唑酮乳油800 倍液或 75％百菌清可湿性粉剂 500 倍液进行防治，7～10d1 次，混合施用或交替使用，以免产生抗药性。

## 白粉病

【症状识别】真菌病害。受害叶片上先出现 1～2mm 近圆形或椭圆形的褪绿斑点，以叶面较多，后逐渐扩大成近圆形、椭圆形的绒絮状霉斑。初白色，后污白色、灰褐色。霉层表面有白色粉状物，后期霉层中出现黄色、橙色或褐色颗粒。随病情发展，叶片变黄，早枯死亡，一般老叶较新叶发病严重。发病严重时，草坪呈灰白色，像撒了一层白粉，受震动会飘散。该病通常春秋季发生严重（图 2.5-2）。

图 2.5-2　草坪白粉病（见彩图）

【发生规律】该病是由白粉菌引起的真菌病害。环境温湿度与白粉病发生程度有密切关系，15～20℃为发病适温，25℃以上时病害发展受抑制。空气相对湿度较高有利于分生孢子萌发和侵入，但雨水太多又不利于其生成和传播。南方春季降雨较多，如在发病关键时期连续降雨，不利于白粉病发生和流行；但在北方地区，常年春季降雨较少，因而春季降雨量较多且分布均匀时，有利于白粉病的发生。水肥管理不当、荫蔽、通风不良等都是诱发白粉病发生的重要因素。

【防治方法】

园林防治：选用抗病草种和品种并混合种植是防治白粉病的重要措施；科学养护管理，控制合理的种植密度，适时修剪，注意草坪草的留茬高度，保证草坪冠层的通风透光；减少氮肥，增施磷、钾肥；合理灌水，不要过湿过干。

化学防治：三唑类杀菌剂防治白粉病效果好、作用的持效期长，常见药剂有三唑酮、三唑醇、烯唑醇、戊唑醇等。在发病早期可喷施 25％的三唑酮可湿性粉剂 2000～2500 倍液、12.5％的烯唑醇可湿性粉剂 2000 倍液、70％甲基硫菌灵可湿性粉剂 1000～1500 倍液、50％福美甲胂可湿性粉剂 1000 倍液等。

（2）主要草坪虫害的识别与防治

## 蛴螬

【危害】蛴螬是危害草坪的主要害虫，大多出现在 3～7 月，主要取食草坪草的根部，咬断或咬伤草坪草的根或地下茎，并且挖掘形成土丘。发生数量多时可使草坪上出现一丛一丛的枯草，严重影响草坪的美观。

【形态特征】蛴螬是金龟子幼虫的统称，体近圆筒形，常弯曲成"C"字形，体长 35～45mm，全体多皱褶，乳白色，密被棕褐色细毛，尾部颜色较深，头橙黄色或黄褐色，有胸足 3 对，无腹足（图 2.5-3）。

图 2.5-3　蛴螬（见彩图）

【生活习性】为害草坪的金龟子以幼虫或成虫在深层土中越冬，一般为 30～50cm 深，最深可达 1m 左右。4～9 月为害，尤以 6 月下旬至 7 月上旬、8 月中旬至 9 月上旬为害最重。蛴螬有假死性和趋光性，并对未腐熟的粪肥有趋性。秋季的温湿度十分适合蛴螬的活动为害，进入九月，蛴螬的防治是重要工作之一。

【防治方法】

化学防治是目前防治蛴螬为害的主要方法。

种子处理：播种前用 50%辛硫磷乳油或 40%甲基异柳磷乳油等拌种。

土壤处理：虫口密度较大时，撒施 5%辛硫磷颗粒剂等，用量 4kg/亩，均匀撒施翻入土中，能有效杀死幼虫。

幼虫为害期：每亩使用地害平 2kg 均匀撒施后浇透水，或每亩使用 3%克百威 3.5～5kg 混细沙 15～25kg 撒施后用水淋透等方法防治。

成虫盛发期：取 30～100cm 长的树枝，插入 40%氧乐果乳油或 50%久效磷乳油 30～40 倍液中，浸泡后捞出阴干，于傍晚放入草坪，毒杀成虫。

## 蝼蛄

【危害】在土壤中咬食草坪草种子、根及嫩茎，使草坪草枯死，造成育苗时缺苗；在土壤表层挖掘隧道，咬断根或根周围的土壤，使根系吊空，造成草坪草干枯而死，发生数量多时，可造成草坪大面积枯萎死亡。

【形态特征】大型、土栖。身体长圆筒形，体被绒状细毛，头尖，触角短，前足粗壮，为开掘足，端部开阔有齿，适于掘土和切断植物根系。前翅短，后翅长（图 2.5-4）。为害草坪的主要有东方蝼蛄（*Gryllotalpa orientalis*）与华北蝼蛄（*Gryllotalpa unispina*）。这两种蝼蛄的主要区别是后足胫节背面内侧刺的数目，东方蝼蛄 3 或 4 根，华北蝼蛄 0 或 1 根。

图 2.5-4　蝼蛄

【生活习性】蝼蛄具有群集性（初孵若虫具有群集性）、趋光性、趋化性（香、甜）、趋粪性、喜湿性和产卵地点的选择性等特点。在早春地温升高，蝼蛄活动接近地表，地温下降又潜回土壤深处。在春、秋季节，平均气温和 20cm 地温在 16～20℃时，是蝼蛄为害高峰期。

【防治方法】

毒饵诱杀：利用蝼蛄对香、甜等物质及马粪等未腐烂有机质有特别的嗜好，用煮至半熟的谷子、稗子、麦麸及鲜马粪中加入一定量的敌百虫、甲胺磷等农药制成毒饵进行诱杀。

化学防治：可喷施 50％辛硫磷 1000 倍液、20％甲基异柳磷 2000 倍液、50％甲胺磷 800 倍液等进行防治。

## 地老虎

**【危害】** 低龄幼虫将叶片啃成孔洞、缺刻，大龄幼虫白天潜伏于草坪草根部的土中，傍晚和夜间切断草坪草近地面的茎部，致使其整株死亡，发生数量多时，往往会使草坪大片光秃。

**【形态特征】** 主要有小地老虎（*Agrotis ypsilon*）和黄地老虎（*Agrotis segetum*）。

小地老虎，成虫体长 16～32mm，深褐色，前翅具有显著的肾状斑、环形纹、棒状纹和 2 个黑色剑状纹；后翅灰色无斑纹。老熟幼虫体长 41～50mm，灰黑色，体表布满大小不等的颗粒，臀板黄褐色，具 2 条深褐色纵带。

黄地老虎，成虫较小，体长 14～19mm，体色较鲜艳，呈黄褐色，前翅黄褐色，全面散布小褐点，肾纹、环纹和剑纹明显，且围有黑褐色细边，其余部分为黄褐色；后翅灰白色，半透明。老熟幼虫体长为 33～43mm，头部黄褐色，体淡黄褐色，体表颗粒不明显，体多皱纹而淡，臀板上有两块黄褐色大斑，中央断开，有较多分散的小黑点。

**【生活习性】** 成虫白天隐蔽，夜间活动，具极强的趋光性和趋化性，嗜好酸甜等物质。幼虫一般 6 龄。3 龄前不入土，昼夜均在叶片上取食或将幼嫩组织吃成缺刻；幼虫 3 龄以后，昼伏土中，夜出活动，或大块咬食叶片，或咬食幼茎基部，或从根茎处蛀入嫩茎中取食；5～6 龄时，进入暴食阶段，食量大，为害猖獗。

**【防治方法】**

园林栽培防治：尽量选择直立茎的草种，在管理上尽量增加修剪次数，减少浇水次数，增加透气性，避免形成枯草层。

人工诱杀：在成虫羽化期，用黑光灯结合糖醋液（配方为白酒：清水：红糖：米醋＝1：2：3：4，调匀后加入 1 份 2.5％敌百虫粉剂）诱杀成虫。

化学防治：幼虫孵化期喷 600～800 倍杀螟硫磷乳剂；幼虫期用 90％的敌百虫 600～800 倍液、50％辛硫磷 1000 倍液、50％甲胺磷 800 倍液、2.5％溴氰菊酯 1000 倍液地面喷洒。喷药前最好修剪一次，以增加药剂的渗透力。

## 金针虫

**【危害】** 金针虫是叩头虫的幼虫，是一类危害草坪的重要害虫。在我国从南到北分布很广，种类也比较多，长期生活在土壤中，危害草根，致使草坪出现不规则的枯草地块或死草地块。

**【形态特征】** 金针虫体形细长，圆柱形或略扁，颜色多数为黄色或黄褐色；体壁光滑、坚韧，头和体末节坚硬。成虫体狭长，末端尖削，略扁；头紧镶在前胸上，前胸背板后侧角突出呈锐刺，前胸与中胸间有能活动的关节，当捉住其腹部时，能作叩头状活动。

**【生活习性】** 主要种类有沟金针虫（*Pleonomus canaliculatus*）、细胸金针虫（*Agri-otes subrittatus*）等。两种金针虫均喜欢在土温 11～19℃ 的环境中生活。因此，在 4 月和 9～10 月危害严重，在地下主要为害草坪根茎部，还可钻入茎内为害，使植株枯萎，甚至死亡。

**【防治方法】**

人工诱杀：金针虫成虫对杂草有趋性，可在草坪周围堆草诱杀，在草堆内撒入触杀型农药，可以毒杀成虫。

化学防治：撒施 5% 辛硫磷颗粒剂，用量为 30～45kg/hm²；若个别地段发生较重，可用 40% 乐果乳油、50% 辛硫磷乳油 1000～1500 倍液灌根，灌根前需将草坪打孔通气，以便药剂渗入草皮下。

## 草地螟（*Margaritia sticticalis*）

**【危害】** 草地螟以幼虫为害，食性广，初孵幼虫取食幼叶的叶肉，残留表皮，并经常在植株上结网躲藏，3 龄后食量大增，可将叶片吃成缺刻或仅留叶脉，使叶片呈网状。草地螟是一种间歇性暴发成灾的害虫，对草坪的危害极大。

**【形态特征】** 成虫体长 10～12mm。全身呈暗褐色。成虫前翅靠近前端中间部位有一块颜色较淡的斑，形状似方形，前翅外缘有黄色点状条纹，近前缘中部有"八"字形黄白色斑，近顶角处有一长形黄白色斑；后翅灰色，沿外缘有两条平行的波状纹。幼虫共有 5 龄：1 龄幼虫，身体呈现亮绿色；2 龄幼虫呈污绿色，并可见多行黑色刺瘤；3 龄幼虫呈暗褐色或深灰色；4 龄幼虫呈暗黑或暗绿色；5 龄幼虫多灰黑色，两侧有鲜黄色线条。

**【生活习性】** 草地螟在我国发生 3～4 代。以老熟幼虫在土内吐丝作茧越冬。翌春 5 月化蛹及羽化。成虫昼伏夜出，趋光性很强，有群集远距离迁飞的习性。卵散产于叶背主脉两侧，常 3～4 粒在一起，以距地面 2～8cm 的茎叶上最多。幼虫发生期在 6～9 月份，幼虫活泼，性暴烈，稍被触动即可跳跃。幼虫共 5 龄，高龄幼虫有群集迁移习性。幼虫最适发育温度为 25～30℃，高温多雨年份有利于发生。

**【防治方法】**

园林栽培防治：及时清除杂草，消灭越冬幼虫。

灯光诱杀：安装频振式杀虫灯诱杀成虫。

化学防治：2～3 龄前，喷施 25% 灭幼脲悬浮剂 1500～2000 倍液，或 1.2% 苦参碱 1000 倍液。或用每克菌粉含 100 亿活孢子的杀螟杆菌菌粉或青虫菌菌粉 2000～3000 倍液喷雾。也可喷洒 90% 敌百虫晶体 1000 倍液、40% 氧乐果乳油 1000 倍液、50% 辛硫磷乳油 2000 倍液等。

## 黏虫（*Leucania Separate*）

**【危害】** 幼虫取食草坪草，轻者造成草坪秃斑，重则使大面积草坪被啃光，必须重播。

**【形态特征】** 黏虫为鳞翅目夜蛾科，成虫体长 17mm 左右，灰褐色，前翅顶角有褐色线一条，近中央处有一灰白色斑点，外缘边上有 7 个小黑点。老熟幼虫体长 35mm 左右，黑绿、黑褐或黄绿色，头部棕褐色，上有"凸"形纹，全身有 5 条暗色较宽的纵条纹，体背有黑绿、青绿、绿褐、灰白等颜色的纵线条。

【生活习性】一般 1 年可发生 2～4 代。5 月上旬开始孵化，6 月上旬至 9 月中旬是为害盛期，9 月中旬出现大量成虫，迁往南方越冬。因此，在 10 月至翌年 4 月期间基本上不会产生危害。而防治时期主要集中在 5～9 月，尤其是 5 月、6 月上旬为幼虫防治的关键期；而 9～10 月则是成虫防治、卵期防治的关键期。

【防治方法】

诱杀防治：黑光灯（或糖醋酒液）诱杀成虫，方法同地老虎的防治。用稻草或麦草做成草把插入草坪中，诱集雌蛾产卵，然后处理草把消灭虫卵。

化学防治：应在幼虫 3 龄前及时喷药防治。在幼虫发生期内喷洒 90％敌百虫晶体 1000～1500 倍液、50％辛硫磷乳油 1000 倍液、2.5％溴氰菊酯乳油 2000～3000 倍液等进行防治。

## 其他害虫

【危害及防治】对草坪危害较多的害虫还有蝗虫、蚜虫等。这类害虫每年都有不同程度的发生，对草坪造成一定的危害。它们主要蚕食地上部的嫩茎和叶片，所以对多年生草不至于造成毁灭性危害。最好用低毒性杀虫剂，如溴氰菊酯、辛硫磷等。

### 2.5.1.6　草坪的辅助养护

一般情况下，如草坪品种选择得当，通过施肥、灌溉、修剪等常规养护管理措施，即可获得高质量的草坪。如果草坪中出现了过厚的枯草层、土壤板结等现象，则还需进行镇压、表施土壤、打孔、垂直修剪等辅助养护管理作业。

（1）镇压

适度镇压对草坪是有利的，尤其是草皮铺植后、草坪表面凸凹不平、草坪过度践踏和草坪密度下降时。镇压前应检查草坪坪床的平整状态。对草坪的低洼处，要进行铺沙（土）作业。若低洼处超过 3cm，则应先将皮铲起，再用土壤或沙填平，然后将草皮复原，并浇水、镇压。

镇压时坪床含水量应适中，不干也不湿，严禁露水未干或坪床积水时作业。

（2）打孔

打孔就是用草坪打孔机在紧实、板结的草坪上打出孔洞，达到松土、通气、透水的目的。打孔后的草坪，土壤结构疏松，通透性增强，水分、肥料得以充分利用，特别有利于新根系的形成，使草坪有效抵制老化倾向。

草坪打孔有手工打孔机和动力打孔机两种基本类型。

① 手工打孔机。手工打孔机是在一个金属框架上，上端装有两个手柄，下端装有 4～5 个打孔锥（有空心和实心两种）。作业时尽量使打孔机保持垂直，用脚踏压金属框，使打孔锥刺入草坪，然后将打孔锥原方向拉出。这种打孔机主要用于小面积草坪以及一般动力打孔机作业不到的地方，如树根附近、花坛周围、草坪边缘及运动场球门杆周围。

② 动力打孔机。动力打孔机有小型手扶自走式打孔机和大型拖拉机牵引的打孔机组。

前者适用于各种草坪的打孔作业，后者适用于大面积草坪的打孔作业。

（3）表施土壤

草坪表施土壤是将事先选择或准备好的沙、土壤和有机质的混合物均匀施入草坪的过程。目的是使草坪表面平整，提高草坪的耐践踏力，促进枯草层分解，有利于草坪更新。

表施土壤的材料要与原有的草坪土壤相似，是沙、土壤、有机质等混合物，有时也只用沙或有机质。一般要符合以下要求：与原有的草坪土壤无太大差异，否则会造成分层；有机质必须充分腐熟，所有材料不带杂草种子、病菌、害虫等有害物质；土壤必须过筛（直径 6mm），含水较少。

（4）垂直修剪

垂直修剪是指借助安装在高速旋转的水平轴上的垂直刀片来进行切割或划破草坪的一种培育措施。垂直修剪机也叫梳草机或除枯草层机，顾名思义，它是以清除草皮表面积累的枯枝层或改进草皮通透性为主要目的的机器。

垂直修剪时，当刀片安装在上位时，可切掉匍匐枝或匍匐枝上的叶，从而提高草坪的平齐性；当刀片安装在中位时，可破碎打孔留下的土条，使土壤重新混合，有助于枯草层的分解；当刀片安装在下位时，能有效地清除枯草层，使空气、水分、养分、农药能进入土壤，提高紧实土壤的通气透水性能，有利于草坪草根系的吸收，有效防治病虫害，促进草坪草的生长发育。

（5）草坪复壮

草坪在经过几年的使用后，会因各种原因而退化，如杂草的入侵、病害的侵染、管理措施不当以及高强度的践踏使用等。另外，草坪草本身也有一定的使用年限。草坪在出现退化现象后，要及时进行修复。

① 养护管理不善。不科学的养护管理使草坪土壤性状变差，枯草层过厚，杂草和病虫害严重，导致草坪草生长减弱，草坪自然更新能力差，未老先衰。

② 草种选择不当。草种选择不当，不能完全适应当地的气候和土壤条件，或不能满足草坪的使用要求，出现生长发育不良的现象。例如，运动场草坪选用了耐践踏力不强的草种，使用过程中必然出现草坪衰退现象。

③ 草坪已到衰退期。建坪几年后，草坪已到正常的衰退期。

④ 过度使用、过度践踏导致的草坪衰退。公园、住宅区、学校等开放性的草坪以及运动场草坪都容易出现这种情况，例如足球场的球门区草坪，由于过度践踏，会发生斑秃。

## 2.5.2　草坪养护管理技术操作

### 2.5.2.1 草坪修剪

（1）草坪修剪操作流程

① 清除草坪上的杂物。将草坪上的石块、枯枝、塑料袋等杂物清理干净。

② 检查剪草机是否工作正常，是否有漏油现象，刀片是否锋利。每次修剪时，要保证剪草机刀片锋利，以免草坪叶片被撕裂拉伤，影响草坪的美观性及滋生细菌。

③ 选择修剪走向。修剪都应更换起点，按与前次不同的方向和路线进行修剪，以防止对局部草坪的过度践踏和因草坪草的地上部分趋于同一方向的定向生长而形成草坪纹理。

④ 确定留茬高度。根据草坪草的自然高度计算确定留茬高度，调整剪草机的剪草高度调节杆到需要留茬的高度。

⑤ 修剪。按照设计好的修剪方向开始修剪，速度保持不急不缓，路线直，每次往返修剪的截割面应保证有 10cm 左右的重叠。遇障碍物应绕行，遇四周不规则草边应沿曲线剪齐，转弯应调小油门。若草过长，应分次剪短，不允许超负荷运作。边角、路基边草坪、树下的坪修剪容易损坏剪草机刀片，可用割灌机修剪，花丛、细小灌木周边草坪用割灌机修剪容易误伤花木，应用手剪修剪。

⑥ 修剪后处理。草坪修剪完后将草屑清扫干净入袋，清理现场，清洗剪草机械，做好剪草机械的保养工作。修剪后 2~3d 应喷洒杀菌剂预防病害发生。

（2）剪草质量标准

① 叶剪割后整体效果平整，无明显起伏和漏剪，剪口平齐。

② 障碍物处及树下草坪用割灌机式手剪补剪，无明显漏剪痕迹。

③ 四周不规则及转弯位无明显交错痕迹。

④ 现场清理干净，无遗漏草屑、杂物。

### 2.5.2.2 草坪施肥

草坪施肥应根据草坪草种类、生长情况及土壤养分状况确定施肥种类、数量和时间。暖季型草坪在生长和观赏的季节，应掌握重施春肥，巧施夏肥，轻施秋肥，进入冬季休眠期，停止施肥。而冷季型草坪，应掌握重施秋肥，轻施春肥，巧施夏肥，秋末是冷季型草坪的生长旺季，增施肥料能延长草坪的绿色期，是草坪安全越冬，提高抗风、抗旱、抗寒能力与促进根系分蘖的关键。为了满足草坪生长中对各种营养元素的需求，应坚持平衡施肥的原则。

草坪施肥的关键是施肥均匀。均匀施肥需要合适的机具或较高的技术水平。草坪施肥的主要方法是撒施和喷施。

① 撒施。撒施是把肥料直接撒在草皮表层，然后结合灌水使肥料进入草坪土壤中。撒施可人工撒施，也可用机械撒施。小面积的草坪一般用人工撒施，为避免撒施不均匀，可把肥料分成几份，再进行不同方向撒施。大面积草坪施肥通常用机械撒施，可采取下落式或旋转式施肥机将颗粒状肥料直接撒入草坪内。在使用下落式施肥机时，料斗中的化肥颗粒可以通过基部一列小孔下落到草坪上，孔的大小可根据施用量的大小来调整。

② 喷施。喷施是将肥料加水稀释成溶液，利用喷灌或其他设备喷洒在草坪表面。小面积的草坪可用喷雾器进行人工叶面喷施。大面积草坪可将肥料溶解于灌溉水中，通过灌溉系统喷施在草坪上。喷施能减少肥料浪费，提高肥效，间接地降低了草坪养护费用。由于灌水系统覆盖不均一，灌溉施肥后化肥的分布也会形成差异。

采用灌溉施肥时，灌溉后应立即用少量的清水洗掉叶片上的化肥。以防止烧伤叶片，并应漂洗灌溉系统中的化肥以减少腐蚀。

### 2.5.2.3　草坪灌水

（1）灌溉方式

① 地面灌水。地面灌水常采用大水漫灌和塑料软管洒灌等多种形式。它是最简单的灌水方法，优点是简单易行，缺点是耗水量大，水量不够均匀，坡度大的草坪不能使用，有一定的局限性。目前，手持塑料软管灌水时，要在水管上加节水装置。

② 喷灌。草坪使土壤渗吸速度降低，要求采用少量频灌法灌溉。而且为了节约劳力和资金、提高喷灌质量，园林草坪灌溉大多采用喷灌系统。喷灌系统按其组成的特点，可分以下 3 种类型。

a. 固定式：所有管道系统及喷头常年固定不动。喷头采用地埋式喷头或可快速装卸喷头。该形式单位面积投资较高，但管理方便、地形适应性强、便于自动化控制、灌溉效率高。

b. 半固定式：设备干管固定，支管及喷头可移动，在草坪上应用不多。

c. 移动式：除水源外，设备管道、喷头均可移动。该形式适用于已建成的大面积草坪。

（2）草坪灌溉的技术要点

① 草坪浇水时应先检查地表状况，如果地表坚硬、板结或被枯枝落叶所覆盖，最好先打孔、划破、垂直刈剪草坪后再浇水，否则水分难以下渗，不利于草坪草根系生长发育。

② 浇水最好在凉爽天气的早上或傍晚进行，以将蒸发量降低到最低水平。

③ 草坪浇水，任何时候都不要只浇湿表面，而要遵循"浇则浇透"的原则。

④ 浇水应均匀，用移动设备浇水时，应先远后近，逐步后移，以避免践踏。

⑤ 我国北方地区的草坪，通常应于春季萌发前、秋季停止生长后各浇一次透水，充分湿润 40～50cm 为佳，前者称"开春水"，后者称"封冻水"，其对草坪的全年生长和安全越冬十分有利。

⑥ 在南方地区，冷季型草坪越夏困难，通常采用傍晚浇水降温措施，使其安全越夏。

⑦ 避免积水，做到及时排积水。施肥作业需要与草坪灌溉紧密配合。草坪施肥后需及时灌溉，以促进养分的分解和草坪草的吸收，防止肥料"烧苗"。

⑧ 注意水质，避免使用含盐碱高的水。

### 2.5.2.4　草坪杂草防除

（1）正确选用草坪除草剂

由于除草剂对生态环境及人类健康有害，因此，正确选择草坪除草剂是非常重要的，即在不同种草坪的不同生育期，针对不同杂草应用高效、低毒、无残留、环境污染低的除草剂，并结合正确的施用方法。

（2）主要杂草的化学防除方法

① 一年生杂草的防除。应抓住每年 5～6 月，7～8 月两个杂草发生高峰期，即在这两个阶段种子出苗前适时使用两次芽期除草剂进行土壤处理，把杂草消灭在萌芽之中。而对于其后生长的杂草，采用茎叶处理剂加以控制。

a. 生长期土壤处理：为了防止草坪杂草的发生、危害，一般采用芽期除草剂土壤处理，即在草坪休眠期或初春土温回升至 13～15℃时，草坪灌水开始返青后，施用芽期除草剂。常用除草剂有：丁草胺、异丙甲草胺、禾草丹、甲草胺、氟草胺、噁草酮、敌草胺、二甲戊灵、乙氧氟草醚、扑草净（不能用于阔叶草草坪）、西草净等。一般持效期 30～50d。

b. 茎叶处理：在杂草 3～5 片叶期，用选择性除草剂做茎叶处理，单用或混用。如唑草酯、氯氟吡氧乙酸、2 甲 4 氯、2，4-D 等在禾草类的草坪防除小旋花、蓼、苋等阔叶草。

② 多年生杂草的防除。多年生禾草与草坪草极为相似，所导致的草害问题尤为严重，防除也较困难，尤其在冷季型草坪上。该类杂草的化学防除应以草坪休眠期处理、生育期选择性定向茎叶处理为主。

生长期茎叶处理即根据草坪类型选用选择性除草剂，如在阔叶草坪上防除禾草，可选用烯禾啶、吡氟氯草灵、吡氟禾草灵等；防除禾本科草坪上的阔叶草，可选用氯氟吡氧乙酸、唑草酯（F8426）、2，4-D 等。另外，对那些难防的多年生禾草可采用灭生性除草剂（如草甘膦）定向喷雾防除，同时结合补种，防止杂草再发生。

## 2.5.2.5 病虫害防治

（1）草坪常见病害及防治

① 材料准备，具体内容如下。

a. 标本：草坪常见病害标本，包括褐斑病、白粉病、锈病等病害的实物标本、玻片标本和照片。

b. 用具：放大镜、显微镜、镊子、剪刀、挑针、蒸馏水、载玻片、盖玻片等。

② 观察草坪病害，包括观察症状和病原物。

a. 观察草坪病害症状：（a）病状，仔细观察草坪病害的病斑分布、形状、大小、颜色等病状；（b）病症，用放大镜观察其典型的病症，并且做好记录。

b. 观察草坪病害病原物，具体方法如下。

（a）临时玻片标本的制作：取洁净的载玻片和盖玻片，在载玻片中央滴入 1 滴蒸馏水，用挑针从霉状物挑取少量霉，或者用剪刀切取病组织，或者用刀片轻轻刮少量的白粉、锈粉等，使得材料在水中分散均匀，然后盖上盖玻片即可。

（b）镜下观察：将做好的临时玻片或永久性玻片放在显微镜下观察。详细记录其真菌的菌丝体、无性繁殖体或有性繁殖体的形态特征。

③ 防治草坪病害的方案与措施，具体内容如下。

　　a. 根据调查结果，对照前面所学知识，制订草坪病害防治方案。

　　b. 根据方案，开展防治。一般草坪病害采取的防治措施主要有以下几个方面。

　　（a）园林防治：合理施肥，科学灌水，改善草坪通风透光条件，及时修剪、清除枯草层和病残体。（b）药剂防治：对症下药，根据草坪病害种类选取高效、低毒的环保型药剂。选择合适的用药方式，一般采取喷雾法防治。确定用药时间，在发病初期及时喷药。计算用药剂量和药液量，首先根据防治对象的面积等估算药液量，然后根据稀释倍数计算所需要的药剂量。配制药液采用二次稀释法。喷药力求做到均匀周到，不漏喷。

　　（2）草坪常见虫害及防治

　　① 材料准备，具体内容如下。

　　a. 用具：实体显微镜、放大镜、镊子、喷雾器、烧杯、量筒。

　　b. 生活史标本：东北大黑鳃金龟、铜绿丽金龟、黑绒鳃金龟、小地老虎、黄地老虎、东方蝼蛄、华北蝼蛄、细胸金针虫、草地螟等。

　　c. 杀虫剂：辛硫磷、敌百虫、毒死蜱等制剂。

　　② 草坪害虫类群鉴别，具体内容如下。

　　a. 观察各种草坪害虫标本，区分蝼蛄、金龟子、地老虎、金针虫等各类害虫。

　　b. 根据书中描述，观察区分几种金龟子成虫、地老虎成虫、蝼蛄成虫。

　　c. 根据书中描述，区分各个类群地下害虫的幼虫。

　　③ 草坪害虫为害观察。观察各种草坪害虫生活史标本，观察并区别各种草坪害虫的为害状，对各为害状进行认真描述。

　　④ 草坪害虫防治，具体方法如下。

　　a. 施药方法，分为毒土施药和浇灌施药。

　　（a）毒土施药：是用农药和细土掺匀配成毒土，用于防治地下害虫和土传病菌等病虫害的方法。毒土制通常采用药与细土比例为 1：50～1：30。毒土施药随配随用。

　　（b）浇灌施药：是将药剂按一定比例加水稀释后，直接往植物根部浇灌的防治病虫害的方法。防治对象不同，选择的药剂不同，但浇灌方法基本相同。具体操作是在植株根际附近开挖沟将配制好的药液浇灌入内，待渗完后覆土。

　　b. 施药技术要求，具体如下。

　　（a）毒土施药要求：用药量要准确，药剂与细土要混匀，并均匀撒在单位面积内。撒在土面的药剂应立即翻入或旋耕入土中。沟施毒土防治病害的在施药后应及时覆土。

　　（b）浇灌施药要求：用药量要准确，不能出现药害，必须浇在吸收根最多处，渗完后一定封堰。

## 2.5.2.6　草坪辅助养护

　　（1）草坪辊压

　　① 辊压机的选择。辊压可用人力推重辊或机械牵引。机动辊轮为 80～500kg，手推轮重为 60～200kg。压辊有石辊、水泥辊、空心铁辊等材质，空心铁辊可充水，通过调节水量来调整重量。辊压的重量依辊压的次数和目的而定，如为了修整床面则宜少次重压

（200kg），播种后使种子与土壤紧密接触则宜轻压（50～60kg），应避免强度过大造成土壤板结，或强度不够达不到预期效果。

② 辊压时间。草坪宜在生长季进行辊压，冷季型草坪草应在春、秋季草坪生长旺盛的季节进行，而暖季型草坪草则宜在夏季进行。其他的辊压时间通常要视具体情况而定。

（2）草坪打孔

① 打孔时间。打孔的时间应选择草坪生长旺季、恢复力强而且没有逆境胁迫时。冷季型草坪最适宜的打孔时间是夏末秋初，暖季型草坪最好在春末夏初进行。

② 打孔方法。当草坪土壤出现板结、土壤的通透性下降时，应该进行土壤的打孔作业。打孔作业是通过打孔机来完成的，打孔的直径为6～18mm，深度为5～8cm，其间距为8～10cm。打孔可使草坪留下一个个小洞，能有效改善土壤的通气状况，促进草坪草根系的生长和营养的吸收。打孔的草坪应湿润，有利于打孔机工作，打孔后应立即覆肥土并浇水。

（3）表施土壤

① 表施土壤的机械。小面积的表施土壤可用人力进行，用独轮车推送，铁铲撒开，再用扫把扫平。大面积的表施土壤应用表土撒播机（撒土机）进行。

② 表施土壤的时间。表施土壤的时间一般在草坪草萌芽期或生长期进行最好。暖季型草坪草通常在春末夏初和秋季，冷季型草坪草通常在春季和秋季。

③ 表施土壤的数量和次数。表施土壤的数量和次数应根据草坪使用的目的和草坪草生育特点而异。从一次都不需要到每3～4周1次。一般草坪每年1次。施用量通常以不超过0.5cm厚为宜，有时为了控制枯草层，施用量也能达到1.5cm厚。

④ 表施土壤要配合其他作业进行。如表施土壤必须在修剪或施肥后进行，之后必须拖平。又如为了避免表施土壤带来的草坪土壤成层问题，最好在表施土壤前进行垂直修剪作业。

（4）垂直修剪

① 垂直修剪的时间。垂直修剪的适宜时间是草坪植物生长旺盛、恢复力强的季节，冷季型草坪在夏末秋初，暖季型草坪在春末夏初。与打孔操作不同，垂直修剪应在土壤和枯草层干燥时进行，可使草坪受到的破坏最小，也便于垂直修剪后的管理操作。

② 垂直修剪的机械。垂直修剪机的种类很多，按照垂直修剪机刀片的大小和多少，可分为手推式和自走式两种。工作宽度35～50cm，工作深度0～7.6cm，可由装在机器前面或后面的调节滚筒或轮子来控制。刀片的安装一般有上、中、下三种位置，能达到不同的垂直修剪效果。

（5）草坪更新修复

退化草坪的修复是一种局部的、强度较小的改造和定植草坪。在进行修复之前，首先要弄清草坪退化的原因，以便对症下药，提出有力的改良措施及正确的养护方法。修复措施主要有两种：一是补播，二是铺设草皮。当草坪使用不紧迫时可采用补播的方法，但如果要立即投入使用的草坪则需铺设草皮。

① 养护修复法。对于养护管理不善造成的草坪退化可对症下药，清除致衰原因，加强全面的超常养护管理。例如由于土壤板结造成的草坪退化，可以通过打孔、垂直修剪等措施加以消除。由于枯草层过厚引起的草坪生长不良，可以进行垂直修剪、梳草、表施土壤等作业加以改善。由于杂草丛生而影响到草坪草生长发育时，可人工拔除杂草或施用除草剂消灭杂草。由病虫害引起的草坪退化，也可施用杀虫剂、杀菌剂来防治。不管是哪种情况，都要多种养护管理措施配合使用，进行全面的超常养护管理，才能达到草坪复壮的目的。

② 补种修复法。补种修复有两种方法。当时间不紧迫时，可以采取补播种子的办法；如果时间紧，要立即见到效果，可采取重铺草皮的方法快速恢复草坪。

a. 补播：先清除枯死植株和枯草层，露出土壤，再将表土稍加松动，施入少量肥料，然后撒播与原有草坪草一致的种子，使种子均匀进入土壤，之后进行表施土壤、灌溉等作业。撒下的种子萌发成新植株后，即形成新老植株并存和交替相继的格局，达到延长草坪使用期限的目的。

b. 补铺：先标出需要补铺的草坪，铲除原有损坏的草皮。然后翻土、施肥、平整、辊压（紧实坪床）、铺草皮，新铺设的草皮应与原有草坪草一致。草皮应高出坪面 2～5cm。用堆肥和沙填补满草皮间隙，轻轻辊压，灌溉，使草皮根系与土壤接触良好，之后加强水肥管理，几周后可恢复原有草坪景观。

## 2.5.2.7　草坪养护管理过程中的注意事项

① 新建植的草坪第一次修剪之前要清理坪面。

② 冷季型草坪夏季管理，修剪作业后应按顺序安排施肥、灌水、打药防病。

③ 要在草叶干燥时施肥，防止叶片上的水珠将化肥融化在叶片上烧苗。

④ 施肥作业后应立即浇水，更新复壮、打孔、梳草作业后结合覆土、覆沙立即浇水。

⑤ 当草坪干旱时不应立即施肥，应先浇水，使草坪摆脱干旱的状态，然后进行施肥，施肥后一定要浇水。

⑥ 先修剪，清除病叶后进行施药作业。叶面喷药后不能紧跟着浇水，尤其不能用喷灌。

⑦ 在开放草坪喷洒农药时，要注意做好有效的安全措施，防止游人发生中毒事故。

⑧ 在施用化学除草剂的过程中，也应结合人工拔除，以达到草坪美观、无杂草危害。

⑨ 杂草化学防除过程中，必须遵守先试验、后推广应用的原则，以免发生药害。

⑩ 土壤太干或太湿时，不应进行打孔。打孔应配合覆土、施药等其他作业。

⑪ 用于表施的土壤要干燥过筛，不要带杂草种子及病虫害等。

## 2.5.3　草坪养护质量验收

草坪养护质量标准参考《园林绿化养护标准》（CJJ/T 287—2018）。

### 2.5.3.1　草坪养护质量等级

草坪养护质量等级见表 2.5-3。

表 2.5-3　草坪养护质量等级

| 序号 | 项目 | 质量要求 | | |
|---|---|---|---|---|
| | | 一级 | 二级 | 三级 |
| 1 | 整体效果 | ①成坪高度应符合现行国家标准《主要花卉产品等级 第 7 部分:草坪》(GB/T 18247.7—2000)中开放型绿地草坪一级标准的要求;<br>②修剪后无残留草屑,剪口无焦枯、撕裂现象 | ①成坪高度应符合现行国家标准《主要花卉产品等级 第 7 部分:草坪》(GB/T 18247.7—2000)中开放型绿地草坪二级标准的要求;<br>②修剪后基本无残留草屑,剪口基本无撕裂现象 | ①成坪高度应符合现行国家标准《主要花卉产品等级 第 7 部分:草坪》(GB/T 18247.7—2000)中开放型绿地草坪三级标准的要求;<br>②修剪后无明显残留草屑,剪口无明显撕裂现象 |
| 2 | 生长势 | 生长茂盛 | 生长良好 | 生长基本正常 |
| 3 | 排灌 | ①暴雨后 0.5d 内无积水;<br>②草坪无失水萎蔫现象 | ①暴雨后 0.5d 内无积水;<br>②草坪基本无失水萎蔫现象 | ①暴雨后 1d 内无积水;<br>②草坪无明显失水萎蔫现象 |
| 4 | 病虫害情况 | ①草坪草受害度应符合现行国家标准《主要花卉产品等级 第 7 部分:草坪》(GB/T 18247.7—2000)中开放型绿地草坪一级标准的要求;<br>②杂草率应符合现行国家标准《主要花卉产品等级 第 7 部分:草坪》(GB/T 18247.7—2000)中开放型绿地草坪一级标准的要求 | ①草坪草受害度应符合现行国家标准《主要花卉产品等级 第 7 部分:草坪》(GB/T 18247.7—2000)中开放型绿地草坪二级标准的要求;<br>②杂草率应符合现行国家标准《主要花卉产品等级 第 7 部分:草坪》(GB/T 18247.7—2000)中开放型绿地草坪二级标准的要求 | ①草坪草受害度应符合现行国家标准《主要花卉产品等级 第 7 部分:草坪》(GB/T 18247.7—2000)中开放型绿地草坪三级标准的要求;<br>②杂草率应符合现行国家标准《主要花卉产品等级 第 7 部分:草坪》(GB/T 18247.7—2000)中开放型绿地草坪三级标准的要求 |
| 5 | 覆盖度 | 应符合现行国家标准《主要花卉产品等级 第 7 部分:草坪》(GB/T 18247.7—2000)中开放型绿地草坪一级标准的要求 | 应符合现行国家标准《主要花卉产品等级 第 7 部分:草坪》(GB/T 18247.7—2000)中开放型绿地草坪二级标准的要求 | 应符合现行国家标准《主要花卉产品等级 第 7 部分:草坪》(GB/T 18247.7—2000)中开放型绿地草坪三级标准的要求 |
| 6 | 补植完成时间 | ≤3d | ≤7d | ≤20d |

### 2.5.3.2　草坪养护一般规定

① 草坪的修剪应符合下列规定。

a. 修剪时,剪掉的部分不应超过叶片自然高度的 1/3。

b. 种类养护质量要求、气候条件、土壤肥力及生长状况确定,进行不定期修剪。

c. 修剪草坪草应保持干爽,阴雨天、病害流行期不宜修剪;修剪前应清除草坪上的石砾、树枝等杂物,以消除隐患。修剪工作应避免在正午阳光直射时进行。

d. 修剪前宜对刀片进行消毒,并应保证刀片锋利,防止撕裂茎叶。

e. 修剪后及时对草坪进行一次杀菌防病虫害处理。

f. 同一草坪,不应多次在同一行列、同一方向修剪。

g. 修剪下的草屑应进行清理。

h. 草坪不得延伸到其他植物带内。切草,边线应整齐或圆滑,与植物带距离不应大于 0.15m。

② 草坪灌溉与排水应符合下列规定。

a. 灌溉原则、灌水水质和灌溉方式应符合标准规定。

b. 高温干旱季节应每隔 5～7d 避开高温时段浇透水，湿润根部应达 0.10～0.15m。其他季节应根据栽植土壤保水性能进行浇灌，保持土壤根部湿润。

③ 草坪施肥应据草坪草种类、生长状况和土壤状况确定施肥时间、肥料种类和施肥量。应少量多次，宜施缓效肥，并应符合下列规定。

a. 宜在修剪 3～5d 后进行，施肥应均匀，施后应灌水。

b. 每年在生长季应根据生长情况重点施肥，可进行根外追肥。秋季施肥应含磷、钾肥，促进根系生长，提高抗逆能力。

④ 对损坏或死亡部分的补植应选用与原种类相同的草种。

⑤ 3 年生以上草坪应根据生长状况打孔，清除打出的心土、草根，并撒入营养土或沙粒；开放型草坪应根据人为干扰的程度实施轮流封闭休养恢复，保持正常长势。

⑥ 草坪有害生物防治的原则、方法应符合标准规定。

⑦ 杂草应进行清除，保持草坪纯度。化学除草应经小面积试验后方可大面积应用。手工拔草或锄草应将杂草连根清除，并压平目的草。杂草过多又无法除去时，或草坪已不适应环境时，应及时更新或重建。

⑧ 使用剪草机（车）、割灌机、打孔机、垂直刈割机等机械时，应对操作人员进行岗前培训。大型机械使用过程中，应对施工现场进行围合、警示。

## 思考与练习

**一、判断题**

1. 在冷季型草坪上，大部分的病害都是由真菌引起的。（　　　）

2. 草坪草在正常季节发生萎蔫，一定是水分不足。（　　　）

3. 对于常见的草坪病害，选择有效的防治方法就是化学防治。（　　　）

4. 草坪辅助养护时，为了使草坪平整，一般可对草坪进行适当镇压。（　　　）

5. 草坪修剪多在浇水后或雨后进行。（　　　）

6. 一般冷季型草坪进入秋季时应多施磷肥，以促进根系的发育。（　　　）

7. 草坪辅助养护镇压时，最好是在土壤含水量较高的时候进行，效果最好。（　　　）

8. 草坪缺水需灌溉时，最重要的原则是多次少量，始终保持土壤湿润。（　　　）

9. 草坪养护时，浇水一般宜选择在早晨。（　　　）

10. 当草坪发生严重的病虫害时，应有意降低留茬高度，促进草坪生长。（　　　）

11. 草坪在养护过程中，施肥后一般要进行浇水。（　　　）

12. 同一草坪，在同一地点，用同一方式方向多次重复修剪，会造成长势弱，草坪质量下降。（　　　）

13. 草坪修剪留下的草屑，应留在草坪内，可以为草坪生长提供营养。（　　　）

14. 当草坪干旱时，应先浇水，使草坪摆脱干旱的状态，然后进行施肥，施肥后一定要浇水。（　　　）

**二、填空题**

1. 草坪剪草高度一般为剪去修剪前高度的（　　　）。

2. （　　）为常用于控制草坪生长的药物。

3. 草坪草垫过多时，主要应采用（　　）方法来改善。

4. 草坪是否需要灌水，可检测土壤含水量，挖取土壤，当土壤干旱深到土层（　　）cm时，需要灌水。

5. 当草坪受到不利因素的压力时，最好是（　　）修剪高度，以提高草坪的抗性。

6. 幼坪灌水的基本原则是（　　），成坪灌水的基本原则是（　　）。

### 三、简答题

1. 草坪修剪为什么要遵循 1/3 原则？

2. 夏季一天内什么时间灌溉草坪最好？为什么？

3. 草坪应在何时进行镇压？镇压的作用有哪些？

4. 对草坪进行打孔作业的作用是什么？

5. 主要草坪病害的种类、特点及其防治方法是什么？

6. 简述草坪害虫的分类、为害方式和为害症状。

7. 杂草的防除方法有哪些？

在线答题

## 📖 拓展阅读

**强化环保意识，推行绿色防控，建设美丽中国**

"绿水青山就是金山银山。""生态兴则文明兴，生态衰则文明衰。"党的十九大报告提出"坚持人与自然和谐共生"。2018 年通过的《中华人民共和国宪法修正案》将生态文明正式写入国家根本法。我国有害生物防控理念不断与时俱进，我国提出的"预防为主，综合防治"植保方针具有显著的先进性，并根据社会、农业、科技发展等出现的新需要、新需求，进一步提出了"科学植保、公共植保、绿色植保"等新理念。

目前，在全国"生态文明建设""绿色发展"的背景下，在全国农业有害生物防控方面正在进行"减药增效""绿色防控"的技术研发和推广，以解决农药污染可能对食品、环境、人身健康等带来的不良影响，服务于我国的生态文明建设。减少病虫害防治中农药的施用量和污染，实行绿色防控，实现农业绿色发展，是我国绿色发展理念的要求，体现了党和国家的高瞻远瞩和长远视野。

作为当代大学生要树立科学发展观、生态观，要有强烈的使命感和责任感，关心国内外大事，不断提高自身的学习动力和积极性。

## 📖 拓展阅读

**传承生态文明，保护绿色财富，建设绿色生态中国**

古树名木一般指在人类历史发展进程中保存下来的年代久远或具有重要科研、历史、文化价值的树木。古树名木和古桥、古城一样，都是前人留给我们的重要遗产，是生态文明的重要传承，我们必须好好保护。

古树名木是历史的见证，记载着一个国家，一个民族的文化发展历史，是国家、民族、地区文明程度的标志。我国有周柏、秦松、汉槐、隋梅、唐杏等之说，均可作为历史的见证。

古树名木是活的文物，把祖国山河装点得更加美丽多娇，是自然界和前人留下来的瑰宝，是城市绿化、乡村美化的重要组成部分，是一种不可再生的自然和文化遗产，具有重要的科学和历史观赏价值，对其实施有效保护具有重要的现实意义。

古树名木与当地的社会、经济、文化水乳交融，铭刻着丰富的历史文化内涵；古树好比一部极其珍贵的自然史书，那粗大的树干储藏着几百年、几千年的气象资料，可以显示古代的自然变迁。古树名木是了解社会历史进程的活档案，是探索古老文明的活教材，在建设绿色生态中国的今天更具有特殊意义。

作为绿色文明的建设者和传承者，要以身作则，做好宣传和保护工作。保护一株古树名木就是保护一部自然与社会发展的史书，也是保护人类赖以生存的环境，保护祖先留下来的绿色财富。

## 📖 拓展阅读

### 深耕园林养护事业 践行工匠精神

工匠精神应该是具备敬业、专业、耐心、执着、坚持、创新、创造等精神特质和价值追求的精神理念。具体表现就是"干一行、爱一行、专一行"的劳动敬业精神；在平凡的岗位干出不平凡的业绩，就是工匠精神的生动体现。园林人应该用精益求精、一丝不苟、执着专注的实际行动践行工匠精神，深耕园林养护事业发展。

园林植物的修剪整形，是整个园林养护工作的重中之重。精细化的修剪不但可以美化树形，促使开花结实，调整树势，改善通风透光条件，提高抗逆能力，确保苗木健康生长，还可以提高城市园林绿化的观赏性、艺术性，提升城市绿化的品位和档次。

园林修剪工作就要践行精心、精细、精雕细琢的工作理念，结合园林植物不同生长势、开花结果习性，合理安排修剪顺序，在精细化修剪上下足功夫。修剪后灌木整体线条流畅、轮廓清晰、棱角分明；球形植物丰满圆润，造型优雅美观；草坪美观平整，鲜绿健壮，焕发出勃勃生机。对不利于生长，影响美观的侧枝、枯枝、下垂枝及时修剪清除，保障树势、花灌木健康生长，使苗木整齐美观。

精技艺、铸匠心、造美景，园林人日复一日用辛勤和汗水坚守在绿化养护第一线，以精湛的养护工艺和敬业的匠心精神追绿前行，深耕园林绿化事业发展，全力打造更优美、更生态、更宜居的城市环境，不断增强人民群众的获得感、幸福感和满足感。

# 参考文献

[1] 陈有民.园林树木学[M].北京：中国林业出版社，1988.

[2] 中国风景园林学会园林工程分会，中国建筑业协会古建筑施工分会.园林绿化工程施工技术[M].北京：中国建筑工业出版社，2007.

[3] 严贤春.园林树木栽培养护[M].北京：中国农业出版社，2013.

[4] 吴泽民，何小弟.园林树木栽培学[M].北京：中国农业出版社，2009.

[5] 黄云玲，张君超，韩丽文.园林植物栽培养护[M].北京：中国林业出版社，2019.

[6] 唐蓉，李瑞昌.园林植物栽培与养护[M].北京：科学出版社，2014.

[7] 赵燕.草坪建植与养护[M].北京：中国农业大学出版社，2012.

[8] 陈友，孙丹萍.园林植物病虫害防治[M].北京：中国林业出版社，2020.

[9] 郭学望，包满珠.园林树木栽植养护学[M].2版.北京：中国林业出版社，2004.

[10] 丁世民.园林绿地养护技术[M].北京：中国农业大学出版社，2008.

[11] 韩烈保.草坪建植与管理手册[M].北京：中国林业出版社，1999.

[12] 邹江宁.东北地区园林绿化养护手册[M].北京：中国建筑工业出版社，2021.

[13] 傅海英.园林绿地施工与养护[M].北京：中国建材工业出版社，2014.

[14] 祝志勇，韩丽文.园林植物造型技术[M].北京：中国林业出版社，2015.

[15] 鲁平.园林植物修剪与造型造景[M].北京：中国林业出版社，2006.

[16] 郭学望.园林树木栽植养护学[M].北京：中国林业出版社，2002.

[17] 魏岩，金丽丽.园林苗木生产与经营[M].2版.北京：科学出版社，2021.

[18] 张秀英.观赏花木整形修剪[M].北京：中国农业出版社，2001.

[19] 祝遵凌，王瑞辉.园林植物栽培养护[M].北京：中国林业出版社，2005.

[20] CJJ/T 287—2018.园林绿化养护标准.

[21] CJJ 82—2012.园林绿化工程施工及验收规范.

[22] GB/T 51168—2016.城市古树名木养护和复壮工程技术规范.

[23] DB11/T 281—2015.屋顶绿化规范.

[24] CJJ/T 236—2015.垂直绿化工程技术规程.

[25] DB21/T 2109—2013.园林绿化养护管理技术规程.

图 1.1-1　容器苗

图 1.1-3　树木拢冠

图 1.1-4　裸根苗起挖

图 1.1-5　带土球起苗

图 1.1-6　土球包装

图 1.1-7　栽前修剪

(a) 四柱支撑

(b) 联排支撑

(c) 三角支撑

图 1.1-10　树木支撑

图 1.1-11　围堰灌水

图 1.2-1　全冠式修剪

图 1.2-2　带土球软材包装

图 1.2-3　带土球方箱包装

图 1.2-4　吊树入坑

图 1.2-5　拆除绑扎物

图 1.3-1　棚架绿化

图 1.3-2　篱栏绿化

图 1.3-3　墙面绿化

图 2.1-18　美国白蛾成虫和幼虫

图 2.1-19　黄刺蛾成虫

图 2.1-20　蓝目天蛾成虫和幼虫

图 2.1-21　槐尺蛾成虫、幼虫

图 2.1-22　舞毒蛾雌成虫、雄成虫、幼虫

图 2.1-23　黄褐天幕毛虫成虫、幼虫　　　　图 2.1-24　紫榆叶甲成虫

图 2.1-25　光肩星天牛成虫、幼虫　　　　图 2.1-26　杨干象成虫

图 2.1-27　芳香木蠹蛾幼虫

图 2.1-28　楸螟成虫、幼虫

图 2.1-29　受精后的白蜡蚧雌成虫

图 2.1-30　虫瘿

图 2.1-31　白粉病

图 2.1-32　海棠锈病——叶片正面、背面症状及桧柏上黄色胶状物

图 2.1-33　溃疡病

图 2.1-34　烂皮病

图 2.1-35　古树名木——
黄帝手植柏

图 2.1-36　设围栏

图 2.1-37　支架支撑

图 2.5-1　草坪锈病

图 2.5-2　草坪白粉病

图 2.5-3　蛴螬